건설현장 생산성 예측 도구의 탄생

건설현장 생산성 예측 도구의 탄생
12가지 핵심 측정 요소로 수익을 150% 높이는 현장 운영 & 한국과 미국의 현장 차이

초판 1쇄 발행 2024년 11월 3일

지은이 황동환
펴낸이 장길수
펴낸곳 지식과감성#
출판등록 제2012-000081호

교정 한장희
디자인 오정은
편집 오정은
검수 주경민, 윤혜성
마케팅 김윤길, 정은혜

주소 서울시 금천구 벚꽃로298 대륭포스트타워6차 1212호
전화 070-4651-3730~4
팩스 070-4325-7006
이메일 ksbookup@naver.com
홈페이지 www.knsbookup.com

ISBN 979-11-392-2183-1(13540)
값 17,000원

- 이 책의 판권은 지은이에게 있습니다.
- 이 책 내용의 전부 또는 일부를 재사용하려면 반드시 지은이의 서면 동의를 받아야 합니다.
- 잘못된 책은 구입하신 곳에서 바꾸어 드립니다.

지식과감성#
홈페이지 바로가기

건설현장 생산성 예측 도구의 탄생

12가지 핵심 측정 요소로 수익을 150% 높이는 현장 운영
& 한국과 미국의 현장 차이

황동환 지음

읽기 전

투입 대비 산출의 관계로 측정되는 노동생산성은 노동뿐만 아니라 다양한 생산요소에 의해 달라집니다. 공사현장의 노동생산성을 파악하기 위해서는 작업현장의 생산요소와 외부 생산요소들을 분리하여야 합니다.

또한, 예측을 위한 데이터를 얻기 위해서는 작업현장의 외부조건이 동일하다는 가정에서 시작되어야 합니다. **(Part 2-4. 생산성 측정요소 계량화 근거)**

또한, 공사현장에서의 생산성을 예측하고 개선하기 위해서 작업현장에서의 생산요소들을 표준화하고 비교하고 측정할 수 있어야 합니다.

공사현장에서 생산성을 향상하기 위한 학자들의 연구와 자료는 상당히 진보적인 생산성 향상 방법과 자료를 제시합니다. 그러나 건설현장의 특성상 설문조사나 인터뷰를 통한 데이터 수집은 적절하지 않으며, 현장경험이 없기에 현실적인 해결책을 제시하지 못하고 있습니다.

이 책에서 소개하는 노동생산성, 부가가치 생산성, 효율성 등을 학술적으로 접근하여 시간을 낭비하는 지식인들이 없었으면 합니다.

내가 생각하는 생산성 향상 방법은 오랜 기간 현장에서의 작업경험과 연구를 토대로 얻은 데이터를 기반으로, 이전 연구와 다른 결과와 대안을 제시하고 있으므로 독자들에게 판단을 맡기고자 합니다.

변화하고 바꾸려면 공사현장의 문제를 정확히 알아야 하고 공사현장 작업자의 특성을 정확히 파악해야 합니다. 문제를 제대로 이해해야 해결책을 만들 수 있습니다.

작업현장의 변화는 더욱 어렵습니다. 노력, 의지, 절실함은 기본입니다. 문제는 변화를 위한 행동하는 방법이 잘못되었기 때문입니다.

변화하기 위해서는 어떤 문제가 있는지, 어떻게 해서 문제가 발생했는지, 누가 왜 바꾸어야 하는지, 그리고 어떻게 행동해야 하는지를 제시하였습니다. 함께 생각하고 현장특성에 맞게 적용하기 바랍니다.

미국 현장에서의 12가지 생산측정요소를 조사한 결과 우리와 현장운영방법이 다르다는 결과가 나왔습니다. 다르다는 것은 우리보다 못한 점도, 우리보다 나은 점도 있다는 의미입니다. 여기서는 **우리가 배웠으면 하는 점들을 중심으로 정리**하였으니 오해가 없길 바랍니다.

- 이 책에서 다루는 부가가치 노동생산성은 작업현장의 생산성이고 공사업체의 신뢰도입니다.
- 작업현장의 생산성 측정요소를 정의하고 설명하였습니다.
- 생산성 측정요소에 의한 결과를 도표와 함께 손익으로 도출하였습니다.
- 도표는 12가지 생산성 측정요소 외에 다른 모든 요소가 같다는 가정으로 작업하였습니다. 다시 말해 기술 발전, 경영혁신, 규모의 경제, 생산물의 부가가치, 경영 관리상의 변화, 노사관계의 변화 등 외부 환경은 모두 제외하였습니다.
- 도표에서 단위노동비용은 국가 및 현장마다 동일하다는 가정하에 만들었습니다.
- 도표에서 노동비용(입력)은 국가 및 현장마다 동일하다는 가정하에 만들었습니다.
- 도표에서 측정요소항목에 대한 한계생산이 일정하다는 조건으로 만들었습니다.
- 투입비에 man hour를 곱하여 생산량과 부가가치로 표현하였습니다.
- 도표에서 수익은 생산된 부가가치의 크기로 표현하였습니다.
- 도표의 투입 가중치는 기준투입에 대한 상대적 투입비율로 수치화하여 입력하였습니다.
- Output(생산량)/Input(노동투입량)으로 노동생산성을 계산하는 대신, 생산성 측정요소를 조사하고 계량화하고 입력하여 부가가치 노동생산성을 예측합니다.
- 생산성 × Input(노동투입량) = Output(부가가치), 즉 생산성은 부가가치를 예측하는 자료가 됩니다.
- '부가가치(생산량) - 비용(노동투입량) = 0이다'라는 뜻은 '생산성이 100이다'라는 의미입니다.
- 모든 생산성 측정요소 측정 수치는 보수적으로 계량화하였습니다.

생산성 측정도구 사용법, 입력방법
지식과 감성# 홈페이지 자료실

글을 쓴 이유

- 어떤 업체를 선정하여야 공사를 잘 마칠 수 있을까?
- 건설공사현장이 후진국처럼 문제가 발생하는 원인이 무엇이지?
- 한국건설현장의 노동생산성이 OECD 국가 중 낮은 원인이 무엇이지?
- 건설산업의 노동생산성이 선진국과의 격차가 커지는 이유가 뭐지?
- 문제를 알고 있는데도 한국 현장에서 변화가 어려운 이유는 무엇일까?
- 공사현장에서 정리 정돈 청결이 해결되지 않는 이유가 뭐지?
- 현장에서의 문제는 인식하는데 방법을 찾지 못하는 이유가 무엇인가?
- 공사현장에서 어떻게 작업을 하여야 이익을 최대화할 수 있을까?
- 공사현장의 생산성을 예측한다는 것이 가능한가?
- 공장이 아닌 공사작업현장이 공장처럼 정확하게 관리가 될까?
- 현재까지 공사현장에서 생산측정 요소들이 현실적으로 선정되지 못하고 수치화되지 못하는 이유가 무엇인가?
- 서두르는 현장문화가 부가가치 생산성을 떨어뜨리는 것을 어떻게 설득하고 변화시켜야 할까?
- 문제를 알고 있는데도 공사현장의 리더교육이 제도화되지 못한 이유가 무엇일까?

15년 동안 공사현장에서 현장작업자, 공사부장 그리고 GM까지 다양한 역할을 하면서 효율적인 현장 운영에 대한 의문이 계속 생겼습니다.

시간이 흐르면서 안전하고 많은 이익을 얻는 현장을 만들기 위해 어떤 방법이 있을까 고민하게 되었습니다.

효율성과 생산성을 높이기 위해 관련 자료를 찾아보았습니다.

공장에서의 근로나 사무직에 대한 효율적인 관리 방법은 있었지만, 공사현장의 생산성 향상과 관련된 현실적인 자료를 찾을 수 없었습니다.

그나마 어렵게 찾으면, 기술혁신, 제도개선, 경영관리, 노사관계의 변화, 정부의 혁신과 지원, '만족도를 높이면 생산성이 올라간다' '복지를 향상해 주어야 한다'는 등 구체적이지 않은 내용입니다. 이는 현장경험이 없는 사람들이 설문조사나 인터뷰를 통하여 연구하고 조사한 내용이어서 실제 작업현장과는 거리가 있었습니다.

   건설산업의 특성으로 인해 작업현장의 생산성 요인을 분석하는 과정에서는 객관적이고 정량적인 측정요소를 개발하는 것이 어렵고, 자료를 수집하기도 어려워서 비교 분석이 불가능했습니다. 먼저 작업현장의 조건, 환경 등을 표준화하기 어려워 포기하여야 하였습니다.

   그러던 중 자료를 수집할 기회가 생겼고 이후 미국과 한국의 현장에서 자료를 보충하고 분석하며 계량화를 할 수 있게 되었습니다. 추상적인 개념을 수치화하는 과정에서, 능력이 부족한 리더가 생산량(물량)을 증가시키고 비용을 줄이려고 할 때 어떤 결과가 발생하는지를 발견했습니다. 이후 미국 공사현장에서 일하면서, 한국과 미국의 작업현장 운영 방식의 차이를 알게 되었습니다.

   생산성 향상을 위해 작업자의 역할, 리더의 역할과 관련된 교육이 이루어져야 합니다. 그러나 현장 리더를 위한 교육과정과 교육제도가 없고, 기술자나 기술 습득자로서 효율적인 인적자원관리에 익숙하지 않습니다. 경험 부족으로 인해 잘못된 정보나 부족한 시공 지식을 가지고 현장을 운영하는 경우도 많이 있습니다.

   공사현장은 안전사고 등 다양한 요인으로 인해 노동비용이 일반사무직 또는 일반 공장에 비해 큰 비중을 차지하기 때문에 현장의 작업자 관리가 더욱 중요합니다. 또한, 젊은 세대는 노동 현장에서 권리와 복지에 대한 인식이 기존 작업자의 생각과 차이가 있습니다.

   이러한 환경에서 제가 연구한 내용을 공유하고, 선진국처럼 변화하기를 바라는 마음으로 이 글을 씁니다.

책이 나오기까지

현장문제
- 협력업체 선정에 문제가 있음
- 시공사의 혁신내용이 협력사나 작업자에게 변화를 주지 못함
- 작업현장에서의 부실공사와 생산성 향상을 해결하지 못함
- 불만족의 원인을 효과적으로 해결하지 못함
- 현장의 문제들이 생산성에 미치는 영향을 정량적으로 파악하지 못함
- 시공사의 설계 변경 및 요청사항을 협력업체에 비용 부담시킴
- 현장 리더의 효율적 공사관리와 관련된 교육제도가 없음

공사현장 운영에 대한 의문 (2008년)
- 대다수 공사현장에서 작업자들이 현장에 만족하지 못하는 상황
- 계속되는 재작업과 불량한 작업으로 인해 효율성이 떨어짐
- 현장 작업이 체계적이지 못하고 비합리적인 관리상태가 지속
- 생산에 영향을 미치는 요소와 이에 대하여 정량적으로 제시하지 못함
- 이직률 연장작업이 현장에 미치는 영향을 수치상으로 파악하지 못함

직접 만들기로 결정
- 공사현장의 생산성 자료를 찾아봤으나 대부분이 학술적 내용임. 비교 분석한 데이터를 제시하지 못함
- 기존 연구자료는 작업자의 복지증대, 근로 환경개선 등 진보적임
- 정량적인 측면보다는 정성적인 측면이 대다수임
- 현실성이 없고 공사작업 현장에 적합하지 않음
- 연구기관에서는 공사현장 작업자의 특성을 파악하지 못함

공사현장 생산성 향상 관련 자료조사
- 비교할 수 있는 자료가 없어 기준을 정하지 못함
- 작업현장은 데이터를 낼 수 없는 여건과 환경임
- 데이터가 없으면 비교 분석이 안 됨

원전에서 데이터를 추출할 기회 (2014년)
- 팀별 생산량을 기준으로 포상을 도입(8개월)
- 가장 실적이 좋은 팀과 가장 실적이 좋지 않은 팀의 물량(생산량) 차이를 비교
- 팀 운영에서 두드러진 차이와 문제점을 관찰하고 정리함

정량화를 위한 연구
- 데이터의 결과와 생산성 요소와의 관계를 연결하기 위한 연구를 진행
- 가정 실적이 높은 팀 생산량을 최댓값, 가장 실적이 낮은 팀 생산량을 최솟값으로 설정
- 생산성의 영향을 주는 12가지 생산성 측정요소 선정
- 시간당 노동생산성과 부가가치 노동생산성을 예측하는 방법에 관한 연구

현장실험

- UAE 바라카 원전 현장,
  우즈베키스탄 UKAN 현장,
  쿠웨이트 K-LNG 현장,
  한국 포천 복합화력발전소, 영흥도 화력발전소 플랜트 현장실험
- 모든 현장에서 생산요소별 운영 방식에 의한 생산량을 비교하면 일정한 결과가 도출

1차로 책 발간 준비 중 미국 현장근무 (2022~2023년)

- 미국 현장에서 생산성 측정요소별로 연구(객관화 연구)

미국 현장 관련 부분 추가

- Bypassing이 없음
- 업무분담과 Followership이 이루어짐
- 현장에는 작업 현황 게시판이 비치되어 정보를 공유함
- 연장작업이 없음. 효율성 극대
- 도면변경에 의한 비용은 고객의 부담
- 준비되지 않은 작업, 안전하지 않은 작업은 진행하지 않음

생산성 측정, 측정, 예측 도구 완성 (2023년)

- 생산성 요소를 조사하고 측정하고 계량화하는 과정에서 주관적 오류 최소화함
- 생산성 측정요소 항목별 비중을 조정하여 오차를 줄임
- 생산성 측정요소 측정 및 예측 도구 완성

책 완성 (2024년)

- 업체 선정 시 부가가치 생산성 측정점수로 공사업체의 가치 측정 및 현장 신뢰성 점수 부여
- 작업현장 생산성과 손익을 가상분석할 수 있는 생산성 측정 도구 완성
- 공사현장 리더의 자기진단 체크
- 공사현장 생산성 관련 측정요소 12가지 정의함
- 공사현장 생산성 관련 측정요소 12가지 표준화함
- 생산요소별 점수를 확인하여 현장의 문제를 생산요소별로 비교 분석
- 팀별로 생산성, 생산량, 생산기여도, 부가가치, 예상 손익 등을 시각화하여 현장의 경영 진단 및 방향 수정
- 현장의 변화를 위한 TIP 수록
- 15년 동안 현장에서 직접 작업하며 느낀 점 수록
- 공사(전기공사) 작업현장의 특징 수록
- 12가지 생산성 측정요소 지수 향상 방법 수록
- 미국 현장의 특징 수록

차례

읽기 전 ·· 4
글을 쓴 이유 ·· 6
책이 나오기까지 ·· 8

Part 1 공사현장 리더의 취약점
1. 나는 몇 가지에 해당합니까? ··· 14
2. 다시 확인해 봅시다 ·· 15

Part 2 공사현장에서 나의 생산성을 확인해 보자
1. 생산성 개선을 위한 작업순서 ·· 30
2. 생산성 측정요소 12항목 정의 및 이직률 ·· 31
3. 생산성 측정요소 체크항목(생산성 측정도구 P2) ···································· 39
4. 생산성 측정요소 계량화 근거(모집단) ·· 60
5. 생산성 측정요소 입력 방법(측정도구 P2) ··· 63
6. UAE 바라카 현장 전선관 설치 작업 팀별 측정요소 분석 ························· 71
7. 생산성 측정요소 측정지표로 알 수 있는 내용 ······································ 102
8. 생산성 측정요소 도표 결과(증명) ·· 104
9. 생산성 측정요소별 고득점 방안 및 실행 요령 ······································ 106

Part 3 공사현장에서의 생산성 변화에 따른 수익 변화를 도표로 확인해 보자
1. 현장에서의 문제점 ·· 120
2. 생산량(물량) 품질(부가가치)과 관련된 7가지 중요 요인 ························· 121
3. UAE 원전 현장, 울산 고리 원전 현장,
   이천 하우징 현장의 생산성을 조사하고 예상 손익을 살펴보자 ················ 140
4. 생산성 측정요소를 5%씩만 올려 보면 결과는? ···································· 160

Part 4 변화를 위한 실행 요령

1. 일일 생산 물량이 2배 차이가 난다?
   (UAE 원자력발전소 건설현장 전선관 시공팀 분석) ········· 172
2. 조직도 관성을 가진다 ········· 188
3. 변화를 위한 실행 요령 ········· 192
4. 현장 리더가 시공 현장에서 부단히 생각해야 할 45가지 ········· 196
5. 현장, 이것만은 꼭 행동하자 ········· 239

Part 5 미국 공사현장

1. 미국 오하이오주 얼티엄셀 배터리공장 건설현장(Subcontractor) / 미국 테네시주 얼티엄셀 배터리공장 건설현장(Supervising) / 한국 화력발전소 건설현장 / UAE 원자력 건설현장 / 우즈베키스탄 가스 플랜트 건설현장(현대엔지니어링) 비교 ········· 244
2. 노동가중치 입력 후 한국 건설현장과 비교 ········· 259
3. 미국 건설공사현장과 한국 건설공사현장 비교 ········· 279
4. 미국에서의 건설현장 공사 전 주의사항 ········· 308
5. 미국 공사현장은 톱니바퀴이다 ········· 310
6. 공사현장에서 시공업체가 수익을 극대화하는 방법 ········· 312

Part 6 부록

1. 일상 관리 체크 ········· 316
2. 현장 리더의 임무 ········· 318
3. 현장순회 체크리스트 ········· 320

1. 나는 몇 가지에 해당합니까?
2. 다시 확인해 봅시다

Part 1

공사현장 리더의 취약점

1. 나는 몇 가지에 해당합니까?

- ☐ 시공의 전문성과 더불어 인적자원관리(HRM)에도 관심이 있습니다.
- ☐ 작업자의 이야기를 듣습니다.
- ☐ 효율성 교육과 Followership 교육, 역할교육을 현장 투입 전 실시합니다.
- ☐ 현장작업자의 근태와 관련하여 일관성을 유지하고 모범을 보입니다.
- ☐ '품질이 생산성입니다'의 의미를 인지하고 있습니다.
- ☐ 작업장의 정리, 정돈, 청결, 조명의 개념을 알고 특별한 주의를 기울입니다.
- ☐ 이직률과 이직에 따른 손실을 계량화합니다. (선택 기준과 만족 기준은 다릅니다.)
- ☐ 팀원들의 부정적인 행동, 비판, 약점에 과도한 반응을 보이지 않도록 합니다.
- ☐ 팀원들의 기여와 참여를 지속적으로 모니터링합니다.
- ☐ 현장에서 작업을 신속히 진행하라고 주문하지 않습니다. 어떻게 작업을 지시할지 고민합니다.
- ☐ 동기부여 프로그램을 연구하고 구체적으로 개발합니다.
- ☐ 목표, 계획, 업무분담, 자원(인적자원, 재무자원, 물리적 자원, 정보자원)을 표준화합니다.
- ☐ 타임라인을 정하고 도표화하여 피드백 관리를 합니다.
- ☐ 현실적이고 이해하기 쉬우며 성취 가능한 목표를 설정하고, 전망과 희망이 섞이지 않도록 주의합니다.
- ☐ 현장 작업 상황을 현장 SHOP 현황판에 표시하고 팀원들과 소통합니다.
- ☐ 경영진의 지시 또는 외부 정보를 팀원과 나누지 않거나 왜곡하지 않습니다.
- ☐ 먼저 인사하며 밝은 표정으로 접근합니다.
- ☐ 현장에서 능력과 실력이 부족한 리더는 부지런한 것보다. 아무것도 하지 않는 것이 더 나을 수 있습니다.
- ☐ 작업 전 현장을 조사하여 간섭사항 또는 도면과 일치하지 않는 경우, 도면 수정 요청을 하고 피드백을 받습니다.
- ☐ 의사결정과정에 매몰비용을 고려합니다.

2. 다시 확인해 봅시다

해당 내용에 대한 간단한 의미와 이해를 구한 후 다시 한번 체크해 봅시다.

객관적으로 기준을 정하는 것이 어려울 것입니다. 그리고 이러한 내용을 점수화한다는 것은 더욱 어려운 일입니다. 현장에서 이러한 내용에 대해 긍정적인 역량을 모두 갖추고 있다는 것은 불가능에 가깝습니다. 체크항목을 이해하고 변화하려는 마음만 가지더라도 현장 리더로서 자세가 된 것으로 생각합니다. 위의 항목 중에 몇 가지만 잘 지켜진다면 훌륭한 현장 리더라고 할 수 있겠습니다.

1) 시공의 전문성과 더불어 인적자원관리(HRM)에도 관심이 있습니다

기계, 건축 등 모든 공종에 동일하게 적용됩니다.

전기공사현장 시공의 전문성은 전기 시설과 관련된 공사현장에서 필요한 전문 지식, 기술, 경험 등을 갖춘 능력을 의미합니다. 다시 말해, 현장에서 작업을 수행하는 능력을 의미합니다.

- **전기 시스템 이해**: 전기 시스템의 동작 원리와 구성 요소에 대한 이해를 포함합니다. 전기 회로, 배선, 전기 패널, 전기기기 등과 같은 전기 시스템에 대한 이해가 필요합니다.
- **기술 및 규정 준수**: 전기 시설물을 설치하는 데 필요한 기술을 보유하고, 관련 규정과 안전 규칙을 준수하는 능력을 포함합니다.
- **기술적인 노하우**: 전기 시스템 설치, 배선 등과 관련된 기술적인 노하우를 갖추는 것을 의미합니다. 전기 장비의 조립, 연결, 테스트 등에 필요한 기술과 경험을 보유해야 합니다.
- **문제 해결 능력**: 문제 해결 능력을 갖추는 것을 포함합니다. 전기 시스템에서 발생하는 문제를 신속하고 정확하게 식별하고 해결할 수 있는 능력이 필요합니다. 이는 전기 회로의 오작동, 배선 문제, 장비 고장 등을 다룰 수 있는 능력을 의미합니다.

전기공사현장에서의 인적자원관리능력은 전기공사현장에서 인력을 적재적소에 배치하고, 인적자원을 효율적으로 관리하는 능력을 말합니다. 공사현장의 특성에 맞게 인력을 채용 및 배치하고, 인력의 교육, 훈련, 안전관리, 동기부여, 성과 측정을 효과적으로 수행하는 능력이 필요합니다.

2) 작업자의 이야기를 듣습니다

"공사현장 작업자의 이야기를 듣는다"라는 의미는 공사현장에서 일하는 작업자의 의견, 경험, 요구사항 등을 경청하고 이를 고려하는 것을 말합니다. 이는 작업자의 관점을 중요하게 생각하고 그들의 의견을 듣고 수용하는 의지를 갖는 것을 의미합니다.

공사현장 작업자는 실제 작업을 수행하고 있는 주요 주체입니다. 따라서 그들은 현장에서 직접적인 경험이 있으며 작업조건, 안전 문제, 장비 요구사항 등에 대한 통찰력을 가지고 있을 수 있습니다.

작업자의 이야기를 듣고 고려하는 것은 현장 작업의 품질과 안전성을 향상하는 데 도움이 될 수 있습니다.

작업자의 이야기를 들어 주는 것은 상호 소통과 협력을 장려하며, 작업자들의 참여와 업무 만족도를 높일 수 있습니다.

또한, 작업자들의 의견을 수용함으로써 조직은 적절한 조치와 개선을 취할 수 있으며, 이를 통해 현장작업의 효율성과 성과를 향상시킬 수 있습니다.

3) 효율성 교육과 Followership 교육, 역할교육을 현장 투입 전 실시합니다

위의 문장은 작업자들에게 효율적인 작업 방법과 역할을 강화하기 위해 교육을 현장 투입 전에 제공하는 것을 의미합니다.

- **효율성 교육**: 작업자들에게 작업 프로세스의(작업순서) 효율성을 개선하는 방법과 도구, 기술 등을 가르치는 교육입니다. 작업과정에서 시간과 노력을 효율적으로 운영하고 생산성을 높이는 방법에 대해 학습하며, 최신 동향과 최적화 기법 등을 교육합니다.
- **팔로워십 교육**: 작업자들 간의 원활한 협력과 팀워크를 강화하기 위해 시행되는 교육입니다. 작업자들 사이의 의사소통, 문제 해결, 리더십, 역할 분담 등을 강화하는 내용을 다룹니다. 효율적인 협업과 조화로운 팀 동료 관계를 구축하는 데 도움을 줍니다.

- **직무교육**: 직무교육은 작업자들이 맡은 역할과 책임을 이해하고 수행하는 데 필요한 교육입니다. 작업종류별 필요한 기술, 지식, 절차 등을 교육하여 효과적으로 작업을 수행할 수 있도록 지원합니다.

이러한 교육은 작업자들의 역량과 전문성을 향상하며, 작업의 효율성과 생산성을 높이는 데 도움을 줍니다. 교육은 현장에서 발생하는 많은 문제를 예방하고 개선하는 데 이바지합니다. 또한, 작업자들에게 작업에 대한 자신감과 동기부여를 제공하여 작업현장의 생산성을 향상할 수 있습니다.

4) 현장작업자의 근태와 관련하여 일관성을 유지하고 모범을 보입니다

현장에서 일하는 작업자들은 출근 및 퇴근 시간을 일관되게 지키고, 현장 리더는 업무 수행 시 모범적인 태도를 보여야 한다는 의미입니다. 작업자들은 정해진 출근 및 퇴근 시간, 휴식 시간을 일관되게 준수해야 합니다. 이는 작업 일정을 준수하고, 협업과 협력을 원활히 진행하는 데 필요합니다.

작업자들과의 관계에 신뢰성이 있어야 합니다. 부정확하거나 불법적인 행동을 피해야 합니다. 이는 조직의 신뢰를 유지하고, 안전과 품질을 보장하는 데에 도움을 줍니다. 현장작업자들이 근태에 일관성을 유지하고 작업을 예측할 수 있고 정직하게 수행한다면 작업 일정의 지연을 방지하고, 안전사고 및 품질 문제의 발생 가능성을 줄일 수 있습니다. 또한, 조직 내에서의 협업과 신뢰 구축에도 긍정적인 영향을 미칩니다.

5) '품질이 생산성입니다'의 의미를 인지하고 있습니다

이는 시공 과정에서 **품질 향상이 부가가치를 창출**하며 부가가치 생산성을 향상한다는 의미입니다. 생산성은 주어진 자원(노동, 시간, 생산요소 등)을 사용하여 얼마나 효율적으로 결과물을 생산하는지를 나타냅니다. 이때 결과물의 품질은 시행사, 시공사 또는 고객의 요구를 얼마나 충족시키는지를 나타냅니다. 즉, 결과물에 가치가 부여되는 것입니다.

예를 들어, 두 가게가 각각 햄버거를 만든다고 상상해 보겠습니다. 첫 번째 가게는 빠르게 햄버거를 생산하지만 맛이나 신선도에 문제가 있어 품질이 떨어질 수 있습니다. 두 번째 가게는 더 많은 시간을 들여 햄버거를 생산하지만, 품질이 높고 맛있는 제품을 제공할 수 있습니다. 이때 "품질이 생산성이다"라는 말은, 두 가게 중에서 두 번째 가게처럼 품질을 중요시하고 좋은 제품을 생산하는 것이 장기적으로는 더 높은 부가가치 생산성을 가져올 수 있다는 것을 의미합니다. 이는 노동생산성이 한계에 다다른 선진국에서 안전과 품질 문화가 정착된 이유 중 하나입니다.

6) 작업장의 정리, 정돈, 청결, 조명의 개념을 알고 특별한 주의를 기울입니다

실제 상황에 적용한 예시는 다음과 같을 수 있습니다.

- **작업장 정리 정돈**: 작업현장에서는 작업자들이 사용하는 현황판, 도구, 자재, 장비 등을 정확한 위치에 보관하고 배치합니다. 예를 들어, 도구함을 설치하여 각 도구를 정돈하거나, 자재를 사용한 후 남은 부분은 분류함을 설치하여 적절히 분류하고 보관합니다. 작업장 내부와 주변에 장애물이 없도록 주의하여 안전한 이동을 도모합니다. (Part 5. 미국 공사현장 사진 참고)
- **청결 유지**: 작업장의 청결 유지를 위해 담당자를 두어 청소와 정리 작업을 수행합니다. 청소도구함을 설치하고 쓰레기를 분리하여 수거하고 깨끗한 상태를 유지합니다. 공사현장 주변에는 불필요한 잔해물이나 폐기물이 없도록 주의합니다.
- **조도 확보**: 작업장 내 적절한 조명을 확보하여 작업자들이 안전하고 정확하게 작업할 수 있도록 합니다. 예를 들어, 작업장 내에 추가 조명을 설치하거나, 작업 영역 주변에 밝은 조명을 제공하여 시야를 개선합니다. 작업자들은 어두운 곳에서 작업하는 경우 위험에 노출될 수 있으므로 적절한 조도를 유지합니다.

이러한 작업장의 정리 정돈, 청결 유지, 조도 확보는 작업자들의 **안전을 확보**하고 생산성을 향상하는 데 중요한 역할을 합니다. 작업환경을 개선하여 작업자들의 편의와 집중력을 높이며, 작업의 효율성과 품질을 향상시킬 수 있습니다.

7) 이직률과 이직에 따른 손실을 계량화합니다
   (선택 기준과 만족 기준은 다를 수 있습니다)

다음과 같은 요소들을 고려하여 이를 계량화할 수 있습니다.

- **인력 채용 비용**: 이는 채용 과정에서 발생하는 시간과 비용, 인력 조달 비용, 인터뷰 비용, 광고 및 마케팅 비용 등을 포함합니다.
- **교육 및 훈련 비용**: 새로운 직원들에게 필요한 교육과 훈련 비용을 계량화합니다. 이는 새 작업자들의 생산성 향상을 위한 교육 프로그램, 안전장비와 공도구, 교육자나 훈련 강사의 비용 등을 고려합니다.
- **생산성 감소로 인한 손실**: 새로운 직원들이 작업에 익숙해지기까지의 시간, 작업자 간의 소통에 적응하기까지 걸리는 시간을 계량화합니다.
- **작업 부하로 인한 손실**: 기존 작업자의 이직으로 인해 기존작업에 부하가 생기거나 재배정되는 경우 발생하는 생산성 손실을 계량화합니다.
- **선택과 만족**: 채용 과정에서는 회사의 명성, 급여, 근무 조건 등을 고려하여 선택할 수 있습니다. 그러나 선택 후 실제 업무와 조직 문화, 업무 스트레스 등은 선택 기준과 다를 수 있습니다.

위와 같이 이직률로 인한 손실을 계량화하면 회사는 이직으로 인한 비용을 정확하게 파악하고, 이를 통해 인력 유지와 생산성 향상을 위한 대응책을 마련할 수 있습니다. 또한, 회사는 인력의 이탈을 최소화하고, **안정적인 운영**을 위한 전략적인 방법을 찾을 수 있습니다.

8) 팀원들의 부정적인 행동, 비판, 약점에 과도한 반응을 보이지 않도록 합니다

이러한 행동은 몇 가지 이유로 중요합니다.

1. 팀의 리더로서 전체적인 조화와 협력을 유지해야 합니다. 부정적인 행동이나 비판에 과도하게 반응하는 경우, 팀 분위기가 악화되고 협업이 어려워질 수가 있습니다.
2. 직원들의 신뢰를 유지해야 합니다. 지나치게 예민하거나 감정적인 대응은 직원들의 신뢰를 상실시킬 수 있습니다.
3. 문제를 분석하고 해결하기 위해 객관적인 시각과 판단력을 발휘해야 합니다. 감정적인 반응이나 과도한 비판은 문제 해결을 방해할 수 있습니다.

따라서 이러한 상황에 대해 차분하고 균형 잡힌 태도를 유지하며, 객관적으로 상황을 측정하고 적절하게 대응하여야 합니다.

9) 팀원들의 기여와 참여를 지속적으로 모니터링합니다

공사현장에서 작업자들이 얼마나 활발하게 작업에 참여하고 기여하는지를 지속적으로 추적하는 것을 의미합니다. 이를 위해 몇 가지 예시를 살펴보겠습니다.

- **작업 일지 및 보고서**: 작업자들은 자신의 작업 일지를 작성하고, 그 내용을 일일 보고서로 제출해야 합니다. 이를 통해 작업자들의 작업 내용과 진행 상황을 파악할 수 있습니다.
- **생산성 지표 측정**: 작업자들의 생산성을 추적하기 위해 일일 작업량, 작업에 소요된 시간, 작업 품질 등을 측정하여 작업자(팀)의 기여를 측정합니다.
- **출석 및 지각 관리**: 작업자들의 출근 시간과 지각 여부를 기록합니다. 지각이나 불참의 경우 작업 진행에 영향을 줄 수 있으므로 이를 모니터링하여 작업자들의 참여도를 파악합니다.
- **피드백 및 의사소통**: 작업자들과의 피드백 및 의사소통 채널을 구축하여 작업자들이 의견이나 개선 제안을 제시할 수 있도록 합니다. 이를 통해 작업자들의 참여와 기여를 적극적으로 유도하고 관리할 수 있습니다.
- **안전 및 규정 준수**: 작업자들의 안전 규정 준수도를 점검합니다. 안전 규정을 준수하는 작업자들은 작업현장의 안전성을 유지하고 생산성을 향상시키는 데 이바지합니다.

위와 같은 방법들을 사용하여 공사현장 작업자들의 참여와 기여를 모니터링함으로써 작업자들의 공사수행 능력과 협업을 개선하고, 안전하고 효율적인 공사 진행을 도모할 수 있습니다.

10) 현장에서 작업을 신속히 진행하라고 주문하지 않습니다. 어떻게 작업을 지시할지 고민합니다

공사현장에서 작업자들에게 빠른 작업을 강요하거나 압박하지 않는 것을 의미합니다. 몇 가지 예시를 살펴보겠습니다.

- **충분한 시간 계획**: 작업 시작 전에 작업의 안전성과 품질을 보장할 수 있도록 충분한 시간 계획을 수립하여야 합니다. 작업에 필요한 작업시간과 절차를 고려하여 적절한 일정을 세우고 작업자들에게 지시합니다.
- **작업 절차 및 규정 준수**: 작업자들에게 작업 절차와 안전 규정을 지킬 것을 강조합니다. 작업 절차(작업 전 준비작업)를 정확히 따르고 안전장비를 올바르게 사용하여 안전한 작업을 할 수 있도록 유도합니다.
- **작업자 교육과 훈련**: 작업자들에게 적절한 역할교육과 훈련을 제공하여 작업자가 안전한 방법으로 효율적으로 작업을 수행하고 품질을 유지할 수 있도록 합니다.
- **작업환경 조성**: 작업환경을 개선하여 작업자들이 효율적으로 작업을 수행할 수 있도록 지원합니다. 적절한 작업 공간, 정확한 정보와 자료, 필요한 공도구와 장비, 충분한 조명 등을 제공하여 작업자들의 안전과 효율성을 향상시킵니다.
- **품질 검사와 점검**: 작업의 품질을 검사하고 점검하는 절차를 수행합니다. 작업이 완료되기 전에 필요한 점검과 확인 절차를 거쳐 작업의 품질을 보장하고 안전한 상태를 유지합니다.

위와 같은 방법들을 사용하여 공사현장에서 빠른 작업을 강요하지 않고 안전성과 품질을 우선시함으로써 **작업자들의 안전을 도모하고 작업의 효율성을 높일 수** 있습니다.

11) 동기부여 프로그램을 연구하고 구체적으로 개발합니다

간략한 예시는 다음과 같습니다.

- **목표 설정 및 인센티브 제도**: 작업자들에게 명확한 목표를 제시하고, 해당 목표를 달성할 때마다 인센티브를 제공합니다. 예를 들어, 특정 작업량 달성 또는 안전사고 없이 일정 기간을 마무리한 경우에 포상하여 동기를 부여합니다.
- **참여적 의사소통 및 의견 수렴**: 작업자들의 의견을 존중하고, 의사소통 채널을 개설하여 작업과정에 대한 의견을 수렴합니다. 작업자들이 자신의 의견을 제시하고 공동으로 문제를 해결할 기회를 제공하여 동기를 높입니다.
- **역량 개발 프로그램**: 작업자들의 역량 개발을 위한 교육과정을 마련합니다. 기술적인 역량과 소통을 돕기 위해 전문 교육기관과 협력하여 작업자들에게 새로운 기술과 지식을 전수하는 프로그램을 제공합니다.

- **팀워크 강화와 팀 성과 인식**: 작업자들 사이의 팀워크를 강화하고, 팀 성과에 대한 인식을 높입니다. 작업자들 간의 협력을 장려하고, 팀 성과를 공식적으로 인정하여 동기부여를 촉진합니다.
- **작업환경 개선**: 작업환경을 개선하여 작업자들의 편의와 안전을 고려합니다. 안전장비의 제공, 작업 공간의 조명 및 편의시설 개선 등을 통해 작업자들의 작업조건을 개선하여 동기부여를 증진합니다.

12) 목표, 계획, 업무분담, 자원(인적자원, 재무자원, 물리적 자원, 정보자원)을 표준화합니다

- **목표 설정**: 이는 원하는 결과물과 성과를 명시하는 것을 의미합니다. 목표는 현장에서의 작업 목적과 방향성을 명확하고 구체적으로 제시해야 합니다. 작업 기간 단축, 비용 절감 등의 목표를 정하고, 이를 모든 팀원과 공유하여 목표를 통일시킵니다.
- **계획 수립**: 전체 작업에 대한 작업 범위, 작업 단계별 일정, 자원, 요구사항, 작업 절차 등을 포함해야 합니다. 계획은 작업을 체계적으로 진행하기 위한 로드맵 역할을 합니다.
- **업무분담**: 작업에 참여하는 팀원들 간에 역할과 책임을 명확히 정의하고 작업 영역을 분담합니다. 팀원의 전문 분야와 역량을 고려하여 작업을 효율적으로 분배합니다. 이는 작업의 효율성과 팀원 간 협업을 강화합니다.
- **자원관리**: 작업에 필요한 자원(인력, 장비, 도구, 자재 등)을 관리합니다. 자원을 적절히 조달하고 할당하여 작업을 원활하게 진행할 수 있도록 합니다. 자원의 사용과 관리는 작업의 성공에 중요한 역할을 합니다.

13) 타임라인을 정하고 도표화하여 피드백 관리를 합니다

이는 공사현장에서 **작업의 진행 상황과 일정을 명확히** 하기 위해 일정 계획을 시간 순서대로 정리하고 도표화하며, 작업의 진행 상황을 모니터링하고 피드백을 하는 것을 의미합니다. 이는 공사현장에서 프로젝트의 진행 상황을 시간 순서대로 정리하여 시각적으로 파악하고, 변경 사항을 관리하며, 피드백을 수집하고 관리하는 과정을 말합니다.

14) 현실적이고 이해하기 쉬우며 성취 가능한 목표를 설정하고, 전망과 희망이 섞이지 않도록 주의합니다

현실적인 목표는 구체적이고 단계를 나누어야 합니다. 또한, 이해하기 쉬운 목표로 설정되어야 합니다. 팀원들과 협업하는 경우 목표에 대한 공감과 이해를 공유하여 협력을 끌어낼 수 있습니다. 또한, 성취 가능한 목표로 설정해야 합니다. 목표는 계량화하여 측정 가능해야 하며, 일정, 자원, 역량 등을 고려하여 설정되어야 합니다.

목표를 설정할 때에는 전망과 희망을 구분하는 것이 중요합니다. 현실적인 목표를 설정할 때에는 객관적인 판단과 분석을 통해 판단해야 합니다. 희망적인 기대는 현실성을 잃게 할 수 있으므로, 몇 가지 원칙을 준수하여 목표를 설정하면 현실적이고 실현 가능한 목표를 정확하게 파악할 수 있습니다.

15) 현장 작업 상황을 현장 SHOP 게시판에 표시하고 팀원들과 소통합니다 (Part 5. 미국 공사현장 사진 참고)

이는 작업의 진행 상황을 시각적으로 공유하고, 팀원들 간에 정보를 교환하며 협업하는 것을 의미합니다. 현장 현황판을 통해 팀원들은 실시간으로 작업 상황을 파악하고 자신의 작업계획을 조정하며 필요한 조처를 할 수 있습니다.

현장 현황판에는 다음과 같은 정보들을 포함합니다.

- **작업 진행 상황**: 각 작업 단계의 진척도를 표기합니다. 토목 작업, 건축 작업, 전기 및 기계 작업 등의 진행 상황을 표시할 수 있습니다.
- **일정 정보**: 작업의 진척 상황, 완료된 작업, 예정된 작업 등을 표시하여 모든 팀원이 현장 상황을 파악할 수 있도록 합니다. 이를 통해 작업이 예정에 따라 진행되는지 파악할 수 있습니다.
- **리소스 할당**: 인력 및 장비의 할당 상황을 나타냅니다. 어떤 팀원이 어떤 작업을 맡고 있는지, 필요한 장비가 준비되었는지 등을 확인할 수 있습니다.
- **중요 사항 및 안전 정보**: 작업 중 발생하는 중요 사항이나 안전 관련 정보를 표시합니다. 예를 들어, 특정 작업의 위험성이나 안전 절차에 대한 안내를 제공할 수 있습니다.

현장 샵 현황판을 통해 팀원들은 작업의 진행 상황을 실시간으로 파악하고, 문제 또는 작업 지연 사항을 감지할 수 있습니다. 이를 통해 팀원들은 필요한 조치를 하고 의사결정을 내리며, 작업에 대한 커뮤니케이션과 협업을 원활하게 진행할 수 있습니다.

16) 경영진의 지시 또는 외부 정보를 팀원과 나누지 않거나 왜곡하지 않습니다

이는 조직 내의 신뢰와 투명성을 강조하는 것으로, 팀원들은 정확하고 적시에 정보를 받아야 업무를 원활하게 수행할 수 있습니다.

그러나 가끔은 일부 관리자나 팀원들이 자신의 영향력을 유지하기 위해 정보를 왜곡하거나 팀원들과 공유하지 않을 수 있습니다. 이러한 행동은 조직 내의 투명성, 신뢰성, 효율성에 부정적인 영향을 미칠 수 있습니다.

17) 먼저 인사하며 밝은 표정으로 접근합니다

팀 리더가 먼저 인사하는 것은 팀원들에게 존중을 표시하는 것입니다. 리더는 팀원들의 상사이기도 하지만, 더 중요한 것은 팀원들과 공동체입니다. 리더는 팀원들을 이끌고, 그들이 성공할 수 있도록 도와주어야 합니다.

밝은 표정은 의사소통을 원활하게 하는 역할을 합니다. 관리자가 밝은 표정을 짓는 것은 팀원들의 사기를 높이고, 업무 분위기를 개선하는 데 도움이 됩니다.

밝은 표정은 팀원들에게 긍정적인 에너지를 전달하고, 업무에 집중할 수 있도록 도와줍니다.

또한, 밝은 표정은 팀원들 사이에 유대감을 형성하고 팀워크를 강화하는 데 도움이 됩니다.

표정이 부정적이거나 냉소적인 리더는 팀원의 의욕을 저하시키고 소통의 장벽을 만들 수 있습니다.

18) 현장에서 능력과 실력이 부족한 리더는 부지런한 것보다 아무것도 하지 않는 것이 더 나을 수 있습니다

능력과 실력이 없는 사람이 부지런한 경우, 팀원들에게 도움이 되지 않고 오히려 피해를 줄 수 있습니다. 공사현장은 최악의 상황으로 치달을 수 있기 때문입니다.

현장에서 경험이 없는 리더가 팀원들에게 무리한 업무를 지시하거나, 팀원들의 의견을 무시하고 자신의 의견만을 고집한다면, 팀원들의 작업의지가 저하되고, 생산성이 떨어질 수 있습니다. 이러한 리더의 부지런함은 팀원들에게 부담으로 작용할 수 있으며, 팀의 분위기를 나쁘게 만듭니다.

능력과 실력이 없는 리더가 부지런하게 활동하면 실수나 잘못된 결정을 내릴 가능성이 커집니다. 이로 인해 작업에 혼란과 오류가 발생할 수 있습니다. 잘못된 방향으로 일이 진행되거나 작업의 우선순위가 제대로 설정되지 않을 수 있기 때문입니다. 이러한 사람은 현장의 상황을 올바로 파악하지 못하고, 직원들을 관리하지 못합니다.

능력과 실력이 없는 리더가 부지런하게 업무에 참여하면 결과적으로 시간과 자원이 낭비될 수 있습니다. 다시 말해 공사 일정이 지연되고, 비용이 초과 지출되며, 품질이 저하될 수 있습니다.

19) 작업 전 현장을 조사하여 간섭사항 또는 도면과 일치하지 않는 경우, 도면 수정 요청을 하고 피드백을 받습니다

재작업이 발생하면 생산성에 직접적인 영향을 끼칩니다. 따라서 간섭사항 도면오류를 미리 점검하지 않으면 작업이 지연되거나 재작업(작업 부하)이 발생하며, 사고가 발생할 수 있습니다. 또한, 작업 타이밍을 잘못 설정하면 비용이 증가하거나 품질이 저하될 수 있습니다.

현장에서 작업 전 간섭사항을 체크하는 방법은 다음과 같습니다.

- 설계 도면을 철저히 검토합니다.
- 건축과 기계도면을 검토합니다.
- 현장을 방문하여 실제 상황을 확인합니다.
- 다른 작업과의 간섭 또는 오류 여부를 확인합니다.
- 안전상의 위험 요소를 확인합니다.
- 작업 전에 작업스케치를 작성합니다.

20) 의사결정과정에 매몰비용을 고려합니다

　현장에서의 매몰비용은 이미 지출된 비용으로 회수할 수 없는 비용을 말합니다. 매몰비용은 의사결정을 내릴 때 고려되어서는 안 되는 비용입니다. 왜냐하면, 매몰비용은 이미 발생한 것이기 때문에 미래의 결과에 영향을 미칠 수 없기 때문입니다.

　예를 들어, 현장에서 작업을 진행하다가 문제가 발생하여 공사를 다시 해야 하는 경우가 있습니다. 이미 지출된 비용(자재와 장비, 투입된 인력과 시간)은 매몰비용이 됩니다. 매몰비용에 집착하여 공사를 계속 진행한다면, 더 큰 비용을 지출하게 될 수 있습니다. 따라서, 매몰비용은 의사결정을 내릴 때 고려되어서는 안 됩니다. 문제가 있는 직원이 혹시나 바뀌지 않을까 하는 기대도, 매몰비용으로 해결하여야 합니다.

1. 생산성 개선을 위한 작업순서

2. 생산성 측정요소 12항목 정의 및 이직률

3. 생산성 측정요소 체크항목(생산성 측정도구 P2)

4. 생산성 측정요소 계량화 근거(모집단)

5. 생산성 측정요소 입력 방법(측정도구 P2)

6. UAE 바라카 현장 전선관 설치 작업 팀별 측정요소 분석

7. 생산성 측정요소 측정지표로 알 수 있는 내용

8. 생산성 측정요소 도표 결과(증명)

9. 생산성 측정요소별 고득점 방안 및 실행 요령

Part 2

공사현장에서 나의 생산성을 확인해 보자

1. 생산성 개선을 위한 작업순서

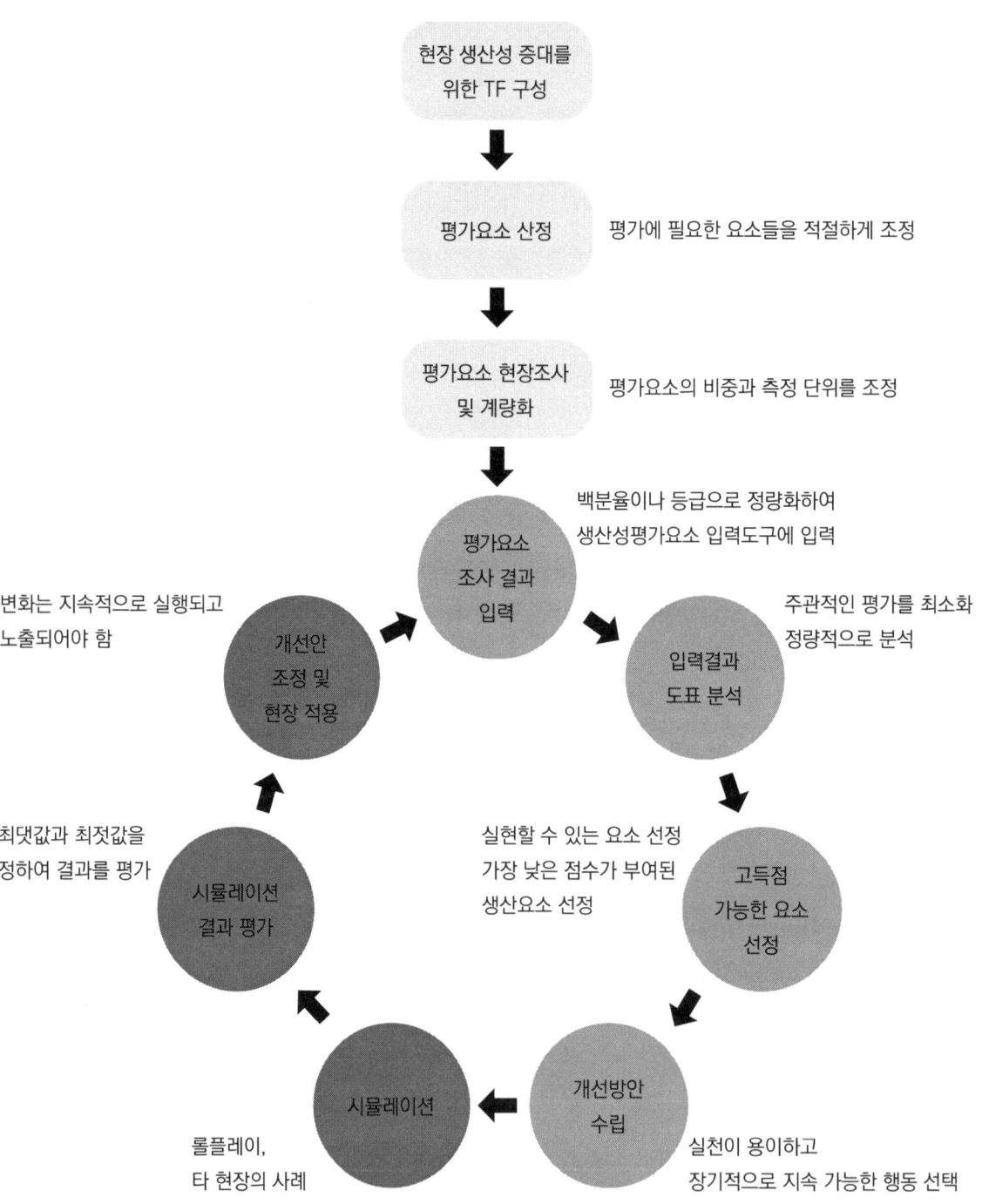

2. 생산성 측정요소 12항목 정의 및 이직률

1) 전기도면 건축도면의 해석 능력 및 도면관리

전기도면의 해석 능력은 전기 설비와 회로의 구성, 연결 방식, 전기 부품의 위치와 기호, 전기 연결 및 배선, 그리고 전기 부품의 기능 등을 이해할 수 있는 능력을 말합니다. 이 능력은 도면을 읽고 해석하는 데만 국한되지 않고, 도면에 포함된 정보를 실제 작업에 적용하고 문제를 해결하는 데까지 포함됩니다.

다시 말해, 전기도면해석 능력은 전기 시설이나 회로의 구성을 이해하고, 도면상에 표시된 전기 부품의 위치와 기호를 파악할 수 있는 능력을 의미합니다. 이러한 능력을 통해 도면에 나타난 회로나 설비를 실제로 구축하고 작업을 수행할 수 있어야 합니다. 또한, 문제가 발생했을 때 이를 해결할 수 있는 능력도 요구됩니다.

도면관리는 정리 정돈이 잘되어야 하고 변동사항이 있는 경우 바로 조치를 하여야 하며 현장 상황과 도면이 일치하지 않으면 곧바로 수정 요청을 하고 피드백을 받는 것을 포함합니다.

또한 최신도면을 관련팀이나 작업자에게 능동적으로 적시에 배포하여야 합니다.

2) 안전, Followership, 직무, 역할교육

Followership이 부족하다면 리더십도 효과적으로 발휘하기 어렵습니다.

Followership이 부족하다는 것은 리더의 지시사항을 주의 깊게 듣지 않거나 해야 할 작업을 미루는 등의 행동을 의미합니다. 또한, 게으르거나 업무에 협조하지 않는 경우도 포함됩니다. 이러한 행동들은 목표 달성을 방해하는 요인이 됩니다.

Followership은 리더를 지원하고 성공을 이루기 위해 동료들과의 파트너십을 구축하며 조직의 효율성을 높이는 능력입니다.

현장에서의 Followership은 선임자의 작업과 지시에 따라 행동하고, 정해진 역할에 집중하여야 합니다. 다른 사람으로부터의 지시나 요청은 상위 책임자에게 보고하고 지시된 작업에 집중해야 합니다. 이를 통해 혼선을 방지하고 책임 소재를 분명하게 합니다.

안전, 직무, 역할 교육과 함께 Followership 강화는 현장에서의 효과적인 업무 수행을 위해 필수적인 요소입니다.

팔로워십(Followership) 교육
- **정의**: 팔로워십은 공사작업 현장에서 팀원들 간의 상호 의존성과 협력을 강화하기 위한 교육과정입니다.
- **의미**: 팔로워십은 팀원들 간의 상호 의존성과 협력을 강화하기 위한 교육 및 훈련을 의미합니다.

직무교육(Job Training)
- **정의**: 직무교육은 공사 작업자가 자신의 역할과 책임을 이해하고 필요한 기술과 지식을 습득하는 교육과정입니다.
- **의미**: 직무교육은 작업자에게 필요한 업무와 관련된 지식, 기술, 절차 등을 전달하고 학습하는 과정입니다. 이를 통해 작업자는 자신의 업무를 이해하고 효과적으로 수행할 수 있으며, 작업의 품질과 생산성을 향상시킬 수 있습니다.

역할교육(Role Training)
- **정의**: 역할교육은 작업자가 자신의 역할에 대한 이해와 필요한 역량을 향상시키기 위한 교육과정입니다.
- **의미**: 역할교육은 작업자가 자신이 맡은 역할과 업무에 대한 책임과 기대되는 결과를 이해하고, 이를 수행하는 데 필요한 역량을 강화하는 과정입니다. 작업자는 역할에 따른 책임과 업무의 범위를 이해하고, 자신의 역할을 효과적으로 수행하여 조직의 목표 달성과 협업의 효율성을 향상시킬 수 있습니다.

3) 정리, 정돈, 청결, 조도의 목표를 이해

정의: 정리, 정돈, 청결, 조도의 상태 측정은 공사현장에서 작업환경이 깔끔하고 청결하며, 자재와 도구가 정리되어 있으며, 적절한 조도가 유지되는지를 측정하는 과정입니다.

- **정리(Orderliness)**: 자재나 도구를 정확한 위치에 보관하고 불필요한 자재나 도구는 처리하여, 작

업 공간을 깔끔하게 유지하여 작업 효율성을 높이고 혼돈을 방지합니다.
- **정돈(Organization)**: 작업에 필요한 자료, 도구, 장비 등을 체계적으로 분류하고 배치하여 찾기 쉽고 효율적으로 활용할 수 있도록 합니다.
- **청결(Cleanliness)**: 쓰레기나 잔여물을 즉시 정리하고, 환경을 청결하게 유지함으로써 작업자의 안전을 확보하며, 작업 공간에서의 작업 효율을 높입니다.
- **조도(Brightness)**: 충분한 조명은 작업자의 안전과 정확성을 향상시키며, 작업 공간에서의 시인성과 집중도를 높입니다.

작업장 SHOP은 휴식과 정보가 교환되도록 공간이 제공되어야 합니다.

정리, 정돈, 청결, 조도의 상태 측정은 공사현장에서 **안전하고 효율적인 작업환경**을 조성하고 유지하는 데 필요한 측정요소입니다. 이러한 목표들을 이해한다는 것은 작업현장에서 위의 원칙들을 알고 준수하며, 꾸준히 실천하는 것을 의미합니다.

4) 작업업무분담

가. 작업업무분담의 정의

작업업무분담은 한 조직 또는 팀 내에서 작업을 수행하기 위해 작업 내용, 구성원의 역할과 책임을 명확하고 공정하게 할당하는 것을 뜻합니다.

나. 작업업무분담의 의의

- **효율적인 작업 진행**: 작업업무분담을 통해 작업을 전문적으로 수행할 수 있는 작업자들에게 업무를 할당함으로써 작업의 진행 속도와 효율성을 향상시킬 수 있습니다.
- **역량 개발 및 전문성 강화**: 각 작업에 맞는 업무를 담당하는 작업자들은 자신의 역량을 계속해서 발전시키고 전문성을 향상시킬 수 있습니다.
- **업무분담으로 인한 협업 강화**: 작업을 나누고 역할을 명확히 정의함으로써 팀원들 간의 협업이 원활하게 이루어지고 혼란을 방지할 수 있습니다.
- **업무 리스크 분산**: 작업을 분담함으로써 작업에 대한 리스크를 분산시킬 수 있고, 작업자의 부재나 문제 발생 시에도 작업의 지속성을 보장할 수 있습니다.

팀 내에서 작업 업무분담이 제대로 이루어지지 않으면 작업자들 간에 불편함이 발생할 수 있습니다. 적절한 분담을 통해 각 구성원은 자신의 역할에 집중할 수 있고, 협업과 조정을 통해 작업의 효율성을 향상시킬 수 있습니다.

5) 구성원(팀원)과의 관계(소통)

공사현장에서 구성원과의 관계는 협력과 소통을 기반으로 한 상호작용과 협력을 의미합니다. 공사 작업현장에서 구성원과의 관계 측정은 작업자들 간의 상호작용, 협업, 소통 등을 측정하여 작업 효율성, 팀의 업무 진행 상태, 업무 분위기 등을 측정하고 분석하는 과정입니다. 높은 점수를 받는 방법은 팀 구성원 간에 신뢰와 존중을 구축하는 것입니다.

- **계층구조 무시(Bypassing)**: 공사작업현장에서 Bypassing은 일반적으로 계층구조나 의사결정과정을 우회하거나 무시하여 정보나 결정을 전달하거나 수행하는 것을 의미합니다.
- **예절**: 인사를 통하여 친밀감을 표시하고 상대를 배려하는 자세. 인사는 소통의 시작입니다.
- **정리 정돈 청결 조도**: 작업 분위기를 긍정적으로 만들고 작업의 안전성을 높입니다.
- **갈등과 충돌**: 팀원들 간에 의견 차이, 관심사 충돌, 역할 갈등 등으로 인해 갈등이 발생하는 경우입니다.
- **신뢰 부족**: 팀원들 간에 서로 신뢰하지 않거나 협력과 공유를 거부하는 경우입니다.
- **의사소통의 어려움**: 팀원들 간에 의사소통이 원활하지 않거나 부정확한 정보 전달로 인해 혼선이 발생하는 경우입니다. 의사소통의 어려움은 작업 일정 지연, 실수 또는 불량한 작업, 재작업 등을 초래할 수 있습니다.
- **역할 분담의 불명확함**: 팀원들 간에 역할과 책임이 명확하지 않거나 중복되는 경우입니다. 업무 부담의 불균형, 역할 갈등 등을 일으킬 수 있습니다.

6) 품질관리(부가가치)

품질관리는 부가가치입니다. 공사 과정 전반에 걸쳐 품질을 확보하고 향상하는 활동을 의미합니다. 이를 위해 작업과정에서 발생 가능한 결함이나 오류를 최소화하고, 고객의 만족도를 높이는 데 주안점을 둡니다.

품질관리의 목적은 시공품질, 안전성, 신뢰성, 완료기한 등의 측면에서 프로젝트의 목표를 충족시키고 고객 만족도를 높이는 것입니다.

7) 자재관리

자재의 준비성은 필요한 자재가 필요한 수량으로, 적절한 시간에, 적절한 품질로, 작업자가 쉽게 사용할 수 있는 위치에 정돈된 상태를 의미합니다. 그리고 작업 진행에 필요한 자재의 보유량, 창고 또는 장소, 납품기일 및 입고 일정의 준수 등을 포함합니다. 또한, 자재관리 프로그램을 개발하여 효과적인 자재관리를 진행해야 합니다. 프로그램의 목적과 내용을 구체적으로 계획하여 자재관리의 효율성을 높여야 합니다.

8) 단위, 단계별 작업스케치, 작업계획표

작업스케치는 공사현장에서 작업자들이 수행하여야 할 작업을 미리 파악하고 이해할 수 있도록 도와주는 스케치입니다. 이를 통해 작업자들은 작업 전에 어떤 작업이 필요하고, 어떻게 작업을 해야 하는지를 시각적으로 확인할 수 있습니다. 작업스케치를 참고하여 작업을 수행하면 작업의 오류나 실수를 줄일 수 있고, 작업자들 간의 협업과 의사소통도 원활해집니다.

작업스케치는 작업의 순서, 방법, 작업 공간 구성, 설치 위치, 배선 경로, 작업시간, 필요자재 등을 도식화하여 작업자들이 작업을 문제없이 수행할 수 있도록 도움을 줍니다. 조그만 현장에서 작업스케치의 필요성을 이해하지 못하는 경우가 있습니다. 그러나 작업스케치를 통해 불량한 작업과 재작업으로 인한 손실을 최소화하고 작업의 효율성을 높일 수 있습니다. 따라서 작업스케치는 작업현장에서 중요한 도구로 사용되어야 합니다.

9) 작업 일보 작성

공사현장에서 진행되는 작업 내용 작업공정, 생산량, 자재 사용, 인력 동원 현황, 장비 동원 현황 등을 일일 단위로 상세히 기록하는 보고서를 작업 일보라고 합니다.

작업 일보는 작업을 미리 파악하고 계획할 수 있도록 도와주며, 나사까지 기재함으로써 작업 시 필요한 자재를 준비하도록 합니다.

작성은 정확하고 체계적으로 거짓 없이 작성되었는지 확인하여야 합니다.

공사현장에서 작업 일보에 기재되어야 할 요소들

1. **작업 일자**: 작업이 수행된 날짜를 기재합니다.
2. **작업 장소**: 작업이 수행된 위치나 공사현장의 특정 구역을 기재합니다.
3. **작업 내용**: 수행된 작업의 내용이나 세부 사항을 기재합니다.
4. **작업자**: 해당 작업을 수행한 작업자의 이름이나 식별 정보를 기재합니다.
5. **작업시간**: 작업의 시작시각과 종료시각을 기재합니다.
6. **작업량**: 작업에서 수행한 단위 작업량이나 생산량을 기재합니다.
7. **자재 사용량**: 작업에서 사용된 자재의 종류와 사용량을 기재합니다.
8. **기계 및 장비**: 작업에 사용된 기계, 장비, 도구 등의 종류와 수량을 기재합니다.
9. **안전 사항**: 작업 중에 준수해야 할 안전 절차, 보호 장비 등에 관련된 내용을 기재합니다.
10. **특이 사항**: 작업 중 발생한 특이 사항이나 문제, 예외 사항 등을 기재합니다.
11. **현장 상황**: 작업 일보 작성 시 현장의 전반적인 상황이나 주요 사항을 기재합니다.
12. **명일 자재**: 다음 날 작업에서 사용할 자재의 종류나 수량을 기재합니다.

10) 불량한 작업 및 손실 이해

불량한 작업은 작업자의 역량 부족이나 경험 부족으로 인해 작업이 원활하게 이루어지지 않고 품질이 떨어지며, 잘못된 방법으로 비효율적인 작업을 하거나 작업순서가 바뀌어 작업시간이 늘어나는 상황을 말합니다. 작업자가 효율적인 작업 방식을 채택함으로써 작업시간이 단축되고, 노동력이 절감될 수 있습니다.

불량한 작업은 작업의 효율성을 저해하고 품질 및 생산성을 낮추는 직접적인 요인이 됩니다. 따라서 작업자들은 작업스케치를 통하여 작업역량을 갖추고 경험을 쌓아 효율적이고 정확한 작업을 수행할 수 있도록 꾸준한 교육과 지원을 제공해야 합니다.

11) 재작업(작업부하) 및 손실 이해

재작업은 잘못된 도면해석, 도면변경, 작업과정에서 발생한 품질 불량, 고객 요청에 의한 변경, 도면오류, 간섭사항의 파악 부족 또는 작업 오류로 인해 작업을 다시 수행해야 하는 상황을 의미합니다.

재작업을 줄이려면 도면을 정확히 해석하고 현장과 비교하여 문제점과 간섭사항을 신속히 찾아내는 능력이 필요합니다. 작업자들이 정확한 작업 지침을 따르고, 품질관리를 철저히 하여야 재작업의 발생을 최소화할 수 있습니다.

12) 가동률

공사현장에서 작업시간을 효과적으로 늘리는 것은 "가동률 향상" 또는 "가동 시간 최적화"라고 할 수 있습니다. 이는 작업시간을 최대한 활용하여 실제 작업이 이루어지는 시간을 늘리는 것을 의미합니다.

가동률은 다양한 요소들을 고려하여 계산됩니다. 예를 들면, 휴식 시간을 적절히 관리하는 것, 정해진 점심시간을 준수하는 것, 작업 종료시각을 지키는 것 등이 있습니다. 또한, 과도한 잔업은 오히려 가동률을 크게 낮출 수 있습니다.

가동률은 다음과 같은 식으로 계산됩니다:

가동률 = 가동 시간(부하 시간 - 낭비 시간(휴식 및 기타 낭비 시간))
／ 부하 시간(일 계약 시간) × 100

13) 이직률

이직률(퇴직률)은 한 조직 내에서 직원들이 다른 회사로 이직하는 비율을 나타내는 지표입니다.

이직률 = 이직자 수 / 전월 말 기준 재직자 수 × 100

14) 연장작업

연장작업은 정상작업의 1.5배 또는 2.0배의 인건비가 투입됩니다. 이는 연장작업의 시간이 길어질수록 노동생산성이 낮아짐을 의미합니다. 연장작업을 효율적으로 운영하기 위해서는 생산성에 어떠한 비율로 영향을 끼치는지 계산하여야 합니다.

15) 국가별 가중치

임금상승률, 지역 또는 국가별로 인건비 비용이 다르므로 노동생산성과 부가가치 노동생산성, 수익 및 손익을 비교하여 측정하기 위한 중요한 요소입니다.

3. 생산성 측정요소 체크항목 (생산성 측정도구 P2)

측정도구에는, 계량화 과정에서 항목별로 주관적인 오류를 최소화하고
항목별 비중을 조정하여 측정으로 인한 오류와 오차를 줄이기 위한 기법 사용

1) 전기도면 건축도면 해석 능력 및 도면관리

	공사현장에서 전기도면과 건축도면을 해석하는 능력을 측정
1	기본 지식: 전기 회로와 기기에 대한 기본 지식 및 용어를 이해하고 이를 실제 업무에 활용할 수 있는 능력을 평가
2	도면관리 표준화: 도면관리에 있어서 표준화된 절차나 기준을 얼마나 잘 적용하고 있는지 평가
3	도면관리 교육 실행 여부: 도면관리 요령을 배우고 이를 실제로 교육에 적용하고 있는지 평가
4	전기 심볼 및 표기 해독 능력: 전기도면에 사용된 심볼과 표기를 정확히 해석할 수 있는 능력을 평가
5	회로 이해 능력: 다양한 회로 구성과 전기 신호 흐름을 이해하고 이를 설명할 수 있는 능력을 평가
6	선로 및 접속 이해: 전기 선로와 접속 구성을 이해하고, 회로 간의 연결 관계를 얼마나 잘 파악하는지 평가
7	도면 해석 능력: 부하 산정과 과전류 차단 용량을 계산하는 능력을 평가
8	허용 전류 계산 능력: 허용 전류를 정확하게 계산할 수 있는 능력을 평가
9	도면 해독 속도: 도면을 빠르고 정확하게 해독하는 능력을 평가
10	건축 도면 심볼 및 표기 해독: 건축 도면에 포함된 기본 심볼과 표기를 해석할 수 있는 능력을 평가
11	정확한 측정 능력: 치수와 부재를 정확히 측정하고 현장에 반영할 수 있는 능력을 평가
12	도면 해석 정확성: 도면을 해석할 때 오류를 발견하고 해결하는 능력을 평가
13	도면 갱신 및 반영 능력: 도면이 갱신되었을 때 이를 인식하고 필요한 변경 사항을 반영할 수 있는 능력을 평가
14	도면관리 체계: 도면과 관련된 파일과 자료를 체계적으로 관리하고 검색할 수 있는 능력을 평가
15	현장 적용 능력: 도면에 포함된 정보를 실제 작업에 적용하는 능력을 평가
16	스케일 및 단위 변환 능력: 도면의 스케일과 측정 단위를 정확하게 이해하고 변환할 수 있는 능력을 평가
17	도면 주석 해석 능력: 도면에 포함된 주석과 설명을 정확히 해석하는 능력을 평가
18	공정 이해 능력: 도면을 통해 작업 공정과 순서를 이해하고 이를 설명할 수 있는 능력을 평가
19	자재 및 장비 이해 능력: 도면을 기반으로 필요한 자재와 장비를 준비할 수 있는 능력을 평가
20	작업 일보 작성 능력: 도면을 참고하여 작업 일보를 작성하는 능력을 평가

21	품질관리 능력: 도면을 활용해 시공의 품질을 유지하고 개선하는 능력을 평가
22	안전 고려 능력: 도면 해석 시 안전을 고려한 사항을 인지하고 적용하는 능력을 평가
23	현장 지원 능력: 현장에서 도면 해석 및 관리에 필요한 지원을 제공할 수 있는 능력을 평가
24	문제 해결 능력: 전기 시스템에서 발생한 문제를 식별하고 해결하는 능력을 평가
25	간섭 사항 해결 능력: 시공 전 도면에 나타난 간섭 사항을 파악하고 해결하는 능력을 평가
26	문제 예방 능력(리소스 관련): 잠재적인 리소스 문제를 미리 인지하고 예방하는 능력을 평가
27	협력과 의사소통 능력: 도면 해석과 관련된 내용을 구성원과 원활하게 소통하고 협력하는 능력을 평가
28	고객 만족도: 도면을 기반으로 작업을 수행하여 고객의 기대를 충족시키는 능력을 평가
29	도면 작성 및 편집 능력: 전기도면 작성 및 편집 소프트웨어를 활용해 도면을 만들고 편집하는 능력을 평가
30	시각적 기억 능력: 도면 정보를 기억하고 이를 작업에 효과적으로 활용하는 능력을 평가
31	업무 분담 구상 능력: 도면에 기반해 작업업무를 효율적으로 분담하는 능력을 평가
32	현장 지식 적용 능력: 현장의 특수한 조건과 요구사항을 이해하고 이를 도면에 적용하는 능력을 평가
33	정직성: 도면관리 및 업무 수행에서 정직하고 신뢰할 수 있는 태도를 평가
34	작업 우선순위 결정 능력: 도면에 따라 작업의 우선순위를 결정하는 능력을 평가
35	협업 능력: 구성원들과 협력하여 시공 문제를 해결하는 능력을 평가
36	소통 능력: 문제 발생 시 도면 내용을 효과적으로 소통하고 협의하는 능력을 평가
37	도면 보관 및 관리: 도면을 체계적으로 보관하고 관리하는 능력을 평가
38	소프트웨어 운영 능력: 도면 관련 소프트웨어를 운영하고 활용하는 능력을 평가
39	학습 능력 저하: 새로운 정보나 기술을 학습하는 속도를 평가
40	변경 사항 즉시 반영 능력: 현장에서 발생하는 변경 사항을 도면에 즉시 반영하는 능력을 평가
41	도면 불일치 문제 해결 능력: 시공 전 도면과 현장의 불일치를 파악하고 해결하는 능력을 평가
42	도면 수정 요청 능력: 현장 상황과 도면이 일치하지 않을 때 수정 요청을 할 수 있는 능력을 평가
43	피드백 확인 능력: 수정 요청에 대한 피드백을 확인하고 반영하는 능력을 평가
44	도면 정리 정돈 능력: 현장에서 도면을 체계적으로 정리하고 분류하는 능력을 평가
45	자재 및 공도구 선택 능력: 도면을 기반으로 필요한 자재와 공도구를 선택하고 수량을 파악하는 능력을 평가
46	시공 문제 예방 능력: 잠재적인 시공 문제를 미리 인지하고 대비하는 능력을 평가
47	자재 위치 선정 능력: 도면을 참고해 자재 정돈의 위치를 선정하는 능력을 평가

2) 안전 팔로워십 역할교육

	공사현장에서 안전 팔로워십 역할교육을 시행하는 능력 측정
1	교육 계획 수립: 교육 계획이 명확하게 수립되었는지 평가
2	교육 목표 설정: 교육 목표가 명확하게 설정되어 있는지 평가
3	커리큘럼 설계: 교육 과정이 체계적이고 일관성 있게 설계되었는지 평가
4	교육 자료 정확성: 교육에 사용되는 자료와 교재가 정확하고 효과적인지 평가
5	교육자 역량: 교육자의 전문성과 경험이 교육에 적합한지 평가
6	참여자 피드백 반영: 교육 참여자의 피드백을 수렴하고 개선에 반영했는지 평가
7	안전 규정 준수 여부: 교육이 안전 규정 및 법규를 준수하고 있는지 확인
8	교육 시설 및 장비 적절성: 교육을 위한 시설과 장비가 안전하고 적절한지 평가
9	교육 일정 준수 여부: 교육 일정이 계획대로 진행되고 있는지 확인
10	교육 기록 관리: 교육 참여자의 출석과 기록 관리 체계가 적절한지 평가
11	사고 예방 효과: 교육 후 사고 발생률이 감소했는지 평가
12	교육 내용 이행도: 교육 내용을 현장에서 실제로 이행하는 정도를 평가
13	교육 성과 분석: 교육을 통해 개선된 결과와 성과를 분석
14	교육 자료 업데이트 여부: 교육 자료와 커리큘럼이 최신 정보를 반영하여 정기적으로 업데이트되고 있는지 확인
15	참여자 참여도: 교육 참여자들이 적극적으로 교육에 참여하고 있는지 평가
16	교육 측정 체계 확립: 교육의 성과를 측정하는 체계가 확립되어 있는지, 교육 후 퀴즈나 시험을 통해 측정되고 있는지 확인
17	교육 내용 이해도: 교육 대상자들이 교육 내용을 충분히 이해하고 있는지 테스트를 통해 평가
18	훈련 과정 개선 여부: 교육 결과를 토대로 교육 과정이 지속적으로 개선되고 있는지 확인
19	사고 대응 능력: 교육 참여자가 사고 발생 시 적절하게 대응할 수 있는 능력을 평가
20	교육 비용 효율성: 교육 비용 대비 안전 및 생산성 향상 효과가 있는지 평가
21	교육 후 효과 지속성: 교육 후 안전과 생산성 향상 효과가 얼마나 지속되는지 평가
22	경영진 참여도: 경영진이 교육에 적극적으로 참여하고 지원하는지 평가
23	문제 해결 능력 향상 여부: 교육을 통해 문제 해결 능력이 얼마나 향상되었는지 평가
24	교육 홍보 및 의식 강화: 교육의 중요성을 강조하고 의식을 홍보하는 활동이 이루어졌는지 평가
25	참여자 피드백 설문: 교육 참여자들에게 설문 조사를 실시하고 피드백이 제대로 이루어졌는지 평가
26	교육 자료 개선 여부: 교육 자료가 정기적으로 검토되고 개선되었는지 확인
27	역할 교육 후 성과 개선: 역할 교육 후 업무 성과가 개선되었는지 평가
28	재교육 실시 여부: 교육 이후 주기적으로 재교육이 이루어지고 있는지 확인
29	지식 전달 능력: 교육자가 안전 규정과 절차를 명확하게 전달하고 있는지 평가
30	사례 연구 활용: 안전 사고 사례를 사용하여 안전 행동의 중요성을 효과적으로 강조하고 있는지 평가

31	시뮬레이션 활용	위험 상황에 대한 시뮬레이션을 통해 대응 능력을 훈련하고 있는지 평가
32	사전 준비 능력	작업 전 안전 절차를 확인하고 준비하는 습관이 있는지 평가
33	리더십 능력	교육자가 팀을 효과적으로 이끌고 팀원들에게 동기 부여와 지원을 제공하고 있는지 평가
34	소통 기술	교육자가 명확하게 의사를 전달하고 팀원들과 원활하게 소통하는 능력을 평가
35	정리 정돈 및 청결 교육 효과	정리 정돈과 청결이 안전에 미치는 영향을 교육하고 이해하고 있는지 평가
36	피드백 제공 능력	교육자가 구체적이고 건설적인 피드백을 제공하여 개선을 도울 수 있는지 평가
37	공감 능력	교육자가 팀원들의 감정과 관심사를 이해하고 존중하는 능력을 평가
38	전문 지식 보유 여부	각 역할에 필요한 전문 지식과 기술을 교육자가 충분히 갖추고 있는지 평가
39	책임감	교육 대상자가 자신의 역할과 책임을 이해하고 이를 충실히 수행하는지 평가
40	교육 장소 정리 정돈 상태	교육 장소가 정리 정돈되고 청결한 상태인지 확인
41	협력 및 조정 능력	교육을 통해 팀원들과 협력하여 목표를 달성하고 갈등을 해결하는 능력을 평가
42	문제 해결 능력	교육을 통해 문제를 효과적으로 식별하고 해결하는 능력을 평가
43	교육 시간 인지 여부	교육 일정과 시간을 충분히 인지하고 있는지 확인
44	지시와 요청 처리 능력	교육 대상자가 상위 책임자의 지시에 따라 일관되게 작업을 수행하는지 평가
45	작업 미루기 방지 교육	교육을 통해 작업을 미루는 행위가 개선되었는지 평가
46	팔로워십 이해도 측정	팔로워십의 개념과 중요성을 이해하고 있는지 평가
47	Bypassing에 대한 이해도	Bypassing에 대한 개념과 그 위험성을 얼마나 이해하고 있는지 평가
48	교육 전달 체계의 실효성 확인	교육 전달 체계가 효과적으로 작동하고 있는지 평가
49	작업 표준화 교육	작업 표준화 관련 교육이 진행되고 있는지 확인
50	서두르는 작업 방지 교육	서두르는 작업의 위험성에 대한 이해도를 평가
51	정리 정돈 및 청결의 중요성 교육	정리 정돈과 청결의 개념, 의의, 효과를 교육하고 실행 방법을 평가
52	외부 강사 교육 여부	외부 강사를 통한 교육이 진행되었는지 확인
53	현장 투입 전 교육 여부	현장 투입 전에 충분한 교육이 이루어졌는지 확인
54	인사교육	인사의 개념과 중요성을 이해하고 있는지 평가
55	예절교육	배려와 상호 인사에 관한 예절교육이 이루어졌는지 평가

3) 정리, 정돈, 청결, 조도의 목표를 이해

	공사현장에서 정리, 정돈, 청결 수행 정도 측정
1	계획과 조직: 작업장에서 정리, 정돈, 청결, 조도 관리를 위한 구체적인 계획과 조직이 수립되어 있는가?
2	작업장 청결도: 작업장이 청결한 상태를 유지하고 있는가?
3	위생 유지: 장비, 공구가 청결하게 유지되고 있는가?

4	**정기적 청소**	작업장이 주기적으로 청소와 정돈 작업이 수행되고 있는가?
5	**불필요한 물건 제거**	작업장에서 불필요한 장비, 자재, 도구가 정기적으로 정리되고 있는가?
6	**자재 및 도구 보관**	자재와 도구가 정해진 위치에 잘 보관되고 있는가?
7	**바닥 상태**	작업장의 바닥이 청결하고 안전한 상태를 유지하고 있는가?
8	**시간 관리**	직업 공간을 정리하고 유지하기 위해 적절한 시간 관리가 이루어지고 있는가?
9	**분류와 구분**	물품이 유형별로 명확히 분류되고 라벨링이 되어 있는가?
10	**폐기물 관리**	폐기물이 올바르게 분리 및 처리되고 있는가?
11	**보관 체계**	물품들이 체계적으로 보관되고 있는가?
12	**책임감**	작업자가 정리, 정돈, 청결을 책임지고 실천하고 있는가?
13	**화학물질 관리**	화학물질이 안전하게 보관되고 적절히 라벨링되어 있는가?
14	**위험물 표시**	위험물이 명확히 표시되고 안전하게 보관되고 있는가?
15	**작업 공구 유지**	작업 공구가 정기적으로 점검되고 유지 보수되고 있는가?
16	**작업자 교육**	작업자들이 정리, 정돈, 청결의 중요성에 대해 충분히 교육받고 있는가?
17	**안전 보호구 및 시설 유지**	안전 보호구와 시설이 깨끗하게 유지되고 정기적으로 점검되고 있는가?
18	**화재 안전**	작업장 내 소화기 및 비상 출구가 적절히 점검되고 화재 대비가 이루어지고 있는가?
19	**유해 물질 관리**	유해 물질이 안전하게 보관되고 처리 절차를 따르고 있는가?
20	**생산 시설 배치**	생산 시설과 장비가 작업 효율성을 높이기 위해 효율적으로 배치되어 있는가?
21	**개인 위생**	작업자들이 개인 위생에 신경을 쓰고 있는가?
22	**재활용**	재활용 가능한 자원이 적절하게 분리 및 관리되고 있는가?
23	**재고 관리**	불필요한 재고가 최소화되고 효율적으로 관리되고 있는가?
24	**작업자 의식**	작업자들 사이에서 정리, 정돈, 청결의 중요성에 대한 인식이 높은가?
25	**문서화 및 기록**	정리, 정돈, 청결에 대한 정책과 절차가 문서화되어 있는가?
26	**정기적인 감사**	정리, 정돈, 청결 상태가 정기적으로 감사되고 있는가?
27	**문제 해결**	정리, 정돈, 청결과 관련된 문제를 해결하는 절차가 있는가?
28	**작업 효율성**	정리, 정돈, 청결이 작업 효율성에 긍정적인 영향을 미치고 있는가?
29	**개인 책임**	작업자가 청소와 정리 정돈에 대해 개인적으로 책임감을 가지고 있는가?
30	**협업과 팀워크**	관리자가 팀원들과 협력하여 작업 공간의 정리와 정돈을 실천하고 있는가?
31	**작업 속도 조절**	작업을 서두르거나 과도하게 빨리 진행하려는 경향이 있는가?
32	**작업 환경 개선**	작업자가 작업 환경을 개선하기 위해 제안하거나 실행하는가?
33	**조명 설치**	작업 공간에 적절한 조명이 설치되어 작업 시 시야를 개선하고 있는가?
34	**소지품 보관**	개인 물품과 작업 도구가 명확하게 분리되어 보관되고 있는가?
35	**작업 표준 준수**	정리, 정돈, 청결과 관련된 작업 표준이 준수되고 있는가?
36	**정리 정돈 청결 목표 이해**	작업자가 정리, 정돈, 청결의 중요성과 목표를 명확히 이해하고 있는가?
37	**작업자 의식 책임감**	작업자들이 정리, 정돈, 청결을 책임지고 실천하고 있는가?

38	청소도구 관리: 청소도구가 지정된 위치에 보관되고 있는가?
39	작업 현황 보드: 작업장(샵장)에 작업 현황 보드가 구비되어 있는가?
40	역할 분담: 정리, 정돈, 청결을 위한 작업자 역할이 명확히 분담되어 있는가?
41	휴식 공간: 작업장 내 휴식 공간이 정돈되어 있는가?
42	화장실 상태: 작업장의 화장실이 청결하게 관리되고 있는가?
43	작업 종료 전 청소 시간: 작업 종료 전 정리 정돈과 청결을 위한 시간이 할당되는가?
44	작업 종료 전 업무 분담: 작업 종료 전 정리 정돈과 청결을 위한 업무 분담이 이루어지고 있는가?
45	안전과 정리 정돈의 관계 이해: 작업자가 정리 정돈과 안전의 관계를 이해하고 있는가?
46	품질과 정리 정돈의 관계 이해: 작업자가 정리 정돈이 품질에 미치는 영향을 이해하고 있는가?
47	물량과 정리 정돈의 관계 이해: 작업자가 정리 정돈이 작업 물량에 미치는 영향을 이해하고 있는가?
48	체계적인 교육: 정리 정돈 청결 교육이 체계적으로 전달되고 있는가?
49	피드백과 개선: 작업 공간의 관리 방법에 대한 피드백이 수렴되고 개선이 이루어지고 있는가?
50	현장순회: 작업장이 매일 정기적으로 순회 점검되고 있는가?
51	생산성과 정리 정돈의 관계 이해: 작업자들이 정리 정돈이 생산성에 미치는 영향을 이해하고 있는가?
52	자재 및 도구 관리 담당: 자재와 공도구 정리 정돈 담당자가 명확히 지정되어 있는가?
53	정리 정돈 지침: 정리 정돈과 청결에 대한 명확한 지침이나 규정이 있는가?
54	작업 일보 기록: 작업 일보에 자재 사용 내역이 구체적으로 기록되고 있는가?
55	준비작업 및 마무리 작업 분담: 준비작업과 마무리 작업 시 업무 분담이 명확하게 이루어지고 있는가?
56	정리 정돈 점검: 정리 정돈 상태를 지속적으로 점검하고 지시하고 있는가?
57	정리 정돈 청결의 개념을 구분하고 있는가?
58	도면 관리: 도면이 정리 정돈되어 효율적으로 관리되고 있는가?

4) 작업업무분담

	공사현장에서 작업업무분담이 이루어지고 있는 정도 측정
1	작업자 교육 및 훈련: 작업자들이 업무 수행에 필요한 교육과 훈련을 받았는가?
2	작업 역할 명확성: 각 작업자의 역할이 명확하게 정의되어 있는가?
3	책임 이행: 작업자들이 자신에게 부여된 역할에 대해 책임을 다하고 있는가?
4	Bypassing: 작업 중 상급자의 지시나 절차를 건너뛰는 Bypassing이 발생하고 있는가?
5	Followership: 작업자들이 상급자의 지시를 잘 따르고 작업에 집중하고 있는가?
6	업무 이해도: 작업자들이 자신의 작업 요구사항과 목표를 충분히 이해하고 있는가?

7	역할 분담: 작업의 복잡성과 내용에 따라 역할 분담이 효과적으로 이루어지고 있는가?
8	작업계획: 작업계획이 명확하게 작성되고 작업자들에게 전달되었는가?
9	유연성과 대처 능력: 작업자들이 예상치 못한 상황에 유연하게 대처하고 역할을 조정할 수 있는가?
10	현장순회: 작업장이 매일 정기적으로 순회 점검되고 있는가?
11	문제 해결 능력: 작업 중 발생하는 문제를 신속히 인식하고 해결할 수 있는가?
12	과도한 간섭: 상급자나 동료의 과도한 간섭이 작업자들의 업무에 영향을 미치는가?
13	작업 일정 준수: 작업 일정이 정확하게 계획되고 그에 따라 작업이 이루어졌는가?
14	자원 할당: 작업에 필요한 자원(인력, 장비, 자재)이 적절하게 할당되었는가?
15	작업장 배치: 작업자와 장비가 작업장 내에서 효과적으로 배치되었는가?
16	작업자 역량: 작업자들이 자신의 역할을 수행할 충분한 역량을 갖추고 있는가?
17	작업 지식 공유: 팀 내에서 필요한 작업 지식과 정보가 잘 공유되고 있는가?
18	시간 관리: 각 작업자의 작업량과 시간을 적절히 관리하고 있는가?
19	작업순서 및 우선순위: 작업의 순서와 우선순위가 명확히 설정되었는가?
20	프로젝트 관리: 프로젝트 관리자가 작업을 효과적으로 관리하고 있는가?
21	작업 지시 및 지휘: 작업현장에서 작업 지시 및 지휘가 명확하게 이루어지고 있는가?
22	팀 협력: 팀원들 간에 원활한 협력과 의사소통이 이루어지고 있는가?
23	협업과 조정: 다른 팀원들과 협업하여 역할을 효과적으로 조율하고 있는가?
24	안전 및 규정 준수: 작업현장에서 안전 규정과 법규가 잘 준수되고 있는가?
25	작업 일보 및 기록: 작업 일보와 기록이 정확하게 작성되고 관리되고 있는가?
26	문제 해결 결정능력: 작업현장에서 발생하는 문제를 스스로 결정할 수 있는 능력이 있는가?
27	작업순서: 작업순서가 논리적이며 최적화되어 있는가?
28	작업 환경: 작업자들이 효과적으로 작업할 수 있는 환경이 조성되어 있는가?
29	작업 감독: 작업 감독자가 업무를 효과적으로 감독하고 지원하고 있는가?
30	자동화 및 기술 도입: 자동화 시스템과 현대적인 기술이 적절히 활용되고 있는가?
31	재고 관리: 필요한 자재와 장비가 재고 부족이나 낭비 없이 관리되고 있는가?
32	품질 관리: 작업 결과물의 품질이 꾸준히 유지되고 있는가?
33	효율성과 생산성: 역할 분담이 작업의 효율성과 생산성을 향상시킨다는 교육이 인지되고 있는가?
34	성과 측정: 역할 분담 결과를 측정하고 개선할 수 있는 시스템이 구축되고 활용되고 있는가?
35	작업자 일일 업무 보고: 작업자들이 일일 업무 보고를 통해 진행 상황을 공유하고 있는가?
36	작업자 간 충돌: 작업자들 간의 갈등이나 충돌이 발생하고 있는가?
37	작업 속도 조절: 작업을 서두르거나 과도하게 빨리 진행하려는 경향이 있는가?
38	작업현장의 청결과 정리: 작업현장이 청결하고 정돈되어 있는가?
39	작업자의 업무 만족도: 작업자들이 자신의 역할에 만족하고 있는가?
40	작업자의 업무 부담: 작업자들이 업무 부담을 느끼고 있는가?

41	작업현장의 품질: 작업업무분담이 품질 향상에 기여하고 있는가?
42	정리 정돈 청결 유지: 정리 정돈과 청결이 지속적으로 유지되고 있는가?
43	구성원의 역할과 책임: 구성원의 역할과 책임이 명확하고 공정하게 할당되고 있는가?
44	시공사의 역할과 책임: 시공사의 역할과 책임이 명확하게 정의되어 있는가? (도면 변경 및 추가 작업 포함)
45	휴식 공간 확보: 휴식 공간이 확보되어 있고 현황보드가 비치되어 있는가?
46	효율적인 TBM 진행: 작업 내용을 담당 팀원이 정확하게 설명하고 있는가?
47	작업 진행 시 업무 분담: 작업 진행 시 업무가 적절하게 분담되어 이루어지고 있는가?
48	마무리 작업 시 업무 분담: 작업 종료 전 정리 및 청결을 위한 업무 분담이 이루어지고 있는가?
49	작업 종료 전 시간 확보: 작업 종료 전 정리 및 청결을 위한 충분한 시간이 주어지고 있는가?
50	준비 작업 시 업무 분담: 준비 작업 시 업무가 적절히 분담되고 있는가?
51	작업 전 작업 내용 공유: 작업 전 작업 내용을 정확히 공유하고 있는가?
52	작업 전 지시 전달: 작업 전 작업 지시가 정확히 전달되고 있는가?

5) 구성원과의 관계

	공사현장에서 구성원 간의 관계 측정
1	명확한 의사 소통: 구성원들이 자신의 의견을 명확히 표현하고, 상대방의 의사를 정확히 이해하는 능력을 평가
2	개방성과 존중: 다양한 의견과 아이디어를 존중하고, 이를 개방적으로 수용하는 태도를 평가
3	Bypassing: 보고 절차나 순서를 지키지 않고 Bypassing이 발생하는 빈도는 얼마인가?
4	적극적인 듣기: 구성원들이 서로의 의견을 적극적으로 경청하고, 이해하려는 노력을 어떻게 보여 주는가?
5	비판적 사고와 피드백: 구성원들이 비판적으로 사고하고, 건설적인 피드백을 주고받는 문화가 형성되어 있는가?
6	과도한 간섭: 작업자들이 자신의 업무 외에 타인의 업무에 지나치게 개입하고, 지시나 잔소리를 하는 빈도는 어느 정도인가?
7	피드백 수집: 구성원들로부터 의견과 피드백을 수집하여 이를 분석하고 개선점을 도출하는 과정은 어떻게 이루어지고 있는가?
8	비난: 작업 환경에서 비난이 표현되는 빈도는 얼마인가?
9	갈등 발생: 작업과정에서 갈등이나 충돌이 발생하는 빈도는 얼마나 되는가?
10	갈등 관리: 작업자가 갈등 상황을 효과적으로 조절하고 해결하는 능력은 어느 정도인가?
11	효과적인 회의 및 미팅: 회의와 미팅이 효과적으로 진행되며, 구성원들 간의 의견 교환이 잘 이루어지고 있는가?

12	작업현장의 정리 정돈 청결 유지: 작업현장이 정리 정돈되고 청결하게 유지되고 있는 정도는 어떤가?
13	회의 참여도: 회의에 참석한 구성원들의 참여도가 얼마나 활발한가?
14	정보 공유: 중요 정보와 데이터가 구성원들 간에 효과적으로 공유되고 있는가?
15	작업 속도: 구성원들이 작업을 서두르거나 '빨리빨리' 하려는 경향은 얼마나 되는가?
16	정확한 작업 지시: 도면 또는 작업스케치를 통해 정확한 작업 지시가 이루어지고 있는가?
17	문서화된 의사소통: 중요 정보와 의사결정이 문서화되어 효과적으로 공유되고 있는가?
18	진행 상황 업데이트: 프로젝트나 작업의 진행 상황이 정기적으로 업데이트되고 구성원들과 공유되는 정도는 어떤가?
19	공감 능력: 구성원들이 서로의 의견과 상황을 이해하려는 노력을 보여 주는 정도는 어느 정도인가?
20	자원 공유: 구성원 간에 자원 및 정보가 적극적으로 공유되고 있는가?
21	목표 공유: 공사현장에서의 목표와 비전이 구성원들에게 명확하게 공유되고 이해되고 있는가?
22	프로젝트 목표 우선순위: 목표와 우선순위가 잘 공유되고, 업무에 반영되고 있는 정도는 어떤가?
23	리더십 스타일: 리더나 관리자의 리더십 스타일이 협력과 팀워크를 얼마나 촉진하는가?
24	업무 공동체 의식: 구성원들이 팀의 일원으로서의 역할을 인식하고 있는가?
25	상호 지원: 구성원들이 서로의 업무에 도움을 주고받는 상호 지원이 이루어지고 있는가?
26	공동 목표 설정: 팀 또는 프로젝트에 대한 공동 목표와 계획이 잘 설정되어 있는가?
27	작업자 참여: 구성원들이 프로젝트 관련 의사결정에 적극적으로 참여하고 있는가?
28	의사소통 도구 사용: 의사소통 도구와 플랫폼이 구성원들에게 적절하게 제공되고 활용되고 있는가?
29	강화적인 팀 문화: 긍정적이고 협력적인 팀 문화가 잘 형성되고 유지되고 있는가?
30	성과 공유: 팀과 개인의 성과가 잘 공유되고 인정받고 있는가?
31	사회적 상호작용: 구성원들 간의 사회적 상호작용이 원활하게 이루어지고 있는가?
32	문제 해결 능력: 구성원들이 문제를 협력하여 해결하는 능력은 어느 정도인가?
33	의견 다양성 존중: 다양한 의견과 배경을 존중하고 수용하는 문화가 얼마나 형성되어 있는가?
34	규정 준수: 구성원들이 규정과 규제를 잘 준수하고 있는가?
35	자율성: 구성원들에게 작업에 대한 자율성과 책임이 부여되고 있는 정도는 어떤가?
36	칭찬과 인정: 성과에 대한 칭찬과 인정이 적절하게 이루어지고 있는가?
37	작업환경: 작업 환경의 정리 정돈과 청결이 얼마나 잘 유지되고 있는가?
38	신뢰와 신임: 구성원들 사이에 상호적인 신뢰와 신임이 얼마나 형성되고 있는가?
39	회의 및 회의록: 회의의 빈도와 회의록의 작성 및 보관 여부는 어떻게 관리되고 있는가?
40	팀워크와 협력: 구성원들 간의 팀워크와 협력을 강화하고 서로를 보완하는 능력은 어느 정도인가?
41	실시간 업데이트: 구성원들에게 작업 진행 상황을 실시간으로 업데이트하고 공유하는 능력은 어떤가?
42	사회적 지원과 배려: 구성원들의 개인적인 상황과 필요를 배려하고 지원하는 능력은 얼마나 이루어지고 있는가?
43	프로젝트 팀 형성: 팀 구성원 간의 조화로운 팀 형성이 이루어지고 있는가?

44	일의 효율성: 작업자들 간의 관계가 작업의 효율성과 생산성에 영향을 미치는 정도를 어떻게 인지하고 있는가?
45	평등과 다양성: 다양한 배경과 역할을 가진 구성원들 간의 평등을 존중하고 다양성을 잘 활용하고 있는가?
46	작업 지시의 즉각적 수행: 작업 지시사항이 즉시 수행되는 빈도는 얼마나 되는가?
47	예절: 구성원 간에 인사가 자연스럽게 이루어지고 있는가?
48	사회적 스킬과 대화: 사회적 이벤트나 네트워킹에서 구성원들이 적극적으로 소통하는가?
49	의견 수렴과 결정 공유: 다양한 의견을 수렴하고, 중요한 결정 사항을 잘 공유하는 능력은 어떤가?
50	즉행 실행: 선임의 지시사항을 지연시키지 않고 즉시 실행하는가?
51	리더십과 영향력: 작업 리더가 다른 작업자들에게 긍정적인 리더십을 발휘하고 영향력을 행사하는 정도는 얼마나 되는가?
52	역할 분담: 역할 분담이 명확하게 이루어지고 있는가?
53	역할에 대한 책임: 각 역할에 대한 책임 소재가 명확히 정의되어 있는가?
54	현장투입 전 교육: 현장 투입 전에 Bypassing에 대한 교육이 이루어지고 있는가?
55	현장투입 전 안전 교육: 현장 투입 전에 안전 및 팔로워십 역할에 대한 교육이 이루어지고 있는가?
56	긍정적인 조직 문화: 조직 내 배타적이거나 냉소적인 분위기 없이 긍정적인 문화가 형성되어 있는가?
57	휴식 공간 확보: 휴식 공간이 충분히 확보되고, 현황 보드가 적절히 비치되어 있는가?
58	작업 종료 전 정리: 작업 종료 전 정리 및 청결을 위한 업무분담이 이루어지고 있는가?
59	작업 종료 전 시간 확보: 작업 종료 전 정리 및 청결을 위한 충분한 시간이 주어지고 있는가?
60	작업 전 내용 공유: 작업 전 작업 내용이 정확하게 공유되고 있는가?
61	현장순회 빈도: 매일 현장을 순회하며 현장 상황을 점검하는가?
62	작업 중 휴식 시간: 작업 중 정기적인 휴식 시간이 일정하게 이루어지고 있는가?
63	과도한 간섭: 주변 작업에 필요 이상으로 간섭하는 경우가 발생하는가?
64	작업 속도: 작업 시 서두르는 경향이 얼마나 있는가?
65	작업 지시의 긴급성: 작업 지시를 할 때 '빨리' 하라는 주문이 자주 발생하는가?
66	자재 및 공구 정리: 자재와 공구의 정리 정돈 및 청결 유지가 잘 이루어지고 있는가?
67	도면관리: 도면의 정리 정돈과 관리가 잘 이루어지고 있는가?
68	작업 지시 전달: 작업 지시를 할 때 상대방의 눈을 응시하며 내용이 제대로 전달되는가?

6) 품질관리

	공사현장에서 품질관리 수행 정도 측정
1	품질 계획 검토: 품질 계획서 및 목표를 검토하여 작업계획이 효과적으로 수행되고 있는 정도를 평가
2	설계 도면 준수: 전기 규정과 코드에 엄격하게 준수되었는지 여부를 평가
3	설계 도면 정확성: 전기 심볼 및 도면상의 요소가 정확하게 기입되고 상세하게 명시되었는지를 확인
4	기능 검증: 설비와 시스템의 기능이 요구 사양과 일치하는지 검토하고 검증하는 능력을 평가
5	시험 및 검사 능력: 설비와 회로의 전기적 특성을 시험하고 검사하여 기능과 안전성을 확인하는 능력을 측정
6	품질 관리 기록 관리: 품질 관리에 대한 기록이 체계적으로 관리되고 있는 정도를 확인
7	품질 규정 준수 여부: 전기 설비 및 시스템에 대한 관련 규정, 표준, 규칙을 준수하고 있는지를 평가
8	설계 검토 능력: 설비 설계가 정확하고 안전하며 효율적으로 이루어졌는지를 검토하는 능력을 평가
9	작업 현장 정리 정돈: 작업 현장이 정리 정돈되고 청결하게 유지되고 있는 정도를 평가
10	자재 품질 확인: 사용되는 전기 부품과 소자의 품질이 요구 사양에 부합하는지를 확인
11	자재 및 공구 정리: 자재와 공구가 정리 정돈되고 청결하게 관리되고 있는지를 평가
12	작업 현황 보드 관리: 작업 현황 보드가 적절히 구비되어 있는지를 확인
13	작업 속도: 작업자가 작업을 서두르거나 '빨리빨리' 하려는 경향이 얼마나 있는지를 평가
14	품질 오류 추적 능력: 품질 오류가 발생할 때 이를 추적하고 적절한 조치가 취해졌는지를 확인
15	작업자 기술 능력: 전기 작업을 수행하는 작업자들의 기술과 능력이 품질을 유지할 수 있는지 여부를 평가
16	재료 및 장비 검토: 사용되는 자재와 장비의 품질과 성능을 검토하여 적합성을 평가하는 작업
17	완료 기한 준수: 작업이 타임 스케줄에 맞추어 완료될 것인가 예측하는 작업능력 평가
18	품질 개선 조치: 발생한 품질 이슈에 대한 개선 조치가 효과적으로 이루어지고 있는 정도를 평가
19	작업 기록 및 문서화 능력: 작업과정과 결과를 정확하게 기록하고 문서화하여 추적 가능하게 관리하는 능력을 평가
20	작업 공정 관리 능력: 작업의 과정을 체계적으로 관리하고 추적하여 일관된 품질을 유지하는 능력을 평가
21	위험 분석 능력: 전기 작업 중의 잠재적인 위험을 식별하고 관리하여 안전성을 보장하는 능력을 평가
22	피드백 및 개선 능력: 작업 중 발생하는 문제나 불일치 사항에 대해 피드백을 받고 개선 조치를 취하는 능력을 평가
23	품질 감사 및 검토: 정기적인 품질 감사와 검토를 통해 작업의 품질을 지속적으로 측정하는 능력을 평가
24	품질 표준 운영 상태: 품질 표준 및 절차가 엄격하게 운영되고 있는 정도를 확인
25	품질 교육 및 훈련 진행 여부: 작업자들이 품질 관리에 대한 교육과 훈련을 받고 있는 정도를 평가
26	품질 관리 책임자 역할: 품질 관리 책임자의 역할과 책임이 명확하게 정의되어 있는지를 평가
27	품질 관리 도구 사용 여부: 품질 관리를 위한 도구와 소프트웨어가 적절히 사용되고 있는지를 평가
28	문제 해결 능력: 품질 이슈가 발생할 때 문제 해결 능력이 향상되고 있는 정도를 확인
29	재작업 및 불량한 작업 감소: 재작업이나 불량한 작업을 관리하는 정도를 확인
30	품질 성과 측정 방법: 품질 성과 지표를 사용하여 품질을 측정하고 분석하는 방법을 평가

31	작업 지시의 긴급성: 작업 지시 시 '빨리' 하라는 경향이 있는지를 측정
32	준비 작업과 마무리 작업 역할 분담: 준비 작업과 마무리 작업에 대한 역할 분담이 잘 이루어지고 있는지를 평가
33	협업 및 의사소통 능력: 작업자가 효과적인 협력과 의사 소통을 통해 팀과 조직 내에서 원활하게 협업하는 정도를 측정
34	품질 감사 수행 여부: 정기적인 품질 감사를 통해 품질을 측정하고 있는지를 평가
35	위험 관리 능력: 품질 관리를 통해 발생할 수 있는 위험을 관리하고 예방하는 능력을 평가
36	법규 준수 여부: 품질 관련 법규와 규제를 준수하고 있는 정도를 측정
37	품질 인증 및 인가: 품질 관리를 통해 인증 및 인증 요건을 충족하고 있는지를 확인
38	팀 문화 조성 정도: 팀 전체에 작업 품질을 중요시하고 불량 작업을 허용하지 않는 환경이 형성되었는지를 평가한다.
39	고객 만족도 유지 능력: 고객의 요구와 기대를 충족시키며 우수한 품질을 제공하여 고객 만족도를 유지하는 능력을 평가
40	고객 피드백 활용 여부: 고객의 피드백을 수집하여 품질 개선에 활용하는 정도를 확인
41	상세성과 정확성: 작업자가 작업을 세심하게 처리하고 정확한 기술과 절차를 준수하는 정도를 측정
42	문제 해결 능력: 작업자가 발생하는 문제에 대해 신속하고 효과적으로 대처하는 능력을 평가
43	작업장 환경 청결도: 작업장의 정리 정돈과 청결 상태를 유지하고 있는 정도를 평가
44	작업 일보 작성 여부: 작업 일보를 정확하게 작성하는지를 확인
45	작업 일보와 현장 작업 일치 여부: 작업 일보와 실제 현장 작업이 일치하는지 확인
46	품질 관리 지식 및 업데이트: 작업자가 품질 관리에 대한 지식을 보유하고 최신 동향과 표준에 대해 업데이트하고 있는 정도를 측정
47	시공 품질 체크: 시공 후 도면과 비교하여 시공이 정확하게 이루어졌는지를 현장에서 확인
48	문제 해결 후 체크: 문제 해결 후 현장을 점검하는 정도를 평가
49	현장순회 빈도: 매일 현장을 순회하여 상황을 점검하는지를 확인
50	불량 작업 및 재작업 발생 빈도: 불량 작업과 재작업이 발생하는 정도를 측정
51	대안 자재 사용 여부: 대안 자재를 사용하는 경향을 평가
52	작업장의 정리 정돈 및 청결 상태: 작업장의 정리 정돈과 청결 상태를 평가

7) 자재관리

	공사현장에서 자재관리 수행 정도 측정
1	자재 재고 관리 능력: 필요한 자재의 수량을 정확히 파악하고 재고를 효과적으로 관리하는 능력을 평가
2	자재 회전율 측정: 자재의 구매부터 사용까지의 회전율을 계산하여 재고 관리 효율성을 평가

3	자동화 시스템 활용도: 자재 관리를 위한 자동화 시스템 및 소프트웨어가 적절하게 활용되고 있는 정도를 측정
4	주문 및 납품 일정 조율 능력: 필요한 자재를 적시에 주문하고 납품 일정을 효과적으로 조율하는 능력을 평가
5	자재 입고 과정 확인: 자재가 정확하게 입고되고 기록되는 과정을 점검
6	입고 전 준비: 자재 입고 전에 적절한 위치를 선정하고 확보하는 방법을 확인
7	정리 정돈 및 청결 유지: 자재 및 자재 공간의 정리 정돈과 청결 상태를 평가
8	자재 접근성: 자재가 작업자가 쉽게 접근할 수 있는 위치에 준비되어 있는지를 확인
9	자재관리 투명성: 자재관리 프로세스가 투명하게 운영되어 관련 이해관계자들에게 정보를 제공하는 정도를 평가
10	자재 문서 체계 관리: 자재와 관련된 문서(인보이스, 스펙, 인증서 등)가 체계적으로 관리되는 정도를 측정
11	자재 검수 과정: 자재가 도착할 때 검수 및 품질과 수량 확인이 철저하게 이루어지는 정도를 평가
12	자재 품질 관리 상태: 자재의 품질이 요구 사항과 일치하는지를 확인
13	자재 보관 시설 안전성: 자재가 안전하게 적절한 보관 시설에서 보관되고 있는지를 확인
14	자재 배치 및 정리 상태: 자재가 적절하게 배치되고 정리되어 있는 정도를 평가
15	자재 식별 및 마킹 능력: 자재를 쉽게 식별하고 추적할 수 있도록 마킹 및 라벨링을 수행하는 능력을 평가
16	일일 보고서 작성 여부: 자재 담당자가 일일 보고서를 정확하게 작성하는지를 확인
17	자재 발주 및 납품 일정 준수 여부: 자재 발주 및 납품 일정이 잘 준수되고 있는지를 확인
18	자재 운송 및 이동 계획 능력: 작업에 필요한 자재가 적시에 출고되고, 현장 내에서의 이동과 배치를 계획하는 능력을 평가
19	입고 및 출고 관리: 자재의 입고일, 출고일, 재고량 등을 정확하게 추적하는 능력을 평가
20	현장순회: 작업장의 자재 관리정도를 매일 정기적으로 순회 점검되고 있는가?
21	자재 부족 시 대처 능력: 자재 부족 시 신속하게 대처하고 대안 자재를 활용하는 능력을 평가
22	자재 소비 추적 능력: 자재의 사용 현황을 추적하고 관리하는 능력을 평가
23	자재 낭비 방지 능력: 자재 낭비를 최소화하고 필요한 자재만을 사용하여 경제적으로 운영하는 능력을 측정
24	조달 및 협력업체 관리 능력: 신뢰할 수 있는 공급 업체와 협력하여 자재를 조달하고 관리하는 능력을 평가
25	재료 인증 및 허가 확인: 자재의 인증 및 허가를 확인하여 품질 규정과 기준을 준수하고 있는지를 점검
26	자재 테스트 및 인증 능력: 필요 시 자재를 테스트하고 인증하는 능력을 평가
27	대안 자재 사용 여부: 필요한 경우 대안 자재가 적절히 선택되고 사용되는지를 확인
28	대체품 허용 정책 확인: 대체품 사용 정책이 명확하게 수립되어 있는지를 확인
29	공급 업체 선정 및 협력 상태: 자재를 공급하는 업체와의 협력이 원활하게 이루어지고 있는지를 확인
30	협업 및 의사소통 효과성: 자재관리를 위해 다른 팀 및 협력업체와의 의사소통과 협업이 원활한 정도를 평가
31	작업 일정과 자재 준비 조율 능력: 작업 일정과 자재 준비 일정을 조율하여 작업 지연을 방지하는 능력을 평가
32	작업 속도 조절: 작업을 서두르거나 과도하게 빨리 진행하려는 경향이 있는가?
33	자재 비용 관리 능력: 자재 구매 및 운송 비용을 효과적으로 관리하여 예산 내에서 운영하는 능력을 측정

34	자재 폐기 관리 상태: 폐기 물량 및 잔여 자재 처리가 안전하게 이루어지는 정도를 평가
35	자재 보안 유지 상태: 중요한 자재가 보안 절차에 따라 적절히 보호되고 있는지를 확인
36	자재 교육 이수 여부: 작업자들이 자재의 올바른 사용 및 관리 방법에 대한 교육을 받고 있는 정도를 평가
37	자재 비용 관리 최적화: 자재 구매 및 관리 비용을 추적하고 최적화하는 정도를 확인
38	공급업체 성과 측정: 자재를 제공하는 공급업체의 성과를 측정하여 품질과 납기를 관리하는 정도를 평가
39	자재 현황 보드 설치 여부: 자재 현황 보드가 적절히 비치되어 있는지를 확인
40	작업 후 자재 정리 및 청결 유지: 작업 후 자재가 정리되고 청결하게 유지되는 정도를 평가
41	자재 관련 미팅 진행 여부: 자재 담당자와 주기적인 미팅이 이루어지고 있는지를 확인
42	자재 준비 예측 능력: 공정에 맞춰 필요 자재를 예측하고 준비하는 능력을 평가
43	작업 일지 작성 여부: 작업 일지에 필요 예상 자재가 기재되는지를 확인
44	자재관리 업무 부하 여부: 자재 담당자가 자재관리 이외의 업무로 인해 부하가 발생하는지를 확인
45	도면의 세밀함과 정확성 평가: 도면이 세밀하고 정확하게 작성되었는지를 확인

8) 작업스케치, 작업계획표 (Part 5. 미국 공사현장 작업스케치 사진 참고)

공사현장에서 단계별 작업스케치를 활용하는 정도를 측정	
1	작업순서 정의: 작업의 각 단계를 명확하게 정의하여 불량 작업이 발생하지 않도록 관리하는 정도 평가
2	작업 단계 설명: 각 작업이 수행되어야 하는 순서 및 작업 간의 연관성을 상세히 설명하는 정도 평가
3	작업 방법 및 절차: 작업 수행 시 필요한 도구, 장비 및 기술적 절차를 포함한 작업 방법을 설명하는 정도 평가
4	부속품 및 자재 목록: 작업에 필요한 부속품, 자재, 규격 및 수량을 명확히 명시
5	작업환경 조건: 작업 공간의 구성 및 조건을 명시하여 작업자가 알아야 할 환경 요소를 포함
6	표기 및 기호의 일관성: 작업 스케치에서 사용하는 표기 및 기호를 일관되게 사용하여 명확한 의미를 전달
7	가시성 및 가독성: 작업 스케치가 작업자에게 잘 보이고 이해하기 쉬운 크기, 색상 및 텍스트의 가독성을 고려
8	작업 스케치의 정확성 검증: 작업 스케치가 실제 현장 상황과 정확하게 일치하는지를 확인
9	스케치 업데이트 확인: 작업 진행 중 현장 환경 및 시공 사항의 변경 여부를 확인하여 스케치 업데이트 확인
10	작업 지점 및 장비 마킹: 작업 스케치상에 작업 지점, 장비, 배선 등을 명확히 마킹하고 표기하는 정도 평가
11	전기 부품 및 배선 식별: 작업 스케치에서 전기 부품 및 배선을 식별하고 확인하는 능력을 평가
12	공간 및 치수 일치 확인: 작업 공간과 스케치에 표기된 치수가 일치하는지를 확인
13	작업자 이해도 평가: 작업자들이 스케치를 이해하고 활용하는 능력을 평가
14	스케치 보관 상태 확인: 스케치가 안전하게 보관되고 접근 가능한 위치에 있는지를 평가
15	스케치 공유 상태 측정: 작업자들 간에 스케치가 공유되고 이해되는 정도를 평가

16	스케치 피드백 수집: 작업자들로부터 스케치에 대한 피드백을 수집하고 개선 사항을 파악
17	스케치 사용 교육 확인: 작업자들이 스케치를 효과적으로 사용하는 방법에 대한 교육이 이루어지는 정도를 확인
18	스케치 관리 시스템 평가: 스케치 관리 시스템이 효과적으로 구현되어 있는 정도를 측정
19	작업자 적합성 검토: 작업자들의 스케치 활용 능력과 적합성을 평가
20	데이터 일치 여부 확인: 스케치에 표기된 내용과 실제 작업 내용과 일치 여부를 확인
21	작업 지시의 긴급성: 작업 지시를 할 때 '빨리' 하라는 주문이 자주 발생하는가?
22	작업 현황 보드 확인: 시공 도면 및 진행 사항이 작업 현황 보드에 표기되어 작업자가 공유하고 있는지를 확인
23	작업 지시 내용 준비 여부: 작업 하루 전에 작업 지시 내용이 준비되어 있는지를 평가
24	작업 일정 협의 확인: 작업 일정이 팀과 협의 후에 표기되었는지를 확인

9) 작업 일보

	공사현장에서 작업 일보 작성과 관리가 정밀하게 수행되는 정도 측정
1	작업 일보 완성도: 필수 항목(날짜, 작업 내용, 자재 사용 등)이 모두 기록되었는지 확인
2	작업 일보 일관성: 작업 일보의 내용이 논리적이고 일관성이 있는지를 검토하여 이해 가능성을 평가
3	작업 일보 기록 시간 적정성: 작업 일보가 실제 작업이 수행된 시간에 적절하게 기록되었는지를 확인
4	작업 일보 작성 요령 교육 확인: 작업 일보 작성 요령에 대한 교육이 이루어졌는지를 확인
5	나사 규격 기록 여부: 사용된 나사의 규격이 작업 일보에 정확하게 기록되었는지를 확인
6	날짜 및 시간 기록 정확성: 작업 일보에 작업 날짜와 시간이 정확하게 기록되었는지를 확인
7	작업 내용 상세성 평가: 예상치 못한 간섭, 특이한 작업 조건, 문제점 등이 상세히 기재되었는지를 검토
8	문제 해결 및 개선 사항 기록 여부: 작업 중 발생한 문제점이나 개선 사항이 작업 일보에 기록되었는지를 확인
9	작업 장소 표기 명확성: 작업 일보에 작업 장소 및 위치가 명확하게 표기되었는지를 확인
10	작업자 정보 기록: 작업자의 이름, 직책 등 관련 정보가 작업 일보에 작성되었는지를 확인
11	안전 사고 보고 확인: 안전 사고나 이슈가 기록되고, 적절한 조치가 취해졌는지를 확인
12	자재 사용 기록 검토: 사용된 자재의 종류와 수량이 정확하게 기록되었는지를 검토
13	내일 자재 상세 기입 여부: 작업 일보에 다음 날 필요한 자재가 상세히 기입되었는지를 확인
14	도면 및 스케치 첨부 여부: 필요한 경우 도면이나 스케치가 작업 일보에 첨부되었는지를 확인
15	서명 및 승인 절차 확인: 작업 일보에 관련 인원의 서명 및 승인이 적절하게 이루어졌는지를 확인
16	팀 간 의사소통 평가: 작업 내용이 작업자에게 명확하게 전달되었는지를 확인
17	작업 일보 보관 상태 확인: 작업 일보가 문서화되어 안전하게 보관되고 접근 가능한 위치에 있는지를 확인

18	작업 일보 수정 이력 검토: 작업 일보의 수정 내역이 기록되어 있으며, 수정 이유가 명확한지를 검토	
19	작업 일보 양식 표준화 여부: 사용되는 작업 일보 양식이 표준화되어 있는지를 평가	
20	일보 제출 기한 준수 확인: 작업 일보가 제출 기한 내에 제출되었는지를 확인	
21	작업 일보 검토 과정 검증: 작업 일보가 적절한 검토 과정을 거쳤는지를 검증	
22	작업 일보 학습 활용도: 작업 일보를 통해 과거 작업에서 학습한 경험이 활용되고 있는지를 측정	
23	일보 디지털화 관리 상태 확인: 작업 일보가 디지털 형식으로 효과적으로 관리되고 있는지를 확인	
24	작업 일보 개선 제안 수렴 여부: 작업 일보 작성 및 관리에 대한 개선 제안과 피드백이 수렴되고 있는지를 검토	
25	작업 지시의 긴급성: 작업 지시를 할 때 '빨리' 하라는 주문이 자주 발생하는가?	
26	시간 및 업무 분석 능력: 작업 시간과 업무 분석을 통해 작업의 효율성과 생산성을 측정하는 능력을 평가	
27	프로젝트 일정 조율 능력: 작업 일보를 기반으로 프로젝트 일정을 조율하고 업데이트하는 능력을 검토	
28	작업 진행 상태 기록 능력: 각 작업의 진행 상태를 얼마나 정확하게 기록하고 완료 및 미완료 작업을 구분하는지를 평가	
29	작업 일보 내용과 현장 일치 여부 확인: 작업 일보의 내용이 실제 현장 상황과 일치하는지 현장 확인이 이루어졌는지를 평가	
30	작업 일보를 통한 현장 작업 진행 현황 공유: 작업 일보에 의해 현장 작업 진행 현황이 도표화되고 작업자들과 공유되었는지를 확인	
31	작업 속도 조절 경향 확인: 작업자가 작업을 서두르거나 빨리하려는 경향이 있는지를 평가	
32	마무리 작업 시 업무분담 확인: 마무리 작업 시 적절한 업무분담이 이루어지는지를 확인	
33	자재 정리 정돈 상태 확인: 자재가 정리 정돈되어 있는지를 확인	
34	공구 정리 정돈 상태 확인: 공구가 정리 정돈되어 있는지를 확인	
35	정보 공유를 위한 휴식 공간 여부: 작업 일보를 작성할 작업장(SHOP)에 정보를 공유할 수 있는 휴식 공간이 있는지를 확인	

10) 불량한 작업

	공사현장에서 불량한 작업에 영향을 미치는 요소
1	작업 계획 부족: 작업을 시작하기 전에 충분한 계획이 세워지지 않아 작업순서나 준비 작업에서 문제가 발생하는 경우를 평가
2	도면 부정확성: 도면이 정확하고 상세하며 명확하게 작성되었는지를 확인
3	작업순서 관리: 작업자가 작업을 진행할 때 서두르지 않도록 작업순서가 적절히 관리되고 있는지를 평가
4	자재 및 공구 준비 부족: 작업에 필요한 자재와 공구가 충분히 준비되지 않아 작업에 지장이 있는지를 확인

5	작업 지시 시 재촉: 작업 지시를 할 때 작업자를 재촉하는 경향이 있는가?
6	현장 정리 및 청결 유지: 현장 작업장이 정리 정돈, 청결이 유지되고 있으며 조도가 충분한지를 확인
7	팀원 간 업무 분담: 팀원 간의 업무 분담이 명확하고 각자의 역할에 집중하며 책임이 분명하게 설정되어 있는지를 평가
8	의사소통 부족: 작업 내용과 관련된 정보나 지시사항이 팀원에게 제대로 전달되지 않는 경우를 검토
9	작업 지시서 부재: 작업에 관련된 명확하고 상세한 지침과 절차가 제공되지 않아 작업자가 작업을 정확히 수행하지 못하는지를 확인
10	기술 및 역량 강화 교육 제공: 작업자들에게 필요한 기술, 지식 및 역량을 강화하기 위한 교육과 훈련이 제공되고 있는지를 평가
11	지시받지 않은 작업 수행 금지: 작업자가 지시받지 않은 작업이나 준비되지 않은 작업을 수행하지 않도록 관리되고 있는지를 확인
12	자원 및 장비 관리 부족: 작업에 필요한 자재와 장비가 적절히 관리 및 유지 보수되고 있는지를 평가
13	작업자 역량 부족: 작업자의 작업 역량이 부족하여 작업 품질이나 효율성이 떨어지는지를 확인
14	정보 부족 문제: 작업 수행에 필요한 정보나 데이터가 부족하여 작업에 지장이 있는 경우를 평가
15	작업 환경 불안정성: 작업 환경이 불안정하거나 예측할 수 없는 요소로 인해 작업에 영향을 미치는지를 확인
16	긴급 작업 요구: 작업의 긴급성으로 인해 계획 없이 작업을 시작해 불량한 작업이 발생하는 경우를 평가
17	작업 프로세스 이해 부족: 작업자가 작업 프로세스나 절차를 제대로 이해하지 못해 작업을 오해하거나 중복 수행하는지를 검토
18	작업 협조 부족: 다른 작업자나 팀원과 협조 없이 작업을 진행해 불량한 작업이 발생하는 경우를 평가
19	기술적 문제 발생: 기술적 문제나 결함으로 인해 작업이 중단되거나 재수행이 필요한 경우를 확인
20	작업 지속성 부족: 작업이 중간에 중단되거나 재개되지 않아 불량한 작업이 발생하는지를 검토
21	관리 부재 문제: 작업을 관리하고 감독할 책임자나 시스템이 부재하여 불량한 작업이 발생하는 경우를 확인
22	자료 관리 문제: 필요한 자료나 도면을 정확하게 관리하지 못해 불량한 작업이 발생하는 경우를 평가
23	작업 변경 관리 부족: 작업 진행 중 계획 변경이나 수정이 발생하였으나 이를 반영하지 않아 중복 작업이 발생하는지를 확인
24	작업 환경 불명확함: 작업 환경이나 작업 위치가 불명확하여 작업의 중복이나 오류가 발생하는 경우를 평가
25	긴급 상황 대응 부족: 긴급한 상황에 대한 대응 계획이 부족하여 불량한 작업이 발생하는 경우를 확인
26	갈등 및 의견 불일치 문제: 팀 내 갈등이나 의견 불일치로 인해 작업이 중복되거나 혼선이 발생하는지를 검토
27	프로젝트 관리 부족: 프로젝트 일정이나 작업 계획을 적절히 관리하지 못해 불량한 작업이 발생하는 경우를 평가
28	피드백 및 개선 부족: 작업 결과에 대한 피드백이나 개선 조치가 없어 중복 작업이 지속적으로 발생하는 경우를 확인
29	리더의 현장순회 여부: 리더가 현장을 주기적으로 순회하며 작업 상태를 점검하고 있는지를 평가
30	작업 일보 작성 여부: 작업 일보가 정확하게 작성되고 기록되고 있는지를 확인
31	예측 가능한 작업 환경 유지: 작업 환경이 예측 가능하고 안정적으로 유지되고 있는지를 평가

32	역할 책임 소재 명확화: 팀 내 역할에 대한 책임 소재가 명확하게 설정되어 있는지를 검토
33	작업 전 정확한 지시 전달: 작업 시작 전에 정확한 작업 내용이 전달되고 작업 지시가 이루어지는지를 확인
34	준비 작업 및 마무리 작업 확인: 준비 작업과 마무리 작업이 정확하게 이루어지고 있는지를 평가

불량한 작업으로 손실된 시간 2%~3.5% 범위 이내
(실제 작업시간 - 정상 작업시간) / 일 작업시간 × 100 = 10%(지연 시간)
위 식은 일반적인 작업을 나타내는 식.
실제 작업시간과 정상적인 작업시간의 차이를 실제 작업시간으로 나눈 후 100을 곱하여 지연시간을 계산하며, 이 값이 10%라는 것을 의미함.
(100 - 10(평갓값)) × 100/90 = 100%
위 식은 100에서 지연된 작업 평갓값을 뺀 값에 100을 곱하고, 이를 90으로 나누어 적정한 지연 작업률을 100%로 표현하는 것.
정상 작업으로는 9시간이 소요되는 작업을 10시간에 완료한다는 의미. 작업을 올바르게 하지 못하여 시간을 낭비하는 경우.
전선관 시공의 경우 보통 10% 이상의 불량 작업이 발생하는 경우가 일반적임.
10%는 보수적으로 적용하여 적정 불량 작업을 계산.
최대 불량한 작업으로 공수의 20%를 설정함.
즉, 10% 불량 작업을 100으로 설정하면 최대 111.11%와 최소 -88.88%가 됨.
작업 지연과 불량 작업 계산 등은 현장에 맞게 조정하여야 함.

11) 재작업

	공사현장에서 재작업에 영향을 미치는 요소
1	작업 계획 부재: 작업 시작 전에 충분한 계획이 수립되지 않아 작업순서나 자원 할당에 문제가 발생하는 경우를 평가
2	도면의 정확성과 명확성 부족: 도면이 정확하고 명확하게 작성되지 않아 작업에 혼란을 초래하는 경우를 확인
3	작업 지시서 부재: 명확한 작업 지시서나 설명 없이 작업을 시작해 작업 내용을 오해하게 되는 경우를 검토
4	자원 및 장비 부족: 필요한 자재나 도구가 부족하여 작업을 제대로 수행하지 못하는 경우를 확인
5	지시받지 않은 작업 수행: 지시받지 않은 작업이나 준비되지 않은 작업이 수행되고 있는지를 평가
6	정보 부족: 작업에 필요한 정보나 데이터가 부족해 작업을 오해하거나 오류가 발생하는 경우를 검토
7	작업 환경의 불안정성: 작업 환경이 불안정하거나 예측할 수 없는 요소가 작업에 영향을 미치는지를 평가
8	역량 부족: 작업을 수행하는 데 필요한 기술과 능력이 부족한 작업자를 확인
9	실수 및 오류 발생: 사소한 실수나 오류로 인해 작업에서 발생하는 문제의 빈도를 평가
10	품질 관리 부재: 품질 관리 절차를 따르지 않아 작업 중 품질 이슈가 발생하는지를 확인

11	프로세스 이해 부족: 작업 프로세스나 절차를 제대로 이해하지 못해 작업을 오해하거나 오류가 발생하는 경우를 검토
12	갈등 및 의견 불일치: 팀 내 갈등이나 의견 불일치로 인해 작업에서 오류가 발생하는 경우를 평가
13	작업 협조 부족: 다른 작업자나 팀원과 협조 없이 작업을 진행해 오류가 발생하는 경우를 확인
14	팀원 간 업무분담 명확화: 팀원들 간의 업무분담이 명확하고 각자의 역할에 집중하도록 책임이 분명히 설정되어 있는지를 평가
15	계획 수정 부족: 작업 진행 중 계획 변경이나 수정이 발생했으나 이를 반영하지 않아 오류가 발생하는 경우를 확인
16	피드백 및 개선 부족: 작업 결과에 대한 피드백이나 개선 조치가 없어 오류가 지속적으로 발생하는 경우를 검토
17	자료 관리 문제: 필요한 자료나 도면을 정확하게 관리하지 못해 오류가 발생하는 경우를 평가
18	현장 감독 및 관리 부족: 작업을 감독하거나 관리하는 역할이 부족해 오류가 발생하는 경우를 확인
19	작업 중 요소 간 충돌: 작업 중 다른 요소나 시설물과의 충돌, 간섭, 누락 등이 발생하는지를 평가
20	작업 서두르기: 작업을 서두르거나 빠르게 진행하려는 분위기가 조성되고 있는지를 검토
21	직접적인 재촉: 작업 지시를 할 때 직접적으로 작업자를 재촉하여 작업 품질에 영향을 미치는지를 확인
22	품질 중심의 문화 조성: 모든 구성원이 불량 작업을 허용하지 않는 환경을 형성하고 있는지를 평가
23	작업장 정리 및 청결 유지: 현장 작업장이 정리되고 청결하게 유지되며 조도가 충분한지를 확인
24	현장 변경 내용 도면 반영 부족: 현장 변경 내용이 도면에 반영되지 않은 경우를 평가
25	현장순회 여부: 리더가 매일 현장을 순회하며 작업 상태를 점검하고 있는지를 확인
26	도면과 현장 일치 확인: 작업 시작 전에 도면과 현장이 일치하는지를 확인하는 절차가 이루어지는지를 평가

재작업으로 인하여 손실된 시간 2%~3.5% 범위 이내

즉 자재손실은 반영하지 않았음.

(철거시간 + 1차 작업시간 + 2차 작업시간) / 1차 작업시간 × 100 = 250%

재작업으로 발생한 시간 총합을 1차 작업시간으로 나눈 후 100을 곱해 퍼센트로 표현한 것. 이 결과는 재작업 시 공수(작업시간)가 150% 증가함.

1/20 × 100 = 5%, 20포인트의 단위 작업 중 1회의 재작업이 5%를 차지한다는 것을 의미.

5(재작업 측정값) × 1.5 × 100 = 7.5%

측정값에 1.5를 곱한 후 100을 곱해 퍼센트로 표현한 것.

이 값은 5%의 평균 재작업률을 설정하였을 때 7.5%의 작업시간이 늘어난다는 의미.

(100 − (5(평균 재작업률) × 1.5)) × 100 / 92.5 = 100% 평균 재작업률을 고려하여 계산한 결과를 나타내는 식. 이 식은 100에서 '평균 재작업률에 5를 곱한 값에 1.5를 곱한 결과'를 뺀 후 100을 곱하고, 이를 92.5로 나누어 적정한 재작업을 100%로 표현한다는 것을 의미.

1차 작업이 철거되고, 2차 작업이 정상 작업으로 진행.

철거에는 정상 작업의 50% 시간이 소요되는 것으로 설정. 철거 결정 과정에서 (갈등, 재작업 준비시간, 작업 조율 등) 작업 지연이 발생.

일반적으로 5% 이상의 재작업이 발생. 시공사의 요청에 의한 재작업은 제외. 공수의 10%를 최대 재작업률로, 5%의 재작업을 100으로 설정.

12) 가동률

	공사현장에서 가동률에 영향을 미치는 요소
1	작업순서 및 우선순위 설정: 작업순서와 우선순위를 명확히 하고, 작업 일정에 따라 조직적으로 계획이 수립되었는지를 평가
2	재작업 발생
3	불량 작업 발생
4	단계별 작업 진행: 작업을 단계별로 명확히 구분하고 체계적으로 진행하고 있는지를 확인
5	작업 지시서 부재: 명확한 작업 지시서나 설명이 없이 작업을 시작해 작업 내용을 오해하는 경우를 확인
6	효율적인 협업 및 의사소통: 작업자들이 협업하고 의사소통하여 서로 지원하며 불량한 작업을 최소화하는 정도를 평가
7	작업 환경 청결 유지: 작업 환경을 청결하게 유지하고 작업에 방해되는 요소들이 최소화되고 있는지를 확인
8	시간 관리 일관성: 작업 시작 시간과 종료 시간을 준수하여 일관성 있는 시간 관리가 이루어지고 있는지를 평가
9	일관성 있는 식사 시간: 식사 시간이 일관되게 지켜지고 있는지를 확인
10	작업 일정 : 예상되는 작업 시간과 작업자 수를 고려하여 작업 일정을 세우고 있는지를 평가
11	도구 정리 정돈: 작업에 필요한 도구가 체계적으로 정리되고 있는지를 확인
12	자재 정리 및 청결 유지: 작업에 필요한 자재를 쉽게 찾을 수 있도록 공간이 구성되고 정리 정돈 및 청결이 유지되는지를 평가
13	자재 재고 관리 능력: 필요한 자재의 수량을 정확히 파악하고 재고를 효과적으로 관리하는 능력을 평가
14	문제 해결 능력: 작업 중 발생하는 문제를 신속하게 해결하고 비효율적인 절차나 작업 방식을 개선하는 정도를 확인
15	일관성 있는 휴식 시간: 일정하고 일관성 있는 휴식 시간이 지켜지고 있는지를 평가
16	작업장 정리 및 청결: 작업장이 정리되고 청결하게 유지되고 있는지를 확인
17	도면관리 상태: 현장의 도면이 적절히 관리되고 있는지를 평가
18	도면의 정확성과 명확성: 도면이 정확하고 명확하게 작성되어 작업에 문제가 발생하지 않도록 하고 있는지를 확인
19	업무분담 준수: 작업업무분담이 명확히 이루어지고 있으며, 각자의 역할이 잘 지켜지고 있는지를 평가
20	쉬는 시간 관리: 휴식 시간 외의 쉬는 시간이 적절하게 관리되고 있는지를 확인

13) 이직률

	공사현장에서 이직률에 영향을 미치는 요소
1	현장 편견: 작업자에 대한 선입견
2	개인 기질: 작업자의 성격
3	사적인 여건: 개인의 가족 및 생활 상황
4	도구 정리 정돈: 작업 도구의 정돈 상태
5	작업량: 주어진 업무의 양
6	자재관리: 자재 정리 및 접근 용이성
7	도면관리: 도면의 정확성과 접근성
8	구성원 갈등: 팀원 간의 충돌
9	상사와의 관계: 상사와의 소통 및 관계
10	스트레스: 작업 중 발생하는 갈등과 스트레스
11	작업 지시의 긴급성: 작업 지시를 할 때 '빨리' 하라는 주문이 자주 발생하는가?
12	작업 조건: 불만족스러운 근무 환경
13	식사 품질: 제공되는 식사의 질
14	투명한 의사결정: 결정 과정의 개방성
15	안전 요소: 작업 환경의 안전 및 위험
16	임금: 급여 수준
17	현장 비전: 프로젝트의 지속성
18	복지 시설: 휴게실 및 화장실 등의 시설
19	청결 및 조도: 작업 환경의 정리 정돈과 청결 및 조도
20	교육 제공: 표준작업 및 역할 교육
21	식사 품질: 제공되는 식사의 질
22	투명한 의사결정: 결정 과정의 개방성
23	업무분담: 작업 분담의 명확성
24	책임 소재: 역할과 책임의 명확성
이직률 = (이직자 수/ 전월 말 기준 재직자 수) × 100 공사현장 15% 기준	

4. 생산성 측정요소 계량화 근거(모집단)

동일한 작업조건과 환경에서 동일한 목표를 가진 일정한 크기의 모집단이 일정 기간 반복된 생산을 하게 되면 이로써 추정 가능한 데이터를 얻을 수 있습니다.

생산성 측정요소 자료를 수집할 때 생산량은 인적 요인과 외부적 요인에 의해 변동합니다. 공사현장에서는 모집단도 변동이 있으며 표본 추출 기간도 일정하지 않아서 비교 분석하기에는 적절한 표본이 될 수 없습니다. 또한, 산출한 물량 역시 정확하지 않아서 데이터로는 부적절합니다.

설문이나 인터뷰에 의한 데이터는 현장마다 인적 요인과 외부적인 환경이 다르며, 일정 기간 매일 표본 집단을 인터뷰하는 것도 거의 불가능합니다. 또한, 피설문자의 판단 기준은 주관적이며 왜곡의 가능성이 있으며, 측정요소의 내용을 이해하지 못하여 판단 기준을 정하기 어렵습니다. 또한, 생산량의 신뢰성이 부족하여 데이터로써 부적절하며, 불량한 데이터값을 채택하지 않아도, 표본 집단이 적절하지 않아 데이터로서 부적절합니다.

하지만 동일한 환경과 조건에서 동일한 목표를 가지고 일정 기간 적정 수의 모집단에서 비교 분석이 가능한 작업을 할 때가 있었습니다.

저는 아랍에미리트 바라카 원자력발전소 건설현장에서 세종기업 노출 전선관 SUPERVISOR로서 2년 동안 근무하였습니다. 당시에는 400명의 전선관 작업자가 있었습니다. 동일한 목표를 가진 이들을 40명씩 8팀으로 나눠서 작업하였습니다. 작업시간, 작업내용, 기후, 장소, 근로 조건 등 모든 외부조건이 동일하였습니다.

8팀의 생산량(물량)을 매일 확인하였고, 한 달에 한 번씩 생산량에 대한 포상이 있었습니다. 팀별로 작업 물량이 보험회사의 실적표처럼 그래프로 시각화되어 비교할 수 있었습니다.

8개 팀의 실적을 보면 최하 팀과 최상 팀의 생산량이 2배 차이가 났습니다. 최상 팀은 항상 1위와 2위를 차지하고, 최하 팀은 항상 7위와 8위를 했습니다. 팀원을 조정해도 결과는 크게 변하지 않았습니다.

여기서 항상 상위를 유지하는 팀과 하위를 유지하는 팀 그리고 그 외 모든 팀의 운영 방법을 분석하였습니다. 분석 결과 팀별 운영 방식에 차이가 있었고, 특히 최상 팀과 최하 팀 사이에 뚜렷한 차이가 발견되었습니다.

이러한 차이를 생산요소로 정하고, 계량화 작업을 하였습니다.

계량화된 생산요소를 팀별로 입력하면, 실제 팀별 생산량과 생산성이 일치하게 됩니다.

이러한 데이터를 바탕으로 현대엔지니어링 우즈베키스탄 UKAN 프로젝트 현장과 현대건설 쿠웨이트 KLNG 프로젝트 현장에서 테스트를 진행하였으며, 국내 속초 LNG 기지, 영흥도 남동화력발전소 현장, 포천 대우 복합화력발전소 현장 등 다섯 군데 이상의 작업장에서 테스트한 결과에서 일정한 데이터가 나왔습니다.

공사현장이 일반 공장과 비교하여 생산성을 측정하기 어려운 이유를 나열해 보겠습니다. 현재까지 공사현장에서 생산성 측정요소들이 현실적으로 선정되지 못하고 수치화되지 못하는 이유이기도 합니다.

1. 공사현장에서는 다양한 변수가 작용합니다.
2. 공사현장의 생산성에는 예측하기 힘든 외부 요인이 자주 발생합니다.
3. 측정요소를 선정하고 그 중요성을 측정하는 것은 객관적인 판단이 필요합니다.
4. 생산량을 측정하는 것이 어렵습니다.
5. 측정된 생산량을 비교하는 것이 어렵습니다.
6. 공사는 일정 기간 내에 완료되어야 합니다.
7. 생산량은 계절에 따라 변동할 수 있으며, 예측하기 어렵습니다.
8. 생산성 측정은 지속적으로 수행되어야 하고, 결과를 토대로 지속적인 개선이 이루어져야 합니다.
9. 공종별 협업, 작업자, 관리자, 엔지니어, 공급업체 등 다양한 이해관계자들 간에 상호 의존성이 높습니다.
10. 각각의 공사현장은 고유한 특성이 있으며, 생산성에 영향을 미치는 요소도 현장마다 다를 수 있습니다.
11. 사용 가능한 측정 도구와 방법에도 한계가 있을 수 있으며, 이로 인해 생산성을 정확하게 측정하기 어려울 수 있습니다.
12. 생산성은 경영 및 기술적 측면에서도 영향을 받습니다.
13. 생산요소의 우선순위를 결정하는 것이 어렵습니다.
14. 여러 공종들이 상호 작용할 수 있으며, 이러한 상호작용을 고려하지 않으면 측정 결과가 왜곡될 수 있습니다.

15. 생산성 측정을 위해 자료를 수집하고 분석하는 것은 복잡하고 전문적인 작업이며, 작업을 수행할 인적자원이 없습니다.
16. 공사현장의 생산성 요소들을 측정하려면 현장을 이해하여야 하고 측정자가 일정 기간 현장활동을 하지 않으면 측정할 수 없습니다.

이러한 요인 중 많은 부분이 원자력건설공사현장에서는 해결되었으나, 자료를 수집하는 작업 및 생산성 측정요소를 결정하는 문제에 어려움이 많았습니다. 이는 수십 가지의 생산성에 영향을 주는 요소를 만들면 측정항목이 수백 가지로 늘어나고 관리 및 측정이 불가능해질 수 있기 때문입니다. 그래서 실제로 현장 운영을 하면서 생산성이 가장 낮은 팀과 비교하여, 문제가 두드러진 요소를 찾아 최소한 이것은 관리해야겠다고 판단하여 선정하게 된 것이 12가지 생산성 측정요소입니다.

각각의 생산성 측정요소는 실제 현장에서 확인 가능한 현상을 관찰 조사하고, 수차례의 시뮬레이션을 통해 얻은 결과입니다.

생산성을 산출하기 위해 부가가치와 투입비용이 같다면 생산성이 100%라고 설정하고 계량화를 진행하였습니다.

손실은 그래프 상의 손실을 의미하며, 실질적인 손실은 아닙니다. 이는 노동생산성이 90%이지만 실제 현장 회계상으로 손실이 없다면 노동생산성 100%를 기준으로 10%의 손실이 있는 것입니다.

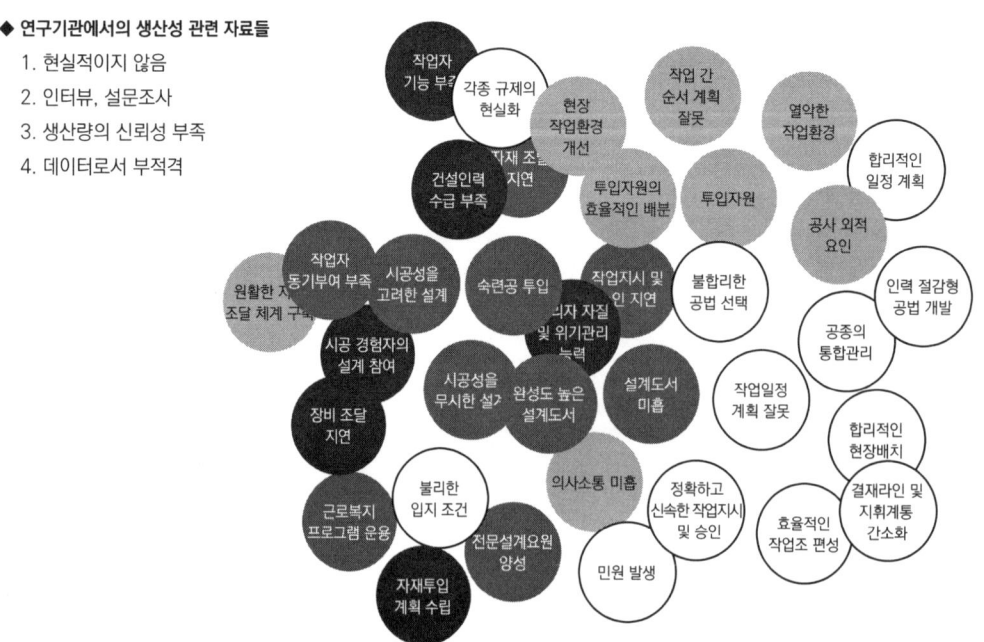

5. 생산성 측정요소 입력 방법 (측정도구 P2)

방법 1. P2 입력 도구 생산성 측정요소 항목별 체크란에, 항목별 점수 0, 1, 2, 3을 입력하면 자동으로 계산되어 생산성 측정 도구 입력란에 입력

방법 2. P2 입력 도구 생산성 측정요소 항목별 체크란에 O, X인 3과 0을 입력

방법 3. 하나의 생산요소가 생산에 영향을 끼치는 정도를 알고 싶다면 하나의 생산요소와 관련된 항목을 12가지 생산요소에서 체크 입력하고 나머지 모든 항목을 중간값 1.5로 입력

- 생산성 측정 도구에는 항목별로 주관적인 측정으로 인한 오류와 오차를 줄이기 위한 기법이 사용되었습니다.
- 각각의 측정지표를 분석한 후, 해당 값이나 측정 등급을 입력하면 생산성과 생산량의 결과가 도출됩니다.
- 생산성 측정요소 측정 수치는 보수적으로 계량화하였습니다.
- 생산성 측정도구 P2는 12가지 생산성 측정요소를 더욱 객관적이고 정밀하게 측정할 수 있도록 만든 것입니다.
- 현장에서 분석할 생산요소 항목을 체크 형태로 구성한 것이 생산성 측정 도구 P2입니다.

1) 12가지 측정요소 각각의 측정항목을 상(3), 중상(2), 중(1.5), 중하(1), 하(0)로 기입한다

- 생산성 측정 도구 P2에서 각각의 생산요소 측정항목에 대하여 점수를 기입합니다.

2) 생산요소별 측정점수가 생성된다

- 생산요소 항목별로 해당 값을 입력하면 현장별로 요소별로 측정점수가 생성됩니다.

열1	공사현장에서 전기도면과 건축도면을 해석하고 관리하는 업무를 측정	현장1	현장2	현장3	현장4	현장5	현장6	현장7	현장8	현장9	현장10
1	전기 기본 지식: 전기 회로와 기기에 대한 기본 지식 및 용어를 이해하고 활용할 수 있는 능력	1	3	1.5	1.5	1.5	1.5	0	0	0	0
2	전기 심볼 및 표기 해독: 전기 심볼과 표기를 이해하고 도면상의 표기를 정확하게 해석할 수 있는 능력	0	3	1.5	1.5	1.5	1.5	0	0	0	0
3	회로 이해: 다양한 회로 구성과 전기 신호의 흐름을 파악하고 회로 동작을 이해하는 능력	0	3	1.5	1.5	1.5	1.5	0	0	0	0
4	선로 및 접속 이해: 전기 선로와 접속 구성을 이해하고, 회로 간의 연결 관계를 파악하는 능력	0	3	1.5	1.5	1.5	1.5	0	0	0	0
5	도면해석 능력: 부하산정과 과전류차단용량을 계산하는 능력	0	3	1.5	1.5	1.5	1.5	0	0	0	0
6	도면 해독 속도: 도면을 빠르게 해독하고 이해하는 능력	0	3	1.5	1.5	1.5	1.5	0	0	0	0
7	건축도면 기본 심볼 및 표기 해독	0	3	1.5	1.5	1.5	1.5	0	0	0	0
8	정확한 측정 능력: 치수와 부재를 정확하게 측정하고 현장에 정확히 반영할 수 있는 능력(설계)	0	3	1.5	1.5	1.5	1.5	0	0	0	0
9	도면 정확성: 도면을 정확하게 해석하고 오류를 발견하는 능력	0	3	1.5	1.5	1.5	1.5	0	0	0	0
10	도면 갱신: 도면이 갱신될 때 이를 식별하고 변경 사항을 반영하여 업데이트하는 능력	0	3	1.5	1.5	1.5	1.5	0	0	0	0
11	도면 관리: 도면과 관련된 파일 및 자료를 체계적으로 관리하고 검색할 수 있는 능력	0	3	1.5	1.5	1.5	1.5	0	0	0	0
12	현장적용: 도면에 포함된 정보를 실제작업에 적용하는 능력	0	3	1.5	1.5	1.5	1.5	0	0	0	0
13	스케일 및 단위 변환: 전기 도면의 스케일과 측정 단위를 이해하고 변환할 수 있는 능력	0	3	1.5	1.5	1.5	1.5	0	0	0	0
14	도면 주석 해석: 도면에 포함된 주석과 설명을 해석하는 능력	0	3	1.5	1.5	1.5	1.5	0	0	0	0
15	공정 이해: 도면을 통해 공정과 작업순서를 이해하는 능력	0	3	1.5	1.5	1.5	1.5	0	0	0	0
16	자재 및 장비 이해: 도면을 기반으로 필요한 자재와 장비를 준비하는 능력	0	3	1.5	1.5	1.5	1.5	0	0	0	0
17	작업 일보 작성: 도면을 기반으로 작업 일보를 작성하는 능력	0	3	1.5	1.5	1.5	1.5	0	0	0	0
18	품질 관리: 도면을 활용하여 작업의 품질을 유지하고 개선하는 능력	0	3	1.5	1.5	1.5	1.5	0	0	0	0
19	안전 고려: 도면해석 시 안전 고려 사항을 인지하고 적용하는 능력	0	3	1.5	1.5	1.5	1.5	0	0	0	0
20	현장 지원: 현장에서 도면해석과 관리에 필요한 지원을 제공하는 능력	0	3	1.5	1.5	1.5	1.5	0	0	0	0
21	문제 해결 능력: 전기 시스템에서 발생하는 문제를 식별하고 해결하는 능력	0	3	1.5	1.5	1.5	1.5	0	0	0	0
22	간섭사항 해결능력: 시공전 도면에 의한 현장의 간섭사항 파악능력	0	3	1.5	1.5	1.5	1.5	0	0	0	0
23	문제 예방: 잠재적인 문제(리스소)를 예방하고 대비하는 능력을 측정	0	3	1.5	1.5	1.5	1.5	0	0	0	0
24	협력과 의사소통: 도면해석과 관련된 의견을 구성원과 원활하게 공유하고 협력하는 능력을 측정	0	3	1.5	1.5	1.5	1.5	0	0	0	0
25	고객 만족도: 도면을 기반으로 작업을 수행하여 고객 만족도를 달성하는 능력	0	3	1.5	1.5	1.5	1.5	0	0	0	0
26	도면 작성 및 편집: 전기 도면 작성 및 편집 소프트웨어를 활용하여 도면을 만들고 편집할 수 있는 능력(삽)	0	3	1.5	1.5	1.5	1.5	0	0	0	0
27	시각적 기억: 도면 정보를 기억하고 작업에 활용할 수 있는 능력. 관련 도면 숙지 능력	0	3	1.5	1.5	1.5	1.5	0	0	0	0
28	도면에 의한 작업 업무분담 구상 능력	0	3	1.5	1.5	1.5	1.5	0	0	0	0
29	현장 지식: 현장의 특수한 조건과 요구사항을 이해하고 적용	0	3	1.5	1.5	1.5	1.5	0	0	0	0
30	정직성: 업무와 도면 관리에서 정직하고 신뢰할 수 있는 태도	0	3	1.5	1.5	1.5	1.5	0	0	0	0
31	도면에 의한 작업 우선 순위 결정 능력	0	3	1.5	1.5	1.5	1.5	0	0	0	0
32	협업 능력: 다른 전문가들과 협력하여 시공상 문제점을 해결하는 능력	0	3	1.5	1.5	1.5	1.5	0	0	0	0
33	소통 능력: 동료들 및 관리자와 도면 내용을 원활하게 소통하고 협의하는 능력	0	3	1.5	1.5	1.5	1.5	0	0	0	0
34	도면 보관: 도면을 파일등으로 안전하게 관리	0	3	1.5	1.5	1.5	1.5	0	0	0	0
35	소프트웨어 운영: 도면관련 소프트웨어운영 능력	0	3	1.5	1.5	1.5	1.5	0	0	0	0
36	학습 저하: 업무 관련, 새로운 정보나 기술을 습득하는 속도	0	3	1.5	1.5	1.5	1.5	0	0	0	0
37	현장의 변동 변경사항을 즉시 하는 태도	0	3	1.5	1.5	1.5	1.5	0	0	0	0
38	도면의 불일치: 시공전 도면과 현장의 불일치 파악능력	0	3	1.5	1.5	1.5	1.5	0	0	0	0
39	도면 수정 요청: 현장상황과 도면이 일치하니 않을 경우 즉시 수정 요청	0	3	1.5	1.5	1.5	1.5	0	0	0	0
40	피드백: 수정 요청이 피드백되었는지 확인	0	3	1.5	1.5	1.5	1.5	0	0	0	0
41	도면 정리 정돈:도면을 정리하고 분류하고 정돈하는 상태	0	3	1.5	1.5	1.5	1.5	0	0	0	0
42	도면에 의한 공도구 및 자재선택 및 수량 파악능력	0	3	1.5	1.5	1.5	1.5	0	0	0	0
43	문제 예방: 잠재적인 문제(시공)를 예방하고 대비하는 능력을 측정	0	3	1.5	1.5	1.5	1.5	0	0	0	0
44	자재위치 선정: 도면을 참고하여 자재정돈의 위치를 선정	0	3	1.5	1.5	1.5	1.5	0	0	0	0
		0.87	33.33	50.00	50.00	50.00	50.00	0.00	0.00	0.00	0.00

3) 생산성 측정도구 입력 1 해당 항목에 계산된 수치를 입력한다

- 일 투입은 현장운영과 관련된 모든 비용을 합산해야 합니다. 직접인건비와 현장운영경비 등 현

장에서 필요한 모든 비용을 고려하여 산출하며, 이를 현장작업자 수로 나누어 계산합니다. 책에는 일 투입 250,000원으로 최저로 금액을 입력하였습니다. 현재는 평균 285,000원을 입력하여야 합니다.

- 작업 일수, 기본 이직률, 불량한 작업 범위, 재작업 범위, 능률가중치, 그리고 현장별 가중치는 각각의 현장에 맞게 산출하여 입력합니다.

입력 1

현장명	투입 가중치	직급	팀원	일 투입	작업 일수	불량한 작업	재작업	가동률	연장 작업	이직률	불량한 작업 범위	이직손실
현장1	100%	팀장	45	250000	26	10	5	90	20	15	2%~20%	2000000
현장2	100%	팀장	45	250000	26	10	5	90	0	15	재작업 범위	가동률
현장3	100%	팀장	45	250000	26	10	5	90	0	15	2%~10%	90%
현장4	100%	팀장	45	250000	26	10	5	90	0	15	이직률 범위	
현장5	100%	팀장	45	250000	26	10	5	90	0	15	2%~30%	
현장6	100%	팀장	45	250000	26	10	5	90	0	15	기본 이직률	
현장7	0	0	0	0	0	0	0	0	0	0	15	
현장8	0	0	0	0	0	0	0	0	0	0	능률가중치	
현장9	0	0	0	0	0	0	0	0	0	0	30%	
현장10	0	0	0	0	0	0	0	0	0	0	40%	

4) 입력 2에는 요소별 측정점수와 입력1에서 입력한 자료가 수치로 나타난다

입력 2

						이직 손실	2,000,000	기본 이직률	15	능률 가중치	30%	40%	불량한 작업 범위	2% ~20%	재작업 범위	2% ~10%	이직률	2% ~30%
직급	대표 사진	팀원	일 투입	작업 일수	1. 도면 해석	2. 역할 교육	3. 정리 정돈	4. 업무 분담	5. 팀원 과의 관계	6. 품질 관리	7. 자재 관리	8. 작업 스케치	9. 작업 일보	10. 불량한 작업	11. 재작업	12. 가동률	13. 연장 작업	팀별 이직률
팀장		45	250000	26	0.00	1.52	1.12	1.20	0.68	1.37	0.88	1.08	1.61	10.00	5.00	90.00	20.00	15.00
팀장		45	250000	26	33.33	33.33	103.37	100.00	100.00	100.00	100.00	83.87	104.84	10.00	5.00	90.00	0.00	15.00
팀장		45	250000	26	50.00	50.00	51.69	50.00	50.00	50.00	50.00	41.94	52.42	10.00	5.00	90.00	0.00	15.00
팀장		45	250000	26	66.67	66.67	51.69	50.00	50.00	50.00	50.00	41.94	52.42	10.00	5.00	90.00	0.00	15.00
팀장		45	250000	26	100.00	100.00	51.69	50.00	50.00	50.00	50.00	41.94	52.42	10.00	5.00	90.00	0.00	15.00
팀장		45	250000	26	0.00	0.00	51.69	50.00	50.00	50.00	50.00	41.94	52.42	10.00	5.00	90.00	0.00	15.00
0		0	0	0	0.00	0.00	0.00	0.00	0.00	0.00	0.00	0.00	0.00	0.00	0.00	0.00	0.00	0.00
0		0	0	0	0.00	0.00	0.00	0.00	0.00	0.00	0.00	0.00	0.00	0.00	0.00	0.00	0.00	0.00
0		0	0	0	0.00	0.00	0.00	0.00	0.00	0.00	0.00	0.00	0.00	0.00	0.00	0.00	0.00	0.00
0		0	0	0	0.00	0.00	0.00	0.00	0.00	0.00	0.00	0.00	0.00	0.00	0.00	0.00	0.00	0.00

5) 생산성 측정요소 측정지수도표에 계량된 수치로 나타난다

생산성 측정요소 측정지수도표에는 작업능률, 작업효율, 팀 측정요소별 지수, 팀 생산성, 팀 생산량, 팀 수익, 팀 월평균 손익, 연장작업으로 인한 손실, 팀별 생산기여도, 팀별 이직률, 팀별 이직으로 인한 손실, 측정요소별 크기와 비중, 팀별 단위생산 부가가치, 팀별 부가가치 생산성, 가중치로 인한 부가가치 생산성이 도표에 나타납니다.

현장명	가중치	직급	대표 사진	팀원	일 투입비	작업 일수	1. 도면해석	2. 역할교육	3. 정리 정돈
							0.00	0.00	0.00
현장	1.00	팀장		45.00	250000	26.00	0.87	0.51	1.12
							50.87	50.51	51.12
							31.21	35.66	31.57

4. 업무 분담	5. 구성원 과의 관계	6. 품질 관리	7. 자재 관리	8. 작업 스케치	9. 작업 일보	10. 불량한 작업	11. 재작업	작업 능률	작업 효율
0.00	0.00	0.00	0.00	0.00	0.00	10.00	5.00	100.00	100.00
1.20	0.68	1.37	0.88	1.08	1.61	10.00	5.00	34.16	52.97
51.20	50.68	51.37	50.88	51.08	51.61	10.00	5.00		
36.57	30.95	36.78	31.24	36.40	37.10	100.00	100.00	52.97	

12. 가동률	생산성 1	팀 생산량 1	팀 월손익 1	생산 기여도 1	13. 연장작업	생산성 2 (연장작업 포함)	팀별 기본 부가가치
90.00	100.00		0	100.00		100.00	
90.00					20.00		
90.00	52.97	154,948,002	-₩37,551,998	8.85	900.00	50.75	334,687,500
100.00					95.80		

팀 생산량 2	팀 월손익 2	연장작업으로 인한 생산증대	연장작업으로 인한 손익변동	1인당 월생산량	1인당 월손익	생산기여도 2
						100.00
169,846,848	-₩64,840,652	14,898,846	-₩7,288,654	3,774,374	-₩663,126	9.62

팀별 이직률	이직으로 인한 월손익	생산성 3 (연장+이직률)	생산성 4 (이직률 포함)	팀 생산량 3 (연장+이직률)	팀 월손익 3 (연장+이직률)
15.00	2000000	100.00	100.00		
15.00	₩	50.75	52.97	169,846,848	-₩64,840,652
0.00					
0.00					

1인당 생산량 2 (연장+이직률)	1인당 월순익 2 (연당+이직률)	생산기여도 3 (이직률 포함)	1인당 생산기여도 (이직률 포함)	1인당 부가가치	가중치 포함 부가가치 생산성
		100.00	100.00		100
3,774,374	-₩663,126	9.62	9.62	3,298,613	50.75

6) 팀 측정요소는 다음과 같이 도표와 그래프로 나타난다

- 팀 측정요소별 지수 차트
- 팀 생산성
- 팀 생산량
- 팀 월평균 손익 차트
- 연장작업으로 인한 손실
- 팀별 생산기여도
- 팀별 이직률
- 팀별 이직으로 인한 손실
- 측정요소별 크기와 비중
- 팀별 단위생산 부가가치
- 팀별 부가가치 생산성
- 팀별 수익
- 가중치로 인한 부가가치 생산성

도표와 그래프를 통해 각 팀의 측정 결과를 시각적으로 분석할 수 있습니다.

예시)

7-1. 팀별 월평균 생산량(이직률 포함)

팀	생산량	기본생산량	기본대비생산
현장1	169,846,848	334,687,500	-164,840,652
현장2	430,634,676	292,500,000	138,134,676
현장3	291,344,124	292,500,000	-1,155,876
현장4	291,344,124	292,500,000	-1,155,876
현장5	291,344,124	292,500,000	-1,155,876
현장6	291,344,124	292,500,000	-1,155,876
총생산량	1,765,858,019	1,797,187,500	-31,329,481

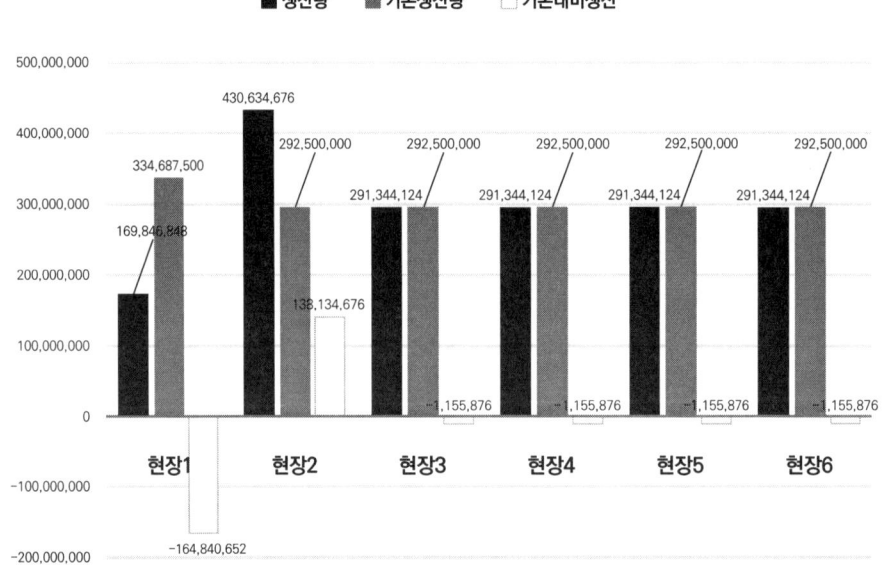

7) 팀별 측정요소 분석 결과를 작성한다(요약)

(1) 팀 측정요소별 지수 차트

- 각 팀의 측정요소별 점수를 시각적으로 비교하여 강점과 약점을 파악할 수 있습니다.

- 예를 들어, 팀 A는 효율성(3.0)과 생산성(2.8)에서 높은 점수를 받았지만, 재작업 범위(1.2)에서는 낮은 점수를 받았습니다.
- 팀 B는 안전성(2.9)과 품질관리(3.0)에서 강점을 보이나, 이직률(1.0)이 높은 편입니다.

(2) 팀별 측정요소 지수
- 팀별 측정지수는 전체적인 팀의 성과를 종합적으로 측정한 수치입니다.
- 팀 A: 2.5(평균 수준)
- 팀 B: 2.6(평균 이상)
- 팀 C: 2.2(평균 이하)

(3) 팀 생산성
- 각 팀의 생산성 지수는 작업의 효율성과 효과성을 측정합니다.
- 팀 A: 2.7
- 팀 B: 2.9
- 팀 C: 2.1

(4) 팀 생산량
- 각 팀이 일정 기간 달성한 생산량입니다.
- 팀 A: 1,000 단위
- 팀 B: 1,100 단위
- 팀 C: 900 단위

(5) 팀 월평균 손익 차트
- 팀별로 월평균 생산성을 분석하고 손익으로 계량화한 차트입니다.

(6) 연장작업으로 인한 손실
- 연장작업으로 인해 발생한 마이너스 생산성을 비용으로 계량화한 것입니다.

(7) 팀별 생산기여도
- 각 팀의 생산기여도를 백분율로 나타냅니다.

(8) 팀별 이직률
- 각 팀의 이직률을 백분율로 나타냅니다.

(9) 팀별 이직으로 인한 손실
- 이직으로 인해 발생한 비용 손실입니다. 이를 생산성에 적용합니다.

(10) 측정요소별 크기와 비중
- 각 측정요소의 크기와 비중을 시각적으로 비교한 차트입니다.
- 불량한 작업, 재작업 등의 요소가 높은 비중을 차지합니다.

(11) 팀별 단위생산 부가가치
- 각 팀이 생산한 단위의 부가가치입니다.
- 팀 A: $30/단위
- 팀 B: $32/단위
- 팀 C: $28/단위

(12) 팀별 부가가치 노동생산성
- 각 팀의 부가가치 노동생산성을 측정한 지수입니다.
- 팀 A: 2.5
- 팀 B: 2.8
- 팀 C: 2.2

(13) 가중치로 인한 부가가치 생산성
- 가중치를 고려한 부가가치 생산성입니다.
- 팀 A: 2.6
- 팀 B: 2.9
- 팀 C: 2.3

종합결과
- 팀 B는 전체적으로 높은 측정점수를 받으며, 효율성과 부가가치 생산성에서 우수한 성과를 보입니다. 이 팀은 품질관리와 생산기여도에서도 강점이 있습니다.
- 팀 A는 평균 수준의 성과를 보이며, 효율성과 생산량에서 준수한 성과를 보이지만, 재작업 범위와 이직률에서 개선이 필요합니다.
- 팀 C는 상대적으로 낮은 측정점수를 받으며, 특히 이직률과 이로 인한 손실에서 문제가 두드러집니다. 이 팀은 효율성과 품질관리에서 개선이 필요합니다.

6. UAE 바라카 현장 전선관 설치 작업 팀별 측정요소 분석

P-1

									이직 손실	2000000	기본 이직률	15
현장명	비용 가중치	직급	대표 사진	팀원	일 투입	작업 일수	1. 도면 해석	2. 역무 교육	3. 정리 정돈	4. 업무 분담	5. 구성원과의 관계
1. 황동환	100%	팀장	0	45	250000	26	상	중상	상	중상	중상
2. 남근호	100%	팀장	0	45	250000	26	중상	중하	중하	중하	중
3. 김철수	100%	팀장	0	40	250000	26	중상	중	중상	중상	중상
4. 박영수	100%	팀장	0	40	250000	26	중하	중하	하	하	중하
5. 이민호	100%	팀장	0	30	250000	26	중	중하	중상	중	중상
팀6	0%	0	0	0	0	0	0	0	0	0	0
팀7	0%	0	0	0	0	0	0	0	0	0	0
팀8	0%	0	0	0	0	0	0	0	0	0	0
팀9	0%	0	0	0	0	0	0	0	0	0	0
팀10	0%	0	0	0	0	0	0	0	0	0	0

능률 가중치	30%	40%	불량한 작업범위	2%~20%	재작업 범위	2%~10%	이직률	2%~30%
6. 품질관리	7. 자재관리	8. 작업스케치	9. 작업 일보	10. 불량한 작업	11. 재작업	12. 가동률	13. 연장작업	팀별 이직률
상	상	상	상	중하	중하	중하	20	15
중상	중하	중하	중	중상	중	중상	20	15
중상	중상	중	중상	중	중	중	20	15
중하	하	하	중	중상	중상	상	20	10
중	중상	중	중	중	중하	중상	20	20
0	0	0	0	0	0	0	0	0
0	0	0	0	0	0	0	0	0
0	0	0	0	0	0	0	0	0
0	0	0	0	0	0	0	0	0
0	0	0	0	0	0	0	0	0

P 1

| | | | | | | | 능률 가중치 | 0.30 | 0.40 | 재작업 범위 | 2%~10% |
| | | | | | | | 불량한 작업 범위 | 2%~20% | | 이직률 | 2%~30% |

	현장명	가중치	직급	대표사진	팀원	일 투입	작업 일수	1. 도면 해석	2. 역무 교육	3. 정리 정돈	4. 업무 분담	5. 구성원과의 관계	6. 품질 관리	7. 자재 관리
기준값								0.00	0.00	0.00	0.00	0.00	0.00	0.00
	1. 황동환	1.00	팀장		45	250000	26	상	중상	상	중상	중상	상	상
측정								10.00	5.00	10.00	5.00	5.00	10.00	10.00
측정(%)								140.00	115.00	140.00	115.00	120.00	130.00	140.00
	2. 남근호	1.00	팀장		45	250000	26	중상	중하	중하	중하	중	중상	중하
측정								5.00	-5.00	-5.00	-5.00	0.01	5.00	-5.00
측정(%)								120.00	85.00	80.00	85.00	100.04	115.00	80.00
	3. 김철수	1.00	팀장		40	250000	26	중상	중	중상	중상	중상	중상	중상
측정								5.00	0.01	5.00	5.00	5.00	5.00	5.00
측정(%)								120.00	100.03	120.00	115.00	120.00	115.00	120.00
	4. 박영수	1.00	팀장		40	250000	26	중하	중하	하	하	중하	중하	하
측정								-5.00	-5.00	-10.00	-10.00	-5.00	-5.00	-10.00
측정(%)								80.00	85.00	60.00	70.00	80.00	85.00	60.00
	5. 이민호	1.00	팀장		30	250000	26	중	중하	중상	중	중상	중	중상
측정								0.01	-5.00	5.00	0.01	5.00	0.01	5.00
측정(%)								100.04	85.00	120.00	100.03	120.00	100.03	120.00
	팀6	0.00	0.00		0	0	0	0.00	0.00	0.00	0.00	0.00	0.00	0.00
측정								0.00	0.00	0.00	0.00	0.00	0.00	0.00
측정(%)								0.00	0.00	0.00	0.00	0.00	0.00	0.00
	팀7	0.00	0.00		0	0	0	0.00	0.00	0.00	0.00	0.00	0.00	0.00
측정								0.00	0.00	0.00	0.00	0.00	0.00	0.00
측정(%)								0.00	0.00	0.00	0.00	0.00	0.00	0.00
	팀8	0.00	0.00		0	0	0	0.00	0.00	0.00	0.00	0.00	0.00	0.00
측정								0.00	0.00	0.00	0.00	0.00	0.00	0.00
측정(%)								0.00	0.00	0.00	0.00	0.00	0.00	0.00
	팀9	0.00	0.00		0	0	0	0.00	0.00	0.00	0.00	0.00	0.00	0.00
측정								0.00	0.00	0.00	0.00	0.00	0.00	0.00
측정(%)								0.00	0.00	0.00	0.00	0.00	0.00	0.00
측정평균	현장 평균			5.00		200		113.51	94.76	103.50	97.00	107.51	110.13	103.50
측정합계														

8. 작업 스케치	9. 작업 일보	10. 불량한 작업	11. 재작업	작업 능률	작업 효율	12. 가동률	생산성 1	팀 생산량 1	팀 월손익 1	생산 기여도 1	13. 연장 작업
0.00	0.00	10.00	5.00	100.00	100.00	90.00	100.00	0	0	100.00	
상	상	중하	중하	128.89	144.91	중하	140.08	409,732,770	₩117,232,770	29.37	20.00
10.00	10.00	5.00	3.00			87.00					900.00
130.00	130.00	105.56	103.24	136.11		96.67					95.80
중하	중	중상	중	94.45	89.13	중상	93.09	272,296,255	-₩20,203,745	19.52	20.00
-5.00	0.01	15.00	4.00			94.00					900.00
85.00	100.03	94.44	101.62	93.07		104.44					95.80
중	중상	중	중	113.90	120.10	중	120.12	312,300,357	₩52,300,357	22.38	20.00
0.01	5.00	9.00	4.00			90.01					800.00
100.03	115.00	101.11	101.62	117.37		100.01					95.80
하	중상	중상	중상	76.67	62.04	상	67.55	175,638,456	-₩84,361,544	12.59	20.00
-10.00	0.01	15.00	7.00			98.00					800.00
70.00	100.03	94.44	96.76	70.84		108.89					95.80
중	중	중	중하	105.02	110.63	중상	115.54	225,309,461	₩30,309,461	16.15	20.00
0.01	0.01	9.00	3.00			94.00					600.00
100.03	100.03	101.11	103.24	106.27		104.44					95.80
0.00	0.00	0.00	0.00	0.00	0.00	0.00	0.00	0	₩0	0.00	0.00
0.00	0.00	0.00	0.00			0.00					0.00
0.00	0.00	0.00	0.00	0.00		0.00					0.00
0.00	0.00	0.00	0.00	0.00	0.00	0.00	0.00	0	₩0	0.00	0.00
0.00	0.00	0.00	0.00			0.00					0.00
0.00	0.00	0.00	0.00	0.00		0.00					0.00
0.00	0.00	0.00	0.00	0.00	0.00	0.00	0.00	0	₩0	0.00	0.00
0.00	0.00	0.00	0.00			0.00					0.00
0.00	0.00	0.00	0.00	0.00		0.00					0.00
0.00	0.00	0.00	0.00	0.00	0.00	0.00	0.00	0	₩0	0.00	0.00
0.00	0.00	0.00	0.00			0.00					0.00
0.00	0.00	0.00	0.00	0.00		0.00					0.00
97.39	109.77	99.28	101.26	105.15	105.68	102.70	107.33	1,395,277,300	₩95,277,300		4000.00
											20.00

생산성 2 연장작업 포함	팀별 기본 부가가치	팀 생산량 2	팀 월손익 2	연장작업으로 인한 생산 증대	연장작업으로 인한 손익 변동	1인당 월생산량	1인당 월손익	생산 기여도 2	팀별 이직률
100.00						0		100.00	15.00
134.19	334,687,500	449,130,152	₩114,442,652	39,397,382	−₩2,790,118	9,980,670	₩2,543,170	29.37	15.00
									0.00
									0.00
89.18	334,687,500	298,478,588	−₩16,208,912	26,182,332	−₩16,005,168	6,632,858	−₩804,642	19.52	15.00
									0.00
									0.00
115.07	297,500,000	342,329,237	₩44,829,237	30,028,880	−₩7,471,120	8,558,231	₩1,120,731	22.38	15.00
									0.00
									0.00
64.71	297,500,000	192,526,769	−₩104,973,231	16,888,313	−₩20,611,687	4,813,169	−₩2,624,331	12.59	10.00
									5.00
									1.34
110.69	223,125,000	246,973,832	₩23,848,832	21,664,371	−₩6,460,629	8,232,461	₩794,961	16.15	20.00
									−5.00
									−1.34
0.00	0	0	₩0	0	₩0	0	₩0	0.00	0.00
									0.00
									0.00
0.00	0	0	₩0	0	₩0	0	₩0	0.00	0.00
									0.00
									0.00
0.00	0	0	₩0	0	₩0	0	₩0	0.00	0.00
									0.00
									0.00
0.00	0	0	₩0	0	₩0	0	₩0	0.00	0.00
									0.00
									0.00
102.82	1,487,500,000	1,529,438,579	₩41,938,579	134,161,279	−₩53,338,721	7,647,193	₩209,693	20.00	14.75

이직으로 인한 월손익	생산성 3 (연장+이직률)	생산성 4 (이직률 포함)	팀 생산량 3 (연장 + 이직률)	팀 월손익 3 (연장+이직률)	1인당생산량 2 (연장+이직률)	1인당 월손익 2	생산기여도 3 (이직률 포함)	1인당 생산기여도 (이직률 포함)	1인당 부가가치	가중치 포함 부가가치 생산성
2000000	100.00	100.00			0		100.00	100.00		100
₩0	134.19	140.08	449,130,152	₩114,442,652	9,980,670	₩2,543,170	29.35	26.12	₩8,722,602	134.19
₩0	89.18	93.09	298,478,588	-₩36,208,912	6,632,858	-₩804,642	19.50	17.36	₩5,796,783	89.18
₩0	115.07	120.12	342,329,237	₩44,829,237	8,558,231	₩1,120,731	22.37	22.39	₩7,479,462	115.07
₩4,000,000	66.06	68.90	196,526,769	-₩100,973,231	4,913,169	-₩2,524,331	12.84	12.86	₩4,293,862	66.06
-₩3,000,000	109.34	114.20	243,973,832	₩20,848,832	8,132,461	₩694,961	15.94	21.28	₩7,107,361	109.34
₩0	0	0.00	0	₩0	0	₩0	0.00	0.00	₩0	0.00
₩0	0.00	0.00	0	₩0	0	₩0	0.00	0.00	₩0	0.00
₩0	0.00	0.00	0	₩0	0	₩0	0.00	0.00	₩0	0.00
₩0	0.00	0.00	0	₩0	0	₩0	0.00	0.00	₩0	0.00
₩1,000,000	102.89	107.40	1,530,438,579	₩2,938,579	7,652,193	₩14,693	20.00	100.00	-	102.89
					38,217,389					

1) 팀 측정요소 생산요소별 지수 차트

		1. 도면해석	2. 역할교육	3. 정리 정돈	4. 업무분담	5. 구성원과의 관계
1. 황동환	요소별 측정점수	40.00	15.00	40.00	15.00	20.00
2. 남근호	요소별 측정점수	20.00	-15.00	-20.00	-15.00	0.04
3. 김철수	요소별 측정점수	20.00	0.03	20.00	15.00	20.00
4. 박영수	요소별 측정점수	-20.00	-15.00	-40.00	-30.00	-20.00
5. 이민호	요소별 측정점수	0.04	-15.00	20.00	0.03	20.00
현장 평균	요소별 측정점수	13.51	-5.24	3.50	-3.00	7.51

6. 품질관리	7. 자재관리	8. 작업스케치	9. 작업 일보	작업 능률	10. 불량한 작업	11. 재작업	12. 가동률
30.00	40.00	30.00	30.00	36.11	5.56	3.24	-3.33
15.00	-20.00	-15.00	0.03	-6.93	-5.56	1.62	4.44
15.00	20.00	0.03	15.00	17.37	1.11	1.62	0.01
-15.00	-40.00	-30.00	0.03	-29.16	-5.56	-3.24	8.89
0.03	20.00	0.03	0.03	6.27	1.11	3.24	4.44
10.13	3.50	-2.61	9.77	5.15	-0.72	1.26	2.70

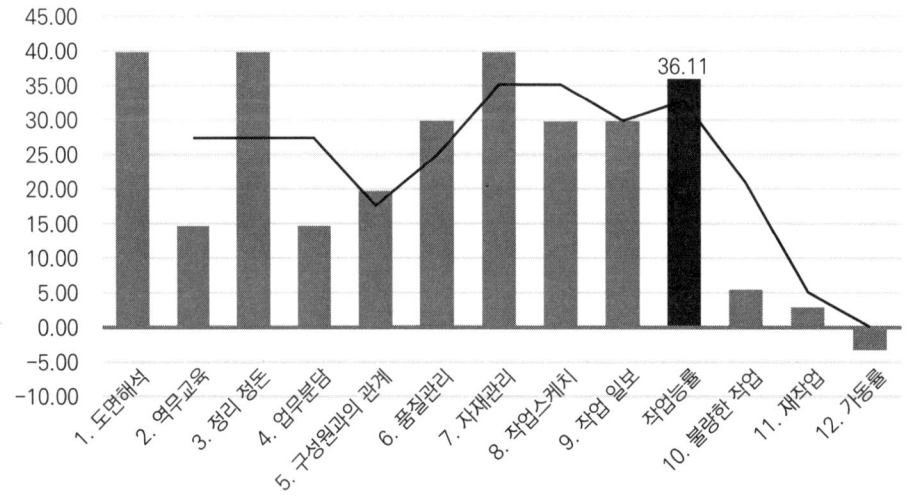

1. 황동환 요소별 평가 점수

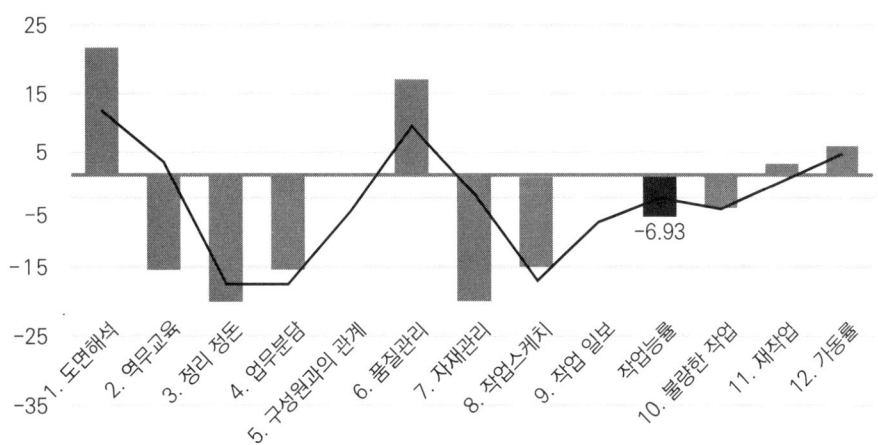

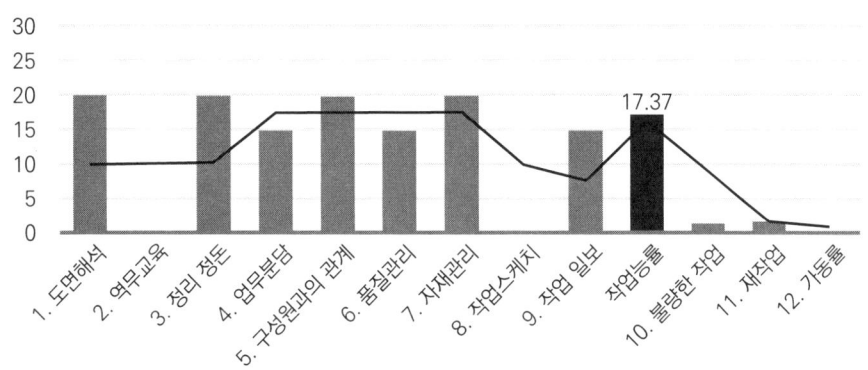

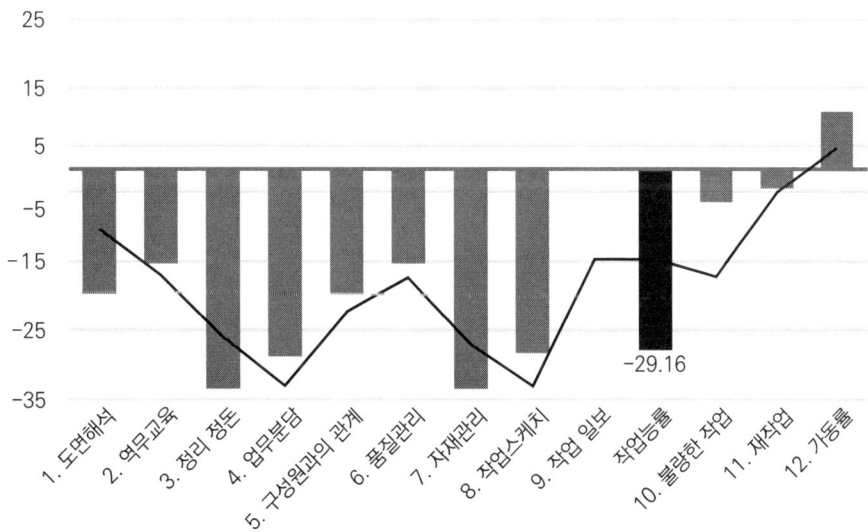

77

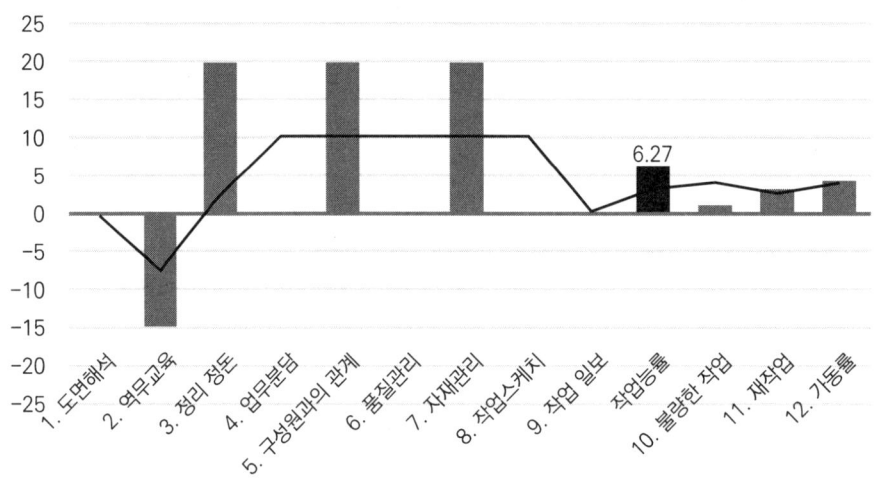

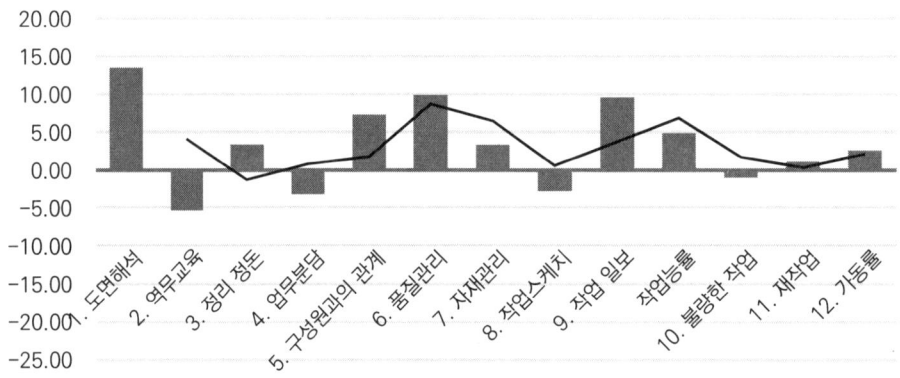

차트1

각 팀의 생산성 측정요소 요소별 측정지수와 도표를 살펴보면 정리 정돈, 업무분담, 자재관리, 구성원과의 관계, 재작업, 불량한 작업 등의 측정지수들이 비슷한 크기와 방향성을 보여 줍니다. 여기서 "크기와 방향성이 일정한 편이다"라는 의미는 각각의 요소들이 상호 보완적이라는 의미합니다. 즉, 팀 측정요소 도표에서 정리 정돈, 업무분담, 자재관리, 구성원과의 관계, 재작업, 불량한 작업 등의 항목들이 서로 비슷한 중요도나 영향력을 가지며, 팀 내에서 비슷한 방향으로 발생하거나 진행되고 있다는 것을 나타냅니다. 이러한 형태를 보인다는 것은 팀 내에서 다양한 요소들이 상호 연관성이 있으며, 하나의 요소가 다른 요소들에 영향을 주거나 영향을 받는다는 것을 의미합니다. 이를 통해 팀의 전반적인 상황을 파악하고 개선해야 할 생산요소와 행동 방향을 선정할 수 있습니다. 또한, 크기와 방향성이 일정한 편이라면 팀 내에서 작업의 일관성과 조화가 유지되고 있는 것으로 해석할 수 있습니다.

1. 황동환팀의 생산성 측정요소 지수도표를 살펴보면, 12가지 전반적인 측정요소 지수가 높게 측정되었습니다. 생산요소별로 관리가 잘되고 있는 것입니다. 차트2를 보면 생산성이 높게 나오는 것을 볼 수 있습니다.

2. 남근호팀의 생산성 측정요소 지수도표를 분석한 결과, 도면해석, 품질관리, 재작업, 가동률을 제외하고 대체로 낮은 점수가 많이 나타났습니다. 차트2를 보면 생산성이 마이너스를 보입니다.

3. 김철수팀의 생산성 측성요소 지수도표를 확인했을 때, 모든 항목이 기본보다 높게 측정되었지만, 황동환팀과는 크기에서 차이가 있습니다. 황동환팀의 작업능률은 36.11%인 반면 김철수팀은 17.37%로 보여 줍니다.

4. 박영수팀의 생산성 측정요소 지수도표를 살펴보면, 작업능률과 불량한 작업, 재작업지수가 마이너스값을 나타내지만, 가동률은 플러스값을 보입니다. 이는 작업시간을 엄격하게 준수하여 부족한 생산량을 보완하기 위해 가동률을 높인 것으로 해석될 수 있습니다.

5. 이민호팀의 생산성 측정요소 지수도표를 분석한 결과, 역할교육을 제외한 모든 지수가 플러스 방향으로 나타납니다. 이는 팀 내에서 높은 생산성 및 능률을 보이고 있음을 나타냅니다.

도표에서 불량한 작업과 재작업이 증가할수록 생산성 측정요소 지수가 낮게 나타납니다. 그래프에서는 측정지수가 높게 나타날수록 불량작업과 재작업이 적게 발생한다는 것을 의미합니다. 전체적으로 도면해석 능력과 작업 일보 작성이 기준 이상의 성과를 보여 주고 있으며, 이는 원자력건설공사가 일반 국내 현장건설공사와 비교하여 높은 측정점수를 받는 부분입니다.

2-1) 팀 측정지표 지수

팀	불량한 작업	재작업	작업능률	가동률	생산성 1
1. 황동환	105.56	103.24	136.11	96.67	140.08
2. 남근호	94.44	101.62	93.07	104.44	93.09
3. 김철수	101.11	101.62	117.37	100.01	120.12
4. 박영수	94.44	96.76	70.84	108.89	67.55
5. 이민호	101.11	103.24	106.27	104.44	115.54
현장 평균	99.28	101.26	105.15	102.70	107.33

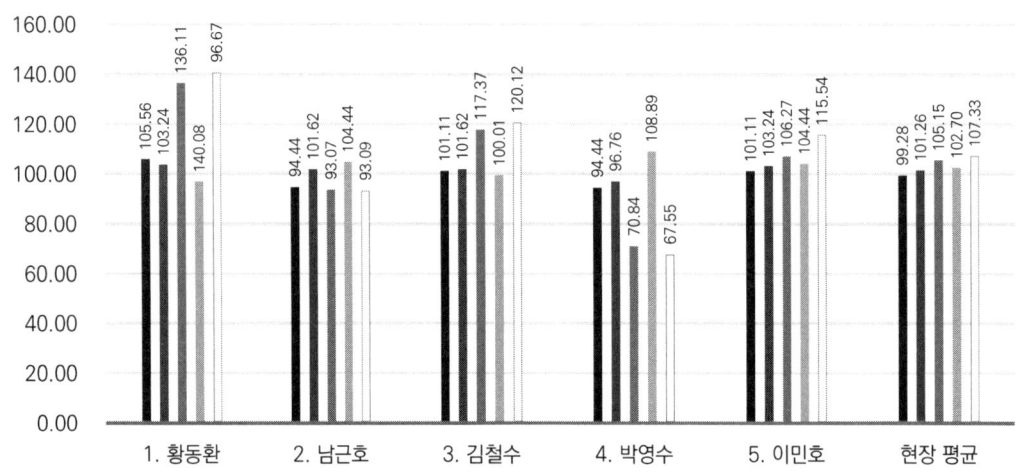

2-2) 팀 측정지표 지수(기준점 100)

팀	불량한 작업	재작업	작업능률	가동률	생산성 1
1. 황동환	5.56	3.24	36.11	-3.33	40.08
2. 남근호	-5.56	1.62	-6.93	4.44	-6.91
3. 김철수	1.11	1.62	17.37	0.01	20.12
4. 박영수	-5.56	-3.24	-29.16	8.89	-32.45
5. 이민호	1.11	3.24	6.27	4.44	15.54
현장 평균	-0.72	1.26	5.15	2.70	7.33

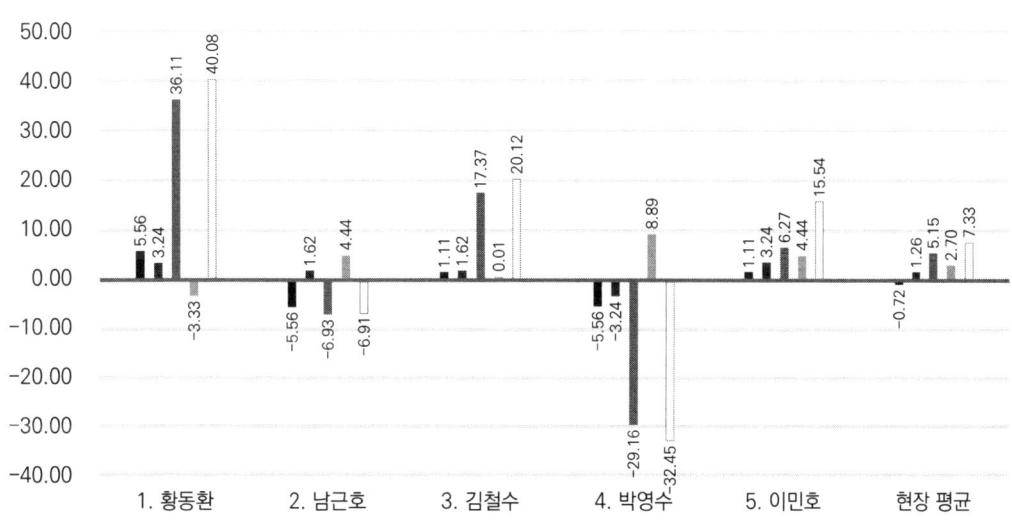

팀별 평가 지표 차트(기준점 100)

3-1) 팀 생산성

팀	기본 요소 생산성	연장작업	생산성 2(연장 포함)
1. 황동환	140.08	20.00	134.19
2. 남근호	93.09	20.00	89.18
3. 김철수	120.12	20.00	115.07
4. 박영수	67.55	20.00	64.71
5. 이민호	115.54	20.00	110.69
현장 평균	107.33	20.00	102.82

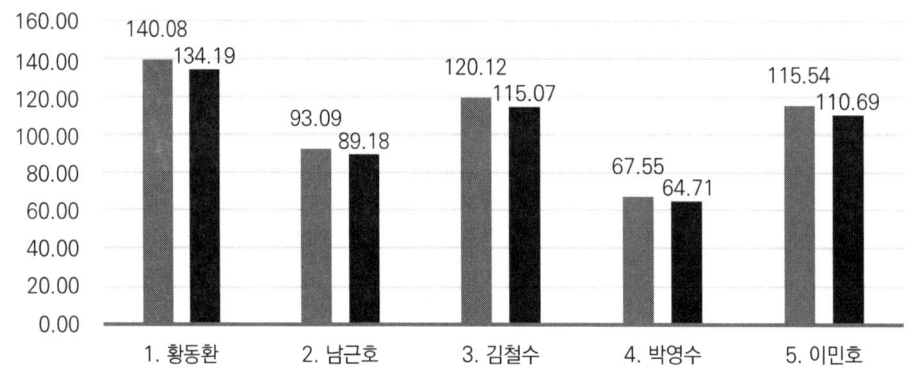

3-2) 팀별 월평균 생산량

팀	생산량	기본생산량	생산량(연장 포함)	연장작업으로 인한 생산량 증대
1. 황동환	409,732,770	334,687,500	449,130,152	39,397,382
2. 남근호	272,296,255	334,687,500	298,478,588	26,182,332
3. 김철수	312,300,357	297,500,000	342,329,237	30,028,880
4. 박영수	175,638,456	297,500,000	192,526,769	16,888,313
5. 이민호	225,309,461	223,125,000	246,973,832	21,664,371
총생산량	1,395,277,300	1,487,500,000	1,529,438,579	134,161,279

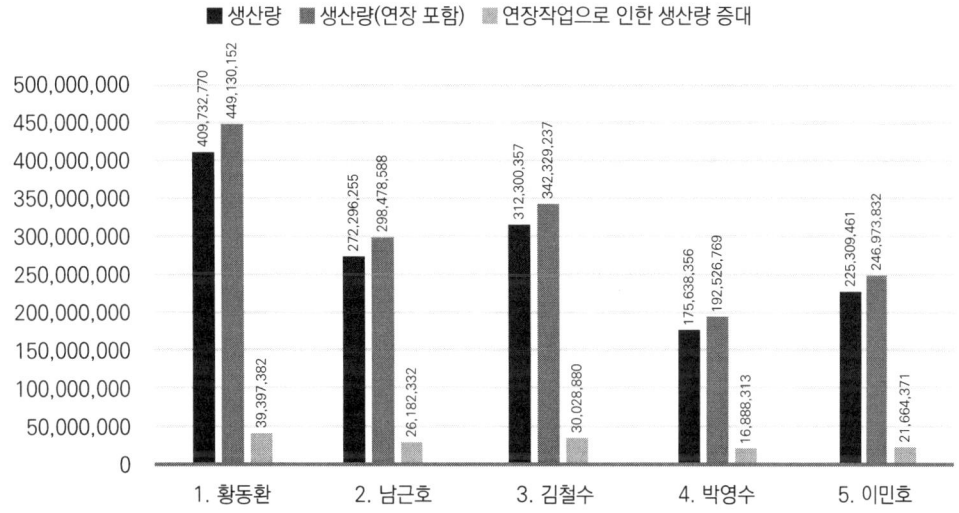

차트2

2-1 도표와 2-2 도표를 살펴보면 박영수팀과 남근호팀이 기본생산성에 도달하지 못하는 상황입니다.

작업능률이 높을수록 생산성 측정점수가 높게 나왔습니다. 불량한 작업이나 재작업은 현장작업에 있어서 부하로 간주합니다.

부하 작업(재작업, 불량작업)은 등급이나 점수가 낮을수록 생산성 측정점수가 높습니다.

측정요소 지수분석 도표를 살펴보면 작업능률과 불량한 작업, 재작업이 비슷한 방향성을 보여줍니다. 이러한 형태를 보인다는 것은 작업능률과 불량한 작업, 재작업이 상호 연관성이 있으며 서로에게 영향을 미치거나 영향을 받는 경향이 있다는 것을 의미합니다. 그러나 작업 효율과 가동률은 상호 비례하지 않습니다.

여기에서는 다섯 팀을 비교하였고 계속해서 오랫동안 여러 현장을 비교해 보면 작업 효율과 가동률이 따로 움직이는 것을 발견할 수 있습니다. 뒤에 도표를 보면 알게 되지만 가동률을 높이려는 것보다 작업 효율을 높이는 것이 효과적입니다. 두 그래프가 반대로 움직이는 경우가 있습니다. 이는 생산성이 낮으면 가동률을 높이려는 경향으로 해석되며, 작업자들에게 어려운 환경이 되고 더욱 생산성이 떨어지게 되고 이직률을 높일 수 있다는 것을 시사합니다.

차트3

3-1 도표와 3-2 도표를 살펴보면, 연장작업이 20시간 주어지면서 생산성이 모두 떨어진 것을 알 수 있습니다. 또한, 모두 같은 연장작업 시간이 주어졌지만, 생산성에 따른 생산량의 증갓값도 달라졌습니다.

4-1) 팀별 월평균 손익 차트

팀	월손익	연장작업	월손익(연장 포함)	연장작업으로 인한 팀 손실
1. 황동환	₩117,232,770	20.00	₩114,442,652	-₩2,790,118
2. 남근호	-₩20,203,745	20.00	-₩36,208,912	-₩16,005,168
3. 김철수	₩52,300,357	20.00	₩44,829,237	-₩7,471,120
4. 박영수	-₩84,361,544	20.00	-₩104,973,231	-₩20,611,687
5. 이민호	₩30,309,461	20.00	₩23,848,832	-₩6,460,629
현장 평균	₩95,277,300	20.00	₩41,938,579	-₩53,338,721

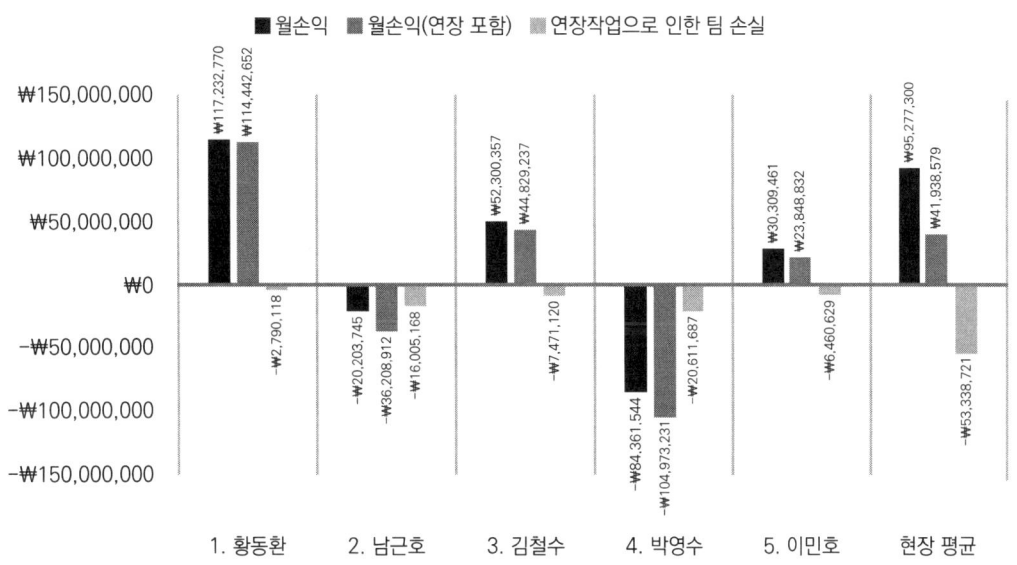

4-2) 팀별 생산기여도 차트

팀	생산기여도(이직률 포함 전)	팀 생산기여도	1인당 생산기여도
1. 황동환	29.37	29.35	26.12
2. 남근호	19.52	19.50	17.36
3. 김철수	22.38	22.37	22.39
4. 박영수	12.59	12.84	12.86
5. 이민호	16.15	15.94	21.28
현장 평균	100.00	100.00	100.00

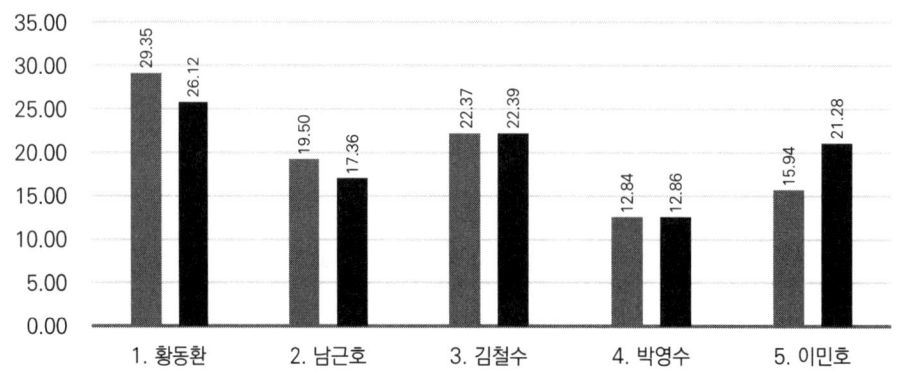

5-1) 계량화된 이직률 차트

팀	이직률(%)	이직률
1. 황동환	0.00	15.00
2. 남근호	0.00	15.00
3. 김철수	0.00	15.00
4. 박영수	1.34	10.00
5. 이민호	-1.34	20.00
현장 평균	0.00	14.75

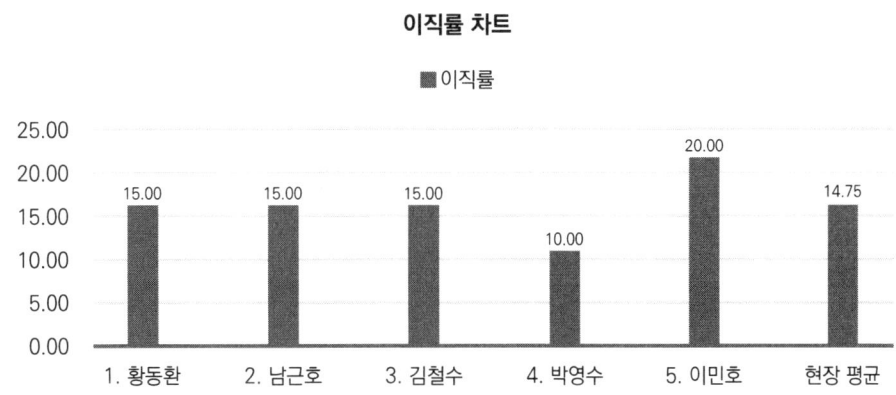

5-2) 이직으로 인한 팀별 월손익 차트

팀	월손익
1. 황동환	₩0
2. 남근호	₩0
3. 김철수	₩0
4. 박영수	₩4,000,000
5. 이민호	-₩3,000,000
현장 평균	₩1,000,000

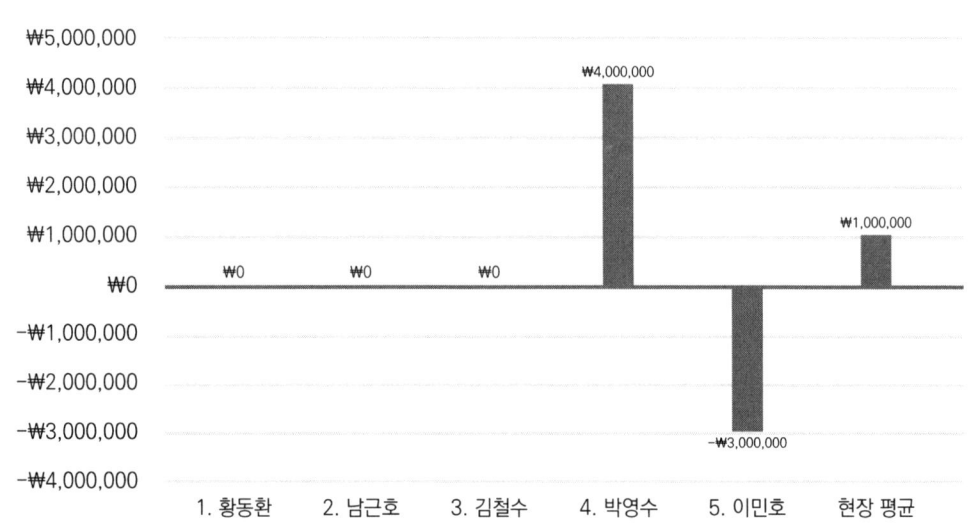

차트4

4-1 차트는 연장작업으로 인한 손실을 팀별로 나타내는데, 생산성이 낮은 팀, 팀원 수가 많은 팀일수록 연장작업으로 인한 손실이 많이 늘어나는 것을 그래프로 보여 줍니다. 연장작업을 하게 되면 생산성이 높은 팀부터 순서대로 연장작업을 진행하는 것이 효율적입니다.

즉 연장작업은 하지 않아야 하고 불가피한 경우에는 필요한 생산량을 산출하고 생산성이 높은 팀에게 필요한 생산량 크기의 연장작업을 수행하도록 하는 것이 유리합니다.

일반적으로 생산량이 감소하면 연장작업을 하려고 합니다. 연장작업을 하면 시간당 노동생산성은 변하지 않지만, 부가가치 노동생산성이 줄어듭니다. 즉, 연장작업 시 단위 노동비용지수가 높아지기 때문입니다. 연장작업을 하는 것보다는 가능한 노동력을 투입하고 연장작업을 하지 않아야 합니다.

많은 관리자가 급하면 어쩔 수 없다고 생각할 수 있지만, 관리는 이러한 급한 상황을 미리 막는 것입니다. 어떤 경영자는 열심히 분주하게 일하는 리더를 좋아하는 경향이 있어서, 리더나 현장이 조용하면 능력이 없는 것처럼 보일 수 있습니다.

그러나 데이터와 수치를 기반으로 한 관리가 중요하며, 주먹구구식의 정서적인 판단은 피해야 합니다. 특히 소규모 현장은 바삐 움직이는 현장을 선호하는 경향을 가지는 경우가 많습니다. 경영은 측정할 수 있는 수치를 토대로 이루어져야 합니다.

4-2 차트에서는 연장작업과 이직률 포함 전, 포함 후, 팀 기여도와 팀별 1인당 생산기여도가 모두 다르게 나타남을 볼 수 있습니다. 생산성 측정요소 지표분석표와 대조하면서 보시면 이해가 될 것입니다.

차트5

5-1 차트와 **5-2 차트**에서는 이직률과 계량화한 이직률(%), 그리고 이직으로 인한 손익을 보여줍니다.

기본적으로 15%의 이직률을 상정하고, 필요에 따라 생산성 측정요소 입력 도구에서 현장에 맞게 조정할 수 있습니다.

이직률이 변경되면 생산량은 변하지 않지만, 팀의 손익은 영향을 받습니다. 이것은 이직으로 인한 손실이 반영되기 때문입니다.

공사현장의 작업자는 이동이 잦아 이직률은 생산과 수익에 영향을 미칩니다. 손익의 크기를 알아야 관리할 수 있습니다. 여기서는 이민호팀의 이직률이 높은 이유를 살펴보아야 할 것입니다.

6-1) 팀별 생산성 3(연장+이직률)

팀	생산성
1. 황동환	134.19
2. 남근호	89.18
3. 김철수	115.07
4. 박영수	66.06
5. 이민호	109.34
현장 평균	102.89

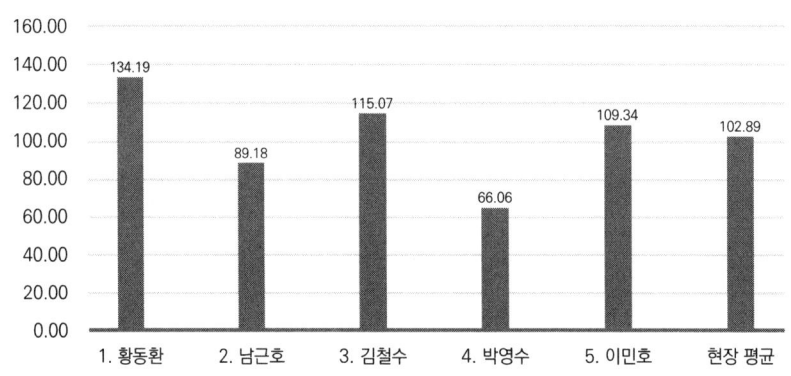

6-2) 팀별 생산성 3, 100점 기준(연장+이직률)

팀	생산성
1. 황동환	34.19
2. 남근호	-10.82
3. 김철수	15.07
4. 박영수	-33.94
5. 이민호	9.34
현장 평균	2.89

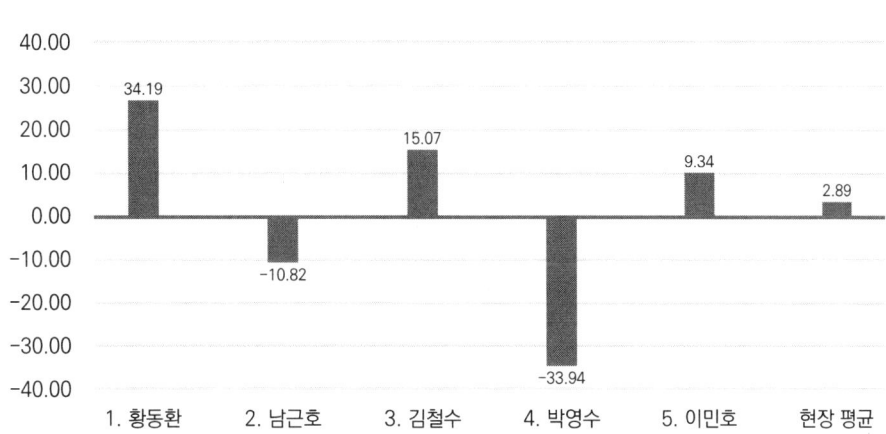

7-1) 팀별 월평균 생산량(이직률 포함)

팀	생산량	기본생산량	기본대비생산
1. 황동환	449,130,152	334,687,500	114,442,652
2. 남근호	298,478,588	334,687,500	-36,208,912
3. 김철수	342,329,237	297,500,000	44,829,237
4. 박영수	196,526,769	297,500,000	-100,973,231
5. 이민호	243,973,832	223,125,000	20,848,832
총생산량	1,530,438,579	1,487,500,000	42,938,579

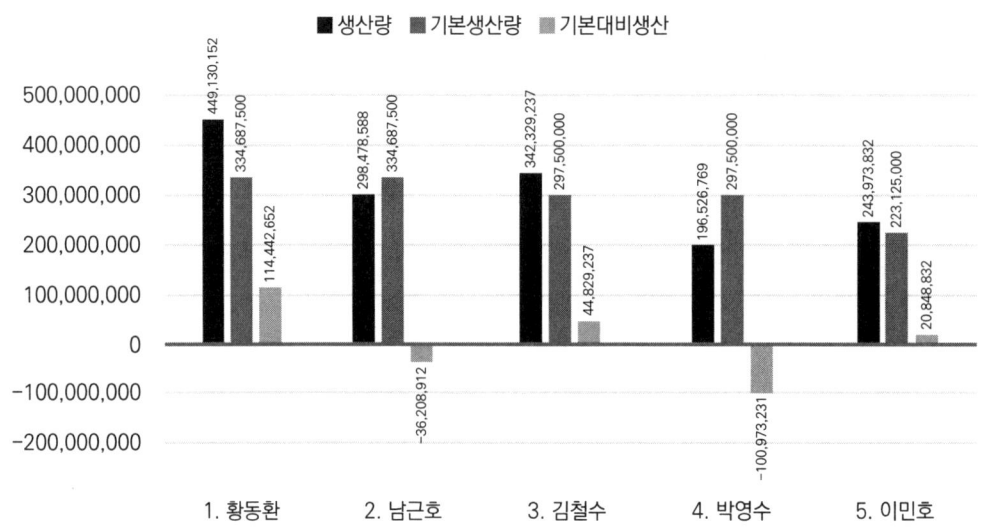

7-2) 팀별 생산기여도

팀	기여도	1인당 생산기여도	1인당 생산성 비중
1. 황동환	29.35	26.12	26.12
2. 남근호	19.50	17.36	17.36
3. 김철수	22.37	22.39	22.39
4. 박영수	12.84	12.86	12.86
5. 이민호	15.94	21.28	21.28
현장 평균	100.00	100.00	100.00

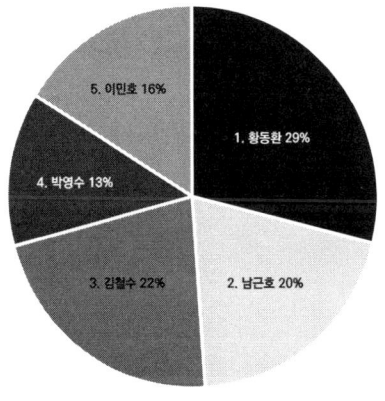
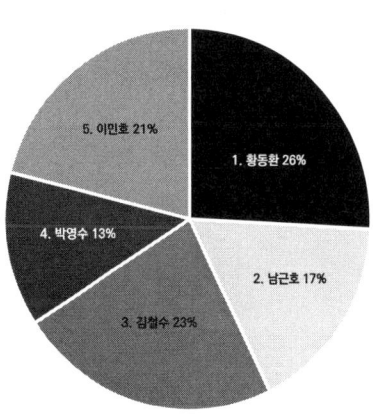

차트6

6-1 차트와 6-2 차트는 연장작업과 이직률을 포함한 생산성을 나타내고 있습니다. 남근호팀과 박영수팀의 생산성이 현장 평균에 미치지 못하는 그래프입니다. 이러한 팀을 집중적으로 분석하고 현장 운영에 변화를 주어야 합니다.

차트7

7-1 차트와 7-2 차트는 팀별 연장작업과 이직률을 포함한 생산량과 팀별 기여도를 나타내고 있습니다.

남근호팀과 박영수팀이 기본생산량에 미치지 못하는 그래프입니다.

7-2 차트는 연장작업과 이직률을 고려한 팀별 생산기여도를 원형 그래프로 시각적으로 보여줍니다. 이 차트는 팀 편성을 결정할 때 유용하며, 팀 구성원 수가 팀별 생산기여도에 영향을 미칠 수 있으므로 1인당 노동생산성과 팀별 생산기여도를 확인하여 현장 운영을 할 때 오류를 방지하는 데 도움이 됩니다.

팀원의 수와 생산기여도 사이에는 균형을 유지해야 합니다. 너무 많은 팀원을 특정 팀에 배정하면 생산성이 줄어들 수 있으며, 이는 회사의 수익성에 부담을 주게 됩니다. 제공된 정보를 기반으로 해석하면, 남근호팀은 생산기여도(19.50%)는 이민호팀의 생산기여도(15.94%)보다 높지만, 회사 수익성에 부담(-₩36,208,912)을 주고 있는 것으로 보입니다. 다시 말해, 회사에서 높은 생산량을 달성하려는 노력으로 인해 손실을 발생시키고 있습니다. 이는 팀장의 역량과 팀 구성원 수와 관련이 있으며, 남근호팀의 팀원을 조정하는 것이 전체적으로 손실을 줄일 수 있다는 의미입니다.

8-1) 팀별 월평균 손익 차트(이직률 포함)

팀	월손익
1. 황동환	₩114,442,652
2. 남근호	-₩36,208,912
3. 김철수	₩44,829,237
4. 박영수	-₩100,973,231
5. 이민호	₩20,848,832
현장 평균	₩42,938,579

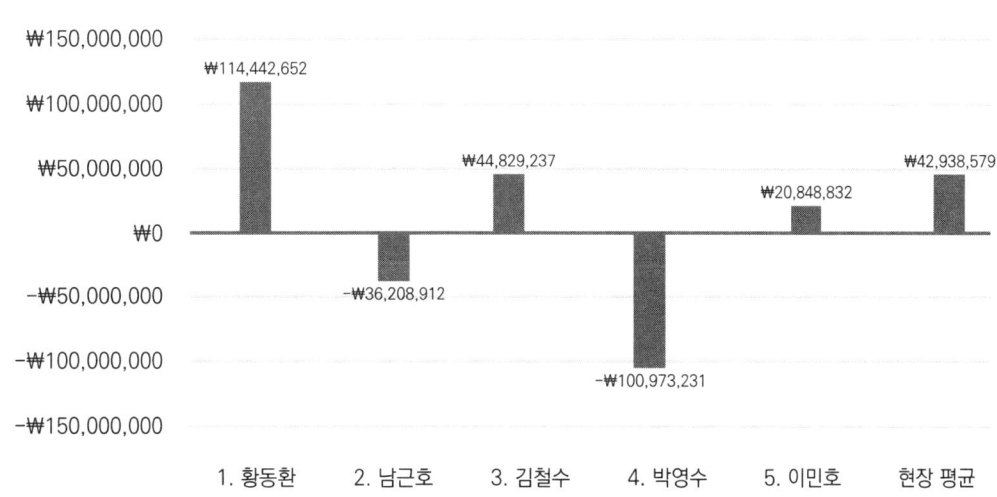

남근호 팀장과 이민호 팀장의 트레이드한 경우 변화된 손익

팀	월손익
1. 황동환	₩114,442,652
2. 남근호	-₩24,139,275
3. 김철수	₩44,829,237
4. 박영수	-₩100,973,231
5. 이민호	₩31,273,248
현장 평균	₩65,432,632

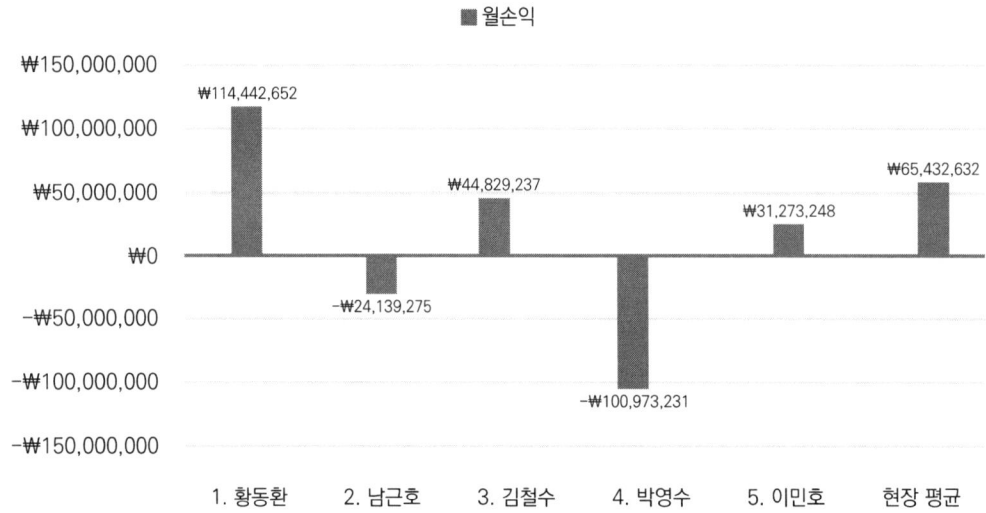

8-2) 팀별 1인당 월평균 손익 차트(이직률 포함)

팀	1인당 월손익
1. 황동환	₩2,543,170
2. 남근호	-₩804,642
3. 김철수	₩1,120,731
4. 박영수	-₩2,524,331
5. 이민호	₩694,961
현장 평균	₩214,693

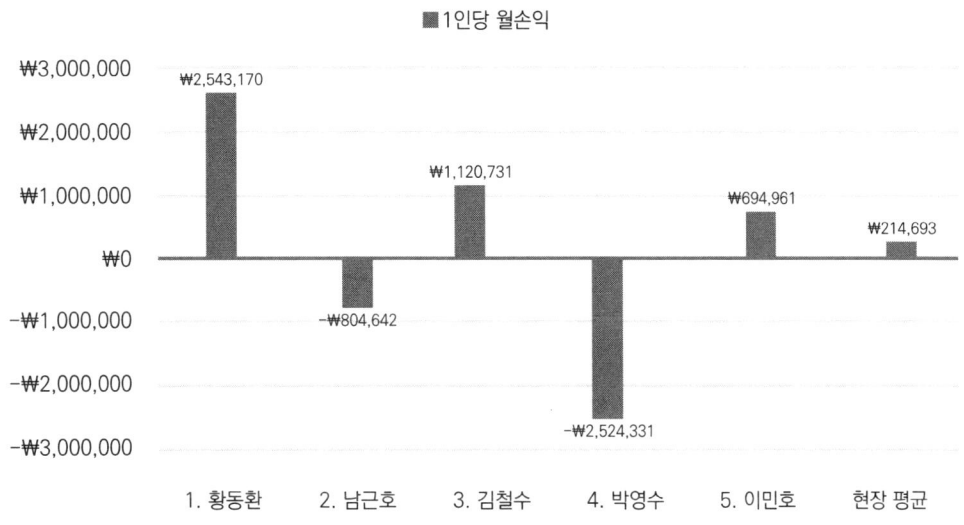

9) 측정요소별 크기 및 비중

측정지표항목	최대	최소	크기	비중
도면해석	-	-	8.89	7.48
안전, 역무 교육	-	-	6.67	5.61
정리 정돈 청결	-	-	8.89	7.48
작업업무분담	-	-	6.67	5.61
구성원과 관계	-	-	6.67	5.61
품질관리	-	-	6.67	5.61
자재관리	-	-	8.89	7.48
작업스케치	-	-	6.67	5.61
작업 일보 작성	-	-	6.67	5.61
불량한 작업	88.89	108.89	20.00	16.83
재작업	91.89	104.89	13.00	10.94
가동률	108.89	94.44	14.45	12.16
이직률	2.5	−2.22	4.72	3.97
작업능률	130	70	60	56.10

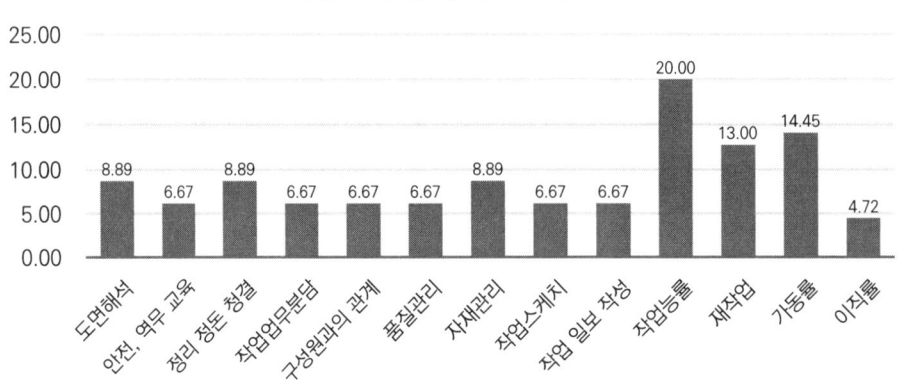

팀별 월생산성 차트(기준점 100)

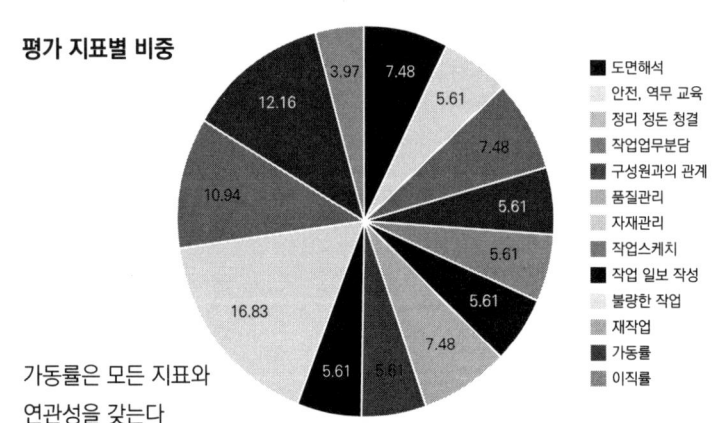

평가 지표별 비중

가동률은 모든 지표와 연관성을 갖는다

10-1) 팀별 1인당 부가가치 생산

팀	부가가치 생산
1. 황동환	₩8,722,602
2. 남근호	₩5,796,783
3. 김철수	₩7,479,462
4. 박영수	₩4,293,862
5. 이민호	₩7,107,361
현장 평균	-

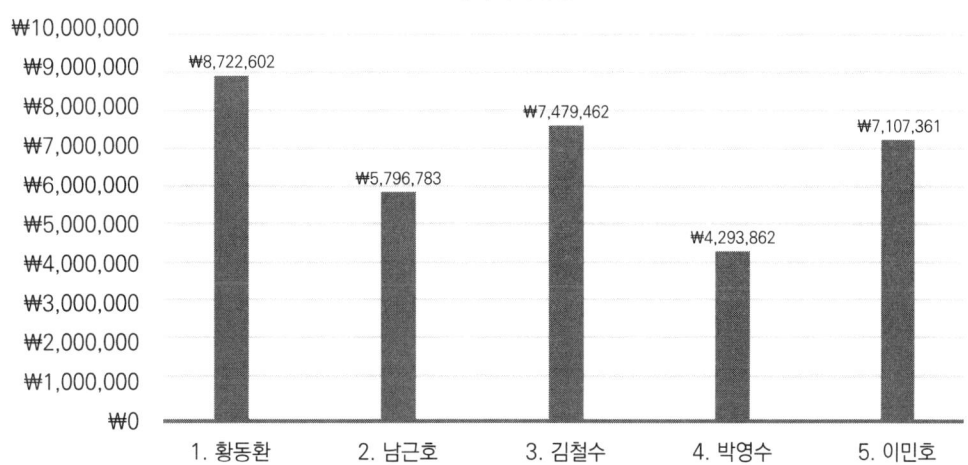

팀별 1인당 부가가치 생산 차트

10-2) 가중치 포함 부가가치 생산성

팀	부가가치 생산성
1. 황동환	134.19
2. 남근호	89.18
3. 김철수	115.07
4. 박영수	66.06
5. 이민호	109.34
현장 평균	102.89

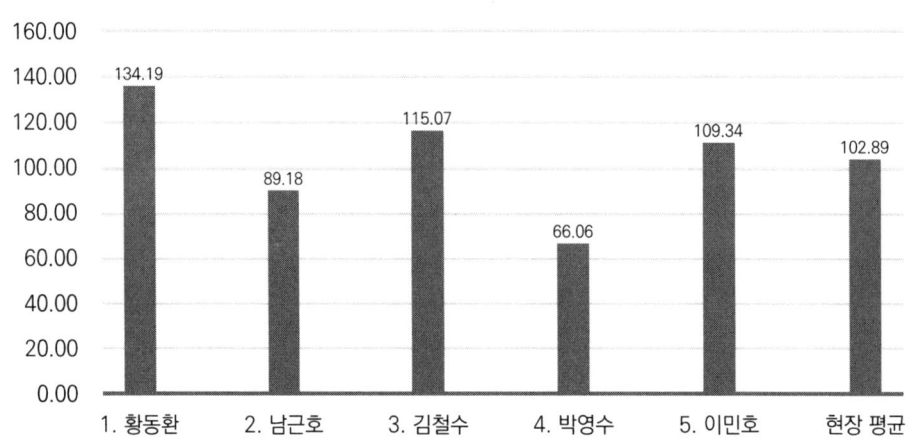

차트8

8-1 차트와 8-2 차트를 통해 팀별 월평균 손익과 1인당 월평균 손익을 확인할 수 있습니다. 이는 생산성 100을 기준으로 부가가치를 산출한 것입니다.

생산성이 70%인 경우에 실제 현장의 손익이 0으로 나온다면, 생산성이 100%인 경우에는 30%의 투입에 대한 이익이 발생할 것입니다. 이는 현장에서의 작업수행 능력이 부족하여 생산성이 낮으나 계약조건이나 설계, 도급 등 현장 작업 이외의 능력으로 손실을 보전한 것이라고 해석되는 부분입니다.

여기서 남근호팀은 생산량은 많지만, 박영수팀과 함께 현장 평균 손익에서 마이너스를 기록하고 있습니다. 특히 박영수팀은 현장 평균으로 월 1억 가까운 손실을 보여 주고 있습니다. 이를 통해 팀 간 실력에 따른 생산성과 생산량의 차이가 크다는 것을 확인할 수 있습니다.

여기서 남근호 팀장과 이민호 팀장의 위치를 바꾸어 주면 남근호팀의 손실이 줄어들고 이민호팀의 이익이 늘어나게 됩니다. 회사 현장 이익은 월평균 42,938,579원에서 65,432,632원으로 22,494,053원 늘어납니다.

또한, 박영수 팀장과 이민호 팀장의 위치를 바꾸어 주면 회사 현장 이익이 월평균 42,938,579원에서 75,131,497원으로 월평균 32,192,918원 늘어나게 됩니다.

현장에서 팀별 차이가 크게 나는데도 생산성의 크기를 측정하지 못하여 정확한 현상파악을 하지 못하는 경우가 대부분의 현장입니다.

차트9

9-1 차트는 측정요소 항목별 크기를 막대 차트와 원형 차트로 보여 주고 있습니다.

작업능률의 비중을 조정할 수 있으나 공사종류별로 현장 운영 방식이 큰 차이가 없는 관계로 조정하지 않아도 됩니다.

차트10

10-1 차트와 10-2 차트는 국가별 노동비용 또는 외부 환경의 급격한 변화로 가중치를 조절하여 부가가치의 변화를 비교할 수 있는 차트입니다. 기준에 대한 가중을 주어 부가가치 생산성을 현장별로 비교하기 위한 것입니다. 뒤에 설명에서 자세히 다루겠지만, 이는 국가별 투입비용(노동비용)을 고려하여 부가가치 노동생산성을 나타내며, 국가 간 생산성을 비교하기 위한 차트입니다.

우리의 목적은 부가가치 생산성을 높이기 위한 현장 운영이며, 이는 시간당 노동생산성과 부가가치 노동생산의 비교를 통해 현상파악을 하기 위한 것입니다.

현장에서의 부가가치 노동생산성이 품질이고 회사의 신뢰성입니다.

7. 생산성 측정요소 측정지표로 알 수 있는 내용

이러한 데이터는

1. UAE 바라카 원자력건설 전선관 공사작업 현장에서 각 팀의 작업 방식을 12가지 생산성 측정요소 항목별로 분석하고
2. 생산량(물량)을 투입(노동)으로 나눈 생산성이 8달 동안 팀별로 큰 변동이 없고
3. 12가지 생산성 요소 측정방식에 의한 결괏값을 10년 동안 여러 현장에서 실험해 본 결과, 모든 현장에서 결괏값이 유사하게 나오므로 적절한 데이터가 되는 것입니다.

차트에서 각 팀의 생산성 측정지수를 살펴보면, 모든 생산성 측정요소들이 비슷한 크기와 방향을 나타냅니다. 이러한 양상은 팀 내에서 다양한 생산성 요소들이 상호 연관성을 가지며, 한 요소가 다른 요소들에 영향을 미치는 경향이 있다는 것을 의미합니다.

- 작업능률이 높을수록 생산성 측정점수가 높습니다.
- 부하 작업(재작업, 불량작업)은 등급이나 점수가 낮을수록 생산성 측정점수가 높습니다.
- 작업 효율이 높고 가동률이 높을수록 생산성 점수가 향상됩니다.
- 작업 효율과 가동률은 상호 비례하지 않습니다.
- 생산량이 감소하면 가동률을 높이려고 합니다.
- 가동률을 높이려는 것보다 작업 효율을 높이는 것이 생산성에 효과적입니다.
- 생산량이 감소하면 연장작업을 하려고 합니다.
- 연장작업을 하면 시간당 노동생산성은 변하지 않지만, 부가가치 생산성은 줄어듭니다. 즉, 투입 비용이 달라지기 때문입니다. 연장작업을 하는 것보다 작업자를 투입해야 합니다.
- 이직률이 바뀌면 생산량은 변하지 않지만, 팀 손익은 바뀝니다.
- 연장작업이 늘어나면 생산량은 늘어나지만, 생산성은 떨어집니다.
- 생산기여도보다 팀 손익에서 이익을 크게 발생하여야 합니다.
- 실력이 안 되는 팀장에게 팀원을 많이 주면 수익이 줄어듭니다.
- 팀별로 실력에 따른 생산성이나 수익의 차이가 200% 이상 발생합니다.

- 작업 효율이 떨어지고 가동률이 높은 경우와 작업 효율이 높고 가동률이 낮은 경우를 비교해 보면 작업 효율을 올리는 것이 생산성을 높이는 데 유리합니다.
- 공종별로 현장 운영 방식이 큰 차이가 없는 관계로 작업능률의 비중은 조정하지 않아도 됩니다.

8. 생산성 측정요소 도표 결과(증명)

잘못된 작업은 작업자의 실력과 관련이 있으므로 작업관리가 중요하지만, 작업자 채용이 가장 중요하며 리더의 첫 번째 과제입니다.

현장에서 리더의 두 번째 과제는 문제가 되는 작업자를 신속하게 퇴출하는 것입니다.

증명 1. 모든 측정요소는 상호 연관성을 가집니다. 하나의 요소가 다른 요소들에 영향을 미치거나 영향을 받습니다. 상대 작업자를 배려하는 행동 한 가지 요소가 생산성 대부분 요소에 영향을 미치는 것입니다. 예절교육을 강조하는 이유입니다. 이는 상·하의 구태의연한 예절을 이야기하는 것이 아닙니다. 나와 관계없는 작업 영역에 간섭하지 않는 것도 예절이고 배려입니다. 특히 정리 정돈 청결 조도 확보는 안전과 생산성을 확보하는 데 가장 중요한 요소입니다.

증명 2. 불량한 작업과 재작업 측정요소 지수가 마이너스인데도 가동률이 플러스로 나옵니다. 즉, 가동률은 다른 생산성 측정요소들과 크기와 방향이 일정하지 않습니다. 필요 이상으로 가동률을 높이려고 하지 말라는 것입니다. 근태에 있어서 일관성 있는 운영을 하는 것이 중요합니다.

증명 3. 연장작업은 생산성을 떨어뜨립니다. 연장작업을 하는 것보다 노동력을 투입하여 생산량을 조절해야 합니다.

증명 4. 팀 생산량이 많다고 해서 팀 생산성이 높은 것은 아닙니다. (남근호팀은 생산성이 이민호팀보다 낮지만, 생산량은 많게 나타납니다.)

증명 5. 팀 생산량이 많다고 해서 팀 이익이 높은 것은 아닙니다.

증명 6. 생산기여도가 높다고 해서 팀 이익이 높은 것은 아닙니다.

증명 7. 생산량이 많을수록 손실이 늘어나는 경우가 발생합니다. 생산성이 100% 이하이고 생산량이 많으면 회사는 손실이 늘어납니다. 즉, 생산성이 낮은 팀이 생산량을 많이 할수록 회사의 손실이 커집니다.

증명 8. 연장작업은 1인당 생산기여도가 높은 팀이 우선되어야 합니다.

증명 9. 작업장 내 작업 팀장을 트레이드만 하여도 손익 구조가 바뀝니다.

증명 10. 측정요소에서 마이너스가 큰 생산요소에 대하여 우선순위로 변화를 주는 것이 효과적입니다. 이는 한계생산 체감의 법칙 또는 한계효용 체감의 법칙으로 설명할 수 있습니다.

증명 11. 생산성이 떨어지는 경우 가동률을 높이는 것은 생산성을 더욱 떨어트립니다.

증명 12. '일을 잘한다' 함은 생산성이 높고 품질이 우수하며 수익성이 높고 이익을 발생시키는 것입니다. 즉 부가가치 생산성이 높은 것입니다.

9. 생산성 측정요소별 고득점 방안 및 실행 요령

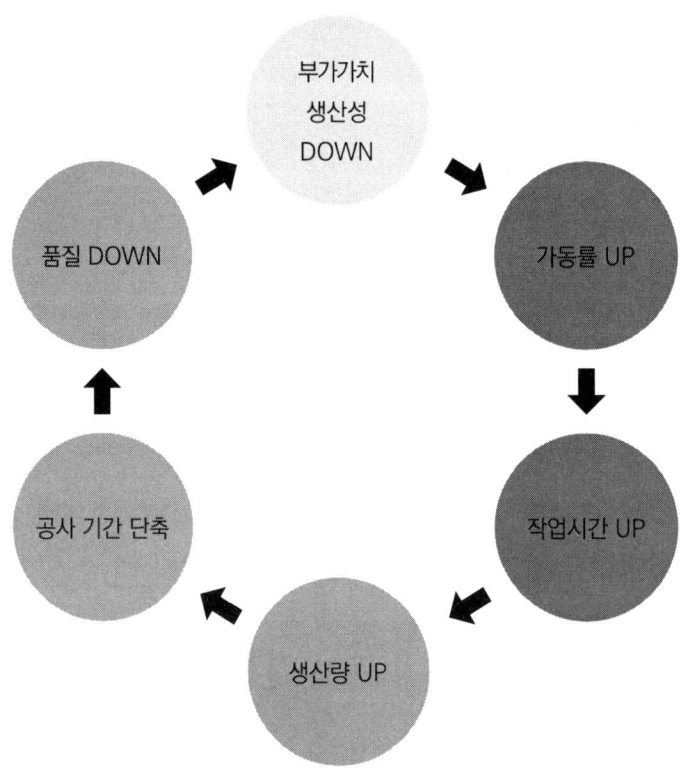

- 마스터플랜을 무시한 경우 악순환
- 생산성이 떨어졌을 때 악순환
- 무리한 공사 기간 단축 시 악순환
- 생산량이 감소하면, 이를 극복하기 위해 가동률 UP
- 연장작업 및 야간작업을 통하여 작업시간을 증가
- 이로 인해 마스터플랜이 무시되며 작업시간이 증가
- 협업이 감소하고 안전과 관련된 위험성이 증가
- 생산량은 증가, 공사 기간 단축
- 품질 하락

- 부가가치 생산성 감소
- 단위노동비용 상승

후진국형 공사현장은 품질보다 노동 및 자본투입에 의한 생산량에 집중하여 이익을 최대화하려는 현장을 의미합니다. 이로 인해 안전에 대한 위험도가 높아지고 부가가치 생산성이 떨어지며 보수비용이 크게 발생합니다.

1) 도면의 해석 능력 및 도면관리

전기, 기계, 건축도면을 해석하려면 해당 분야의 기본 개념과 이해가 필요합니다. 도면해석 능력을 향상하기 위해서는 현장에서 경험을 쌓고 도면과 실제 작업현장을 비교하여 문제를 해결하는 데 필요한 능력을 키우는 것이 중요합니다.

작업을 시작하기 전에는 도면을 현장과 비교하고 설치 경로와 설비 위치를 확인해야 합니다. 또한, 기계와 건축도면 간의 작업 간섭사항을 식별해야 합니다. 이를 위해 예상되는 간섭 요소를 고려하고, 전 방향과 후 방향, 그리고 좌우 방향으로 확인해야 합니다.

불편한 작업 부분을 확인하고 이를 도면에 표시하는 습관을 지니는 것이 중요합니다.

작업 효율성을 높이기 위해 도면에 작업에 필요한 조치나 간섭사항을 명시하는 것이 도움이 될 수 있습니다.

이러한 능력과 습관을 갖추면 도면해석과 현장 작업에서 효율적으로 작업할 수 있습니다.

스위치

도면을 제대로 읽지 못하거나 도면관리가 되지 않을 때는 즉시 인사조치를 취해야 합니다.

전기의 기본 개념과 도면의 개념 전기 회로에 대한 이해는 회사에서 도울 수 있는 것이 아닙니다.

2) 안전교육, 팔로워십 교육, 직무교육, 역할교육

모든 교육은 현장 투입 이전에 진행되어야 합니다. 현장 투입 전, 교육 없이 현장에서의 지적은 잔소리로 끝나기 쉽습니다. 현장에서의 잔소리는 비난, 갈등, 이직으로 이어지는 특징이 있습니다.

작업자들에게 명확하고 이해하기 쉬운 안전 지침과 규정을 제공합니다.

교육이 효율적으로 전달되도록 주변환경과 분위기를 만들어야 합니다.

교육과 평가는 일관성 있게 지속적으로 진행되어야 합니다.

안전 및 팔로워십을 잘 이행하는 모범 사례를 공유하고 홍보합니다.

성과가 우수한 작업자 또는 그들의 성공 사례를 공유합니다.

안전교육

- 안전은 작업수행에서 가장 중요한 요소입니다.
- 교육을 통해 **서두르지 않고 순서에 의해 신중하게 작업**에 임하도록 합니다.
- 상호 간에 지속적인 안전 감시와 보호를 지향합니다.
- 안전을 확보한 후에 안정된 자세로 작업을 수행하도록 합니다.
- 안전한 환경을 유지하기 위해 작업 주변을 정리합니다.
- 안전평가와 안전점검은 일관성 있게 지속적으로 진행되어야 합니다.
- 한 번의 사고로 받는 손실을 체감하도록 하여 안전에 대한 경각심을 유지합니다.

팔로워십 교육

- 작업자들에게 정해진 규칙과 지시에 따라 작업을 수행하도록 합니다.
- 목표와 기대를 명확하게 전달하고 작업 진행 상황을 주기적으로 보고받도록 합니다.
- 권한과 책임을 부여하여 각각의 위치에서의 역할을 이행할 수 있도록 지원합니다.
- 일정한 목표에 도달하면 격려하고 보상하여 동기를 유지합니다.
- 팔로워십을 지키지 않는 행동은 구성원과의 관계에 악영향을 끼치므로 조속한 조치가 필요합니다.

역할교육

- 작업수행 방법과 절차에 대해 구체적으로 설명하고 학습시킵니다.
- 각 역할과 책임을 명확히 전달하여 혼란을 방지합니다.
- 역할 간의 상호 의존성과 협력의 중요성을 강조합니다.
- 권한과 책임을 부여하여 역할을 이행할 수 있도록 지원합니다.

스위치

1. 교육은 현장 투입 초기에 진행되어야 합니다. (교육과 잔소리의 차이)

2. 모든 교육은 정기적으로 주기적으로 일관성 있게 이루어져야 합니다.
3. 팔로워십이 부족한 경우 조직에 악영향을 미칠 수 있으므로 즉시 조치를 해야 합니다.
4. 자신의 역할을 정확히 이해하고 역할에서 벗어난 행동을 하지 않도록 교육합니다.
5. 안전은 서로를 보호하는 문화를 만드는 것을 목표로 설정하여야 합니다.
6. 현장 현황 보드를 사용하여 작업 현황을 시각적으로 표현합니다.

3) 정리, 정돈, 청결, 조도의 목표를 이해

작업현장에서의 정리, 정돈, 청결, 조도는 작업능률을 향상시키고 특히 안전과 밀접한 관련이 있습니다. 작업현장의 규모에 맞는 담당자를 지정하여 관리해야 합니다. 또한, 정리, 정돈, 청결, 조도에 관한 규칙과 절차를 명확히 설명하고 계획을 수립하여 작업 일정을 준수해야 합니다. 작업장의 Work Shop은 사무실과 같이 청결을 유지해야 합니다.

- **정리**: 불필요한 물건이나 장애물은 제거하고 작업 영역을 깔끔하게 유지합니다.
- **정돈**: 작업현장의 구성과 배치에 신경을 써서 작업 흐름을 개선합니다. 필요한 물품과 자재 도구들이 쉽게 찾아 사용할 수 있도록 체계적으로 분류하고 보관하여 정돈합니다.
- **청결**: 작업이 끝난 후에는 즉시 작업 영역을 정리하고 쓰레기나 잔여물을 적절히 처리합니다.
- **조도**: 작업 공간의 조명을 적절히 조절하여 작업자가 안전하고 정확하게 작업할 수 있도록 합니다.

스위치

1. 청소도구함을 설치하도록 제도화하고 주기적인 점검을 합니다.
2. 일관성 있게 언제, 어디에, 누가, 무엇을 어떻게 진행할지 명확하게 정해야 합니다.
3. 작업을 서두르는 경우 발생하는 손실을 교육시켜야 합니다.

4) 작업업무분담

1. 현장 보드를 사용하여 공사현장의 배열과 구성 요소를 표시하고, 작업 공간을 구분합니다.

2. 작업자는 현황 보드를 확인하여 각자의 역할과 책임을 명확히 알고 작업을 수행합니다.
3. 작업의 순서와 흐름을 표시하기 위해 Process Map을 작성합니다. 이는 시작부터 끝까지의 각 단계와 작업자들 간의 상호작용을 보여 줍니다.
4. RASIC(Responsible, Accountable, Support, Informed, Consulted) 차트를 작성하여 작업 단계별 역할과 책임을 명확하게 설명합니다.
5. 작업의 중요도와 시급성을 고려하여 작업 일정을 조율하고 우선순위를 명확하게 전달합니다.
6. 업무분담과 작업 진행 상황에 대한 정보를 공유합니다.
7. 주기적으로 Team building 활동을 진행하여 팀의 유대감을 강화합니다.
8. 작업업무분담을 결정할 때, 팀원의 기능, 작업 단계의 우선순위, 역할과 책임을 고려하여 결정합니다.

스위치

1. 작업업무분담을 결정할 때, 팀원과의 관계, 팀원의 기능, 역량, 작업 단계의 우선순위, 역할과 책임을 고려하여 결정합니다.
2. 정확한 작업 지시로 각자의 역할과 책임을 명확히 이해하도록 합니다.

5) 구성원과의 관계(소통)

팀원들 간의 원활한 소통이 부족하면 업무에 대한 정보 공유가 어려워지고 오해와 혼동이 발생할 수 있습니다. 이로 인해 작업 지연, 실수, 불량한 작업, 재작업 등의 문제가 발생할 수 있으며, 이후 팀원들 간의 갈등과 마찰이 계속되고 배타적인 현장 분위기가 형성될 수 있습니다. 이러한 문제들을 해결하기 위해서 다음과 같은 조치들을 고려합니다.

1. 구성원 간의 전달체계를 명확하게 합니다.
2. Bypassing이 생기면 조직구조나 의사결정 방식을 개선하는 조치를 하여야 합니다.
3. 상호 간에 작업 관련 정보를 공유합니다.
4. 각 팀원의 역할과 책임을 명확히 정의하고 전달하여 인지되도록 합니다. 담당자를 지정하고 역할을 분담하여 업무 부담의 불균형, 역할 갈등, 혼동과 중복을 방지합니다.
5. 팀원들은 서로에게 피드백을 주고받는 문화를 만들어야 합니다.

6. 팀원들의 노력과 성과를 인정하고 감사의 마음을 표현하는 것도 중요합니다. 작은 성과에 대한 칭찬과 격려는 팀원들의 동기부여와 긍정적인 분위기 조성에 큰 영향을 미칩니다.
7. Team building 활동을 주기적으로 합니다.
8. 기본적인 예절교육이 필요합니다. 예절교육은 최소한 불통을 만들지 않기 위해 필요한 교육입니다.
9. 팀 구성원 간에 목표와 기대치를 명확히 하는 것이 필요합니다.
10. 지시사항은 상대의 눈을 보고 상호 메모하는 것을 확인합니다.

스위치

1. 'Bypassing'이 발생하면 조직구조나 의사결정 방식을 개선하는 조치를 해야 합니다.
2. 각 팀원의 역할과 책임을 명확히 정의하고 이를 모든 구성원이 인지할 수 있도록 합니다.
3. 인사는 소통의 시작입니다.

6) 품질관리(부가가치)

1. 작업은 서두르지 않고 순서대로 진행하여야 합니다.
2. 준비되지 않은 작업, 지시받지 않은 작업은 하지 않습니다.
3. 작업에 적합한 자재와 공구를 사용해야 합니다.
4. 품질에 있어서 표준과 규정을 지켜야 합니다.
5. 작업 장소는 항상 정리 정돈되고 청결해야 합니다.
6. 매일 작업상황을 확인하고 기록하는 현장 순회리스트를 작성합니다.
7. 작업 전 작업스케치를 작성하여 안정적인 작업을 하도록 합니다.
8. 작업과정에서 중간 점검과 최종 검사를 수행하여 문제를 조기에 발견하고 수정합니다. 재작업이 나오지 않도록 합니다.
9. 발생하는 문제에 신속하게 대응하고 원인 분석을 통해 반복되는 문제를 방지합니다.
10. 품질에 하자가 없으면 칭찬하여 품질을 유지하고 향상하도록 동기를 부여합니다.
11. 조직에 품질관리문화가 정착하도록 합니다.

스위치

1. 작업 상황을 기록하는 현장 순회리스트를 작성합니다.

2. 작업장소를 정리 정돈하고 청결하게 유지합니다.

3. 작업은 서두르지 않고 순서대로 진행하여야 합니다.

7) 자재의 준비성(품질, 물량)

1. 작업 일보와 현장작업 일정을 확인하여 자재를 미리 점검하고 준비해야 합니다.
2. 공급이 어려운 자재는 별도로 기록하여 관리해야 합니다.
3. 자재의 종류, 수량, 재고 현황 등을 효과적으로 관리하기 위해 정형화된 자재관리 프로그램을 사용합니다.
4. 작업 단계별로 필요한 자재의 종류, 규격, 수량을 고려하여 계획을 세웁니다.
5. 자재의 납품일을 고려하여 적절한 시기에 발주를 진행합니다.
6. 자재의 재고량을 적정하게 유지하면서 필요한 시점에 재고를 보충합니다.
7. 자재의 품질을 확보하기 위해 정해진 기준에 따라 검수를 진행합니다. 품질 검사를 통해 불량 자재를 사전에 발견하고 교체하여 작업 품질을 유지합니다.
8. 현장에서는 작업에 필요한 자재를 정돈할 테이블을 만들어 자재가 섞이지 않도록 해야 합니다.
9. 현장상태 자재상황을 기록하기 위해 현장순회 리스트를 작성합니다.
10. 주간 단위로 일관성 있게 자재 관련 미팅을 합니다.
11. 자재관리자는 정해진 일에 집중하도록 잡무를 맡지 않아야 합니다.
12. 자재는 공정별로 분류하고 마킹과 라벨링을 합니다.

스위치

1. 작업 일보와 on-site work schedule(현장작업 일정)을 확인하여 자재를 미리 점검하고 준비해야 합니다.
2. 자재의 종류, 수량, 재고 현황 등을 효과적으로 관리하기 위해 체계적인 자재관리 프로그램을 사용합니다.
3. 현장(SHOP)에서는 작업에 필요한 자재 테이블을 만들고 공정별로 분류하고 마킹과 라벨링을 합니다.

8) 작업단위별 작업스케치

1. 작업스케치에는 전기 시스템의 구성 요소에 대한 간단한 정보가 포함되어야 합니다. 이는 설비 설치 위치, 배선 경로, 전원 및 제어 장치의 위치 등을 포함합니다.
2. 작업스케치에는 재작업이나 간섭사항, 작업의 불편사항 등을 기재합니다.
3. 배선이 필요한 작업에서는 연결 방법이나 배선 구성을 스케치에 표시합니다.
4. 작업조건이 특이하거나 예상하지 못한 위험이 있는 경우에는 작업스케치에 기재합니다.
5. 작업에 필요한 장비, 도구, 자재 등의 리소스 정보를 작업스케치에 기재합니다. 리소스가 충분하지 않으면 작업이 지연되거나 비용이 증가하거나 품질이 저하될 수 있으므로 주의해야 합니다.
6. 작업스케치에는 필요에 따라 작업의 순서 및 작업을 완료하는 데 걸리는 예상 시간을 표시합니다.
7. 작업장 SHOP에는 시각적으로 현황을 표현한 현황 보드가 설치돼야 합니다.
8. 작업장 SHOP에는 작업자들 간의 정보 교환과 의사소통을 위한 공간이 마련되어야 합니다.
9. 도면은 정리 정돈이 잘되어 있어 쉽게 접근할 수 있도록 하여야 합니다.

스위치

1. 작업스케치에는 간섭사항, 작업의 불편사항 등을 기재합니다.
2. 작업스케치에는 작업의 순서 및 작업 완료 시점을 표시합니다.
3. 작업에 필요한 장비, 도구, 자재 등의 리소스 정보를 작업스케치에 기재합니다.

9) 작업 일보 작성

1. 작업 일보에는 나사의 제품규격뿐만 아니라 수량까지 정확하게 기록합니다.
2. 작업 일보에 기재된 내용과 현장에서의 실제 작업이 일치하는지 확인하는 절차를 거칩니다.
3. 작업 일보에 대한 확인 작업을 마친 후, 해당 내용을 확인한 사람이 서명하여 작성자가 보관할 수 있도록 복사본을 작성합니다.
4. 작업자는 작업 일보에 자신의 서명을 남기는 것으로 작업의 확인과 동의를 나타냅니다.
5. 작업 중 발생한 문제점이나 개선 사항은 작업 일보에 상세히 기록합니다. 이를 통해 향후 작업에서 동일한 문제를 방지하고 작업 프로세스를 개선할 수 있습니다.
6. 작업 일보에는 다음 날의 자재를 상세하게 기재합니다. 작업 일보에 나사의 제품규격과 수량까지

기재하는 것은 작업 시 자재 준비의 정확성과 신뢰성을 높이기 위한 중요한 요소입니다. 또한, 작업 일보의 정확성과 작업자들의 역량향상에 이바지합니다.

스위치

1. 작업 일보에 기재된 내용과 현장에서의 실제 작업이 일치하는지 확인하는 절차를 거칩니다.
2. 작업 일보에는 명일의 자재를 상세하게 기재합니다.

10) 불량한 작업 및 손실 이해

1. 작업자(전공)의 작업역량이 부족한 경우, 즉시 조치를 해야 합니다. 비효율적인 작업 방식이 바뀌기를 바라는 것은 매몰비용의 오류입니다.
2. 도면이 정확하고 상세하고 명확해야 합니다.
3. 작업 전에 작업스케치를 만들고 작업자들 간에 정보를 공유해야 합니다.
4. 작업 절차와 프로세스를 표준화하여 작업 불일치를 방지합니다.
5. 작업자가 작업할 때 서두르지 않도록 관리해야 합니다.
6. 현장 작업장의 정리 정돈 청결이 유지되고 조도를 확보해야 합니다.
7. 자원을 정확하게 배분하고 작업자가 작업에만 신경을 쓸 수 있도록 지원해야 합니다.
8. 팀원들 간의 업무분담을 명확히 하고 각자의 역할에 집중하도록 하며 책임을 정의합니다.
9. 작업에 관련된 명확하고 상세한 지침과 절차를 제공하여 작업자가 정확하게 작업을 수행할 수 있도록 합니다.
10. 작업자들에게 필요한 기술, 지식 및 역량을 강화하기 위한 교육과 훈련을 제공합니다.
11. 작업에 필요한 자재과 적절하게 관리하고 장비와 공도구를 유지 보수하여 작업의 진행을 방해하지 않아야 합니다.
12. 작업 전에 발생할 문제점을 사전에 파악하고 예방하는 데 초점을 맞춥니다.
13. 작업 프로세스와 절차를 지속적으로 점검하고 개선하기 위한 피드백 메커니즘을 구축합니다. 작업 중 발생하는 문제점을 분석하고 개선점을 도출하여 불량한 작업을 최소화하도록 합니다.
14. 계획되지 않은 작업 지시는 하지 않습니다.

스위치

1. 작업자(전공)의 작업역량이 부족한 경우, 즉시 조치를 해야 합니다.
2. 도면이 정확하지 않은 경우가 많습니다. 작업 전에 작업스케치를 만들고 작업자들 간에 정보를 공유해야 합니다.
3. 작업현장의 정리 정돈 청결을 지속적으로 유지합니다.
4. 작업 시 서두르지 않고 순서에 의한 작업(작업 전 준비작업)이 이루어지도록 교육합니다.

11) 재작업 및 손실 이해

1. 작업자(전공)가 작업역량이 부족한 경우, 즉시 조치를 해야 합니다.
2. 도면이 정확하고 상세하고 명확해야 합니다.
3. 건축도면 및 기계도면을 확인하고 작업 전에 작업스케치를 만듭니다.
4. 작업스케치를 통해 작업 중 다른 요소나 시설물과의 충돌, 간섭, 누락, 문제점 등을 시각적으로 파악합니다.
5. Resource를 정확하게 배분하고 작업자가 작업에만 신경을 쓸 수 있도록 지원해야 합니다.
6. 작업 중에 품질을 모니터링하고 작업의 정확성과 품질을 유지합니다.
7. 팀원들 간의 업무분담을 명확히 하고 각자의 역할에 집중하도록 하며 책임을 정의합니다.
8. 작업과정에서 다른 팀 또는 작업자들과의 협업과 원활한 의사소통을 강화합니다. 이를 통해 간섭사항이나 변경 요청을 사전에 파악하고 대처할 수 있습니다.
9. 팀 전체에 품질 중심의 문화를 조성하여 모든 구성원이 작업 품질을 중요하게 여기고 불량작업을 허용하지 않는 환경을 형성합니다.
10. 설계변경, 도면불량, 고객의 요청에 의한 변경은 고객이 비용을 부담하여야 합니다.

스위치

1. 작업자(전공)가 작업역량이 부족한 경우, 슥시 조치를 해야 합니나.
2. 작업스케치를 통해 작업 중 다른 요소나 시설물과의 충돌, 간섭, 누락, 문제점 등을 시각적으로 파악합니다.
3. 현장순회를 통하여 품질과 작업의 순서를 모니터링합니다.

12) 가동률

가동률을 높이는 시도는 생산성 향상을 위한 일반적인 접근 방법입니다.

1. 작업 전에 구체적인 작업순서와 우선순위를 명확히 하고 작업 일정에 따라 조직적으로 계획합니다.
2. 휴식 시간과 작업 종료시각을 잘 관리하는 것은 가동률을 높이는 데 도움이 됩니다.
3. 작업을 단계별로 구분하고 체계적으로 진행합니다.
4. 필요한 자재와 장비를 적시에 공급하여 작업의 지연이나 중단을 최소화해야 합니다.
5. 효율적인 협업과 의사소통을 통해 작업자들은 서로 지원하고 불량한 작업을 최소화합니다.
6. 작업환경을 청결하게 유지하고 작업에 방해되는 요소들을 최소화하여 작업자들이 원활하게 작업할 수 있는 환경을 조성합니다.
7. 일관성 있는 시간 관리가 이루어지도록 작업 시작시각 작업 종료시각과 휴식 시간 점심시간을 준수합니다.
8. 예상되는 작업시간과 작업자 수를 고려하여 작업 일정을 세우고, 필요한 자원과 장비를 적절하게 배치합니다.
9. 작업에 필요한 도구, 자재와 장비를 쉽게 찾을 수 있도록 공간을 구성하고, 작업 영역의 청결과 안전을 유지합니다.
10. 작업 중에 발생하는 문제를 신속하게 해결하고, 비효율적인 절차나 작업 방식을 개선하는 것도 가동률을 높이는 데 중요합니다.
11. 팀원들과 지시 및 지침을 명확하게 공유하고, 문제 또는 잠재적인 난관에 대한 정보를 신속하게 전달하여 협력과 의사결정 속도를 향상합니다.

스위치

1. 작업 전에 구체적인 작업순서와 우선순위를 명확히 하고 작업계획에 따라 조직적으로 작업합니다.
2. 작업을 단계별로 구분하고 체계적으로 진행합니다.
3. 작업에 필요한 도구, 자재와 장비를 **쉽게 찾을 수 있도록 공간을 구성**하고, 작업 영역의 청결과 안전을 유지합니다.

13) 이직률

일의 강도와 작업환경은 개인의 업무 처리 능력에 영향을 미치지만, 팀원들과의 관계는 작업 만족도와 현장 만족도에 큰 영향을 미칠 수 있습니다.

갈등 상황이나 문제 발생 시 적절한 의사소통 경로를 통해 해결하여야 합니다.

각자의 작업현장은 상황과 조건이 다르므로, 실제 이직률이 증가하는 원인을 파악하고 개선하기 위해서는 해당 작업현장의 조사와 분석이 필요합니다.

1. **사회적 편견**: 팀 빌딩과 예절교육을 통해 사회적 편견을 극복합니다.
2. 작업목표를 설정하고 공유합니다.
3. **구성원과의 갈등**: 역할 분담과 예절교육을 통해 구성원들 간의 갈등을 예방합니다.
4. **스트레스와 작업 갈등**: 작업장 정리 정돈 청결 및 편의성 개선, 그리고 정확한 작업 지시를 통해 스트레스와 작업 갈등을 해결합니다.
5. **불만족한 작업조건**: 역할과 업무분담의 공정성과 투명성을 확립하고, 팀원들이 자신의 의견을 제시하고 참여할 수 있는 환경을 조성합니다.
6. **보상 및 혜택 부족**: 성과에 대한 인센티브를 예산을 계획할 때 철저하게 계산하여 수립합니다.
7. **불안정한 일자리**: 프로젝트의 계획과 예산을 철저히 수립하고, 리스크 관리와 예측을 통해 불확실성을 최소화합니다.
8. **노동 조건 및 안전 문제**: 안전장비의 사용법과 안전교육 강화, 작업장 청결 및 정리 정돈으로 서로가 지켜 주는 안전문화를 만듭니다.

스위치

1. 목표를 설정하고 공유합니다.
2. 팀 빌딩과 예절교육을 강화합니다.
3. 작업장의 청결도와 편의성을 개선합니다.
4. **역할과 직무분담에 대한 공정성, 투명성, 그리고 명확성**을 확보하며, Bypassing 문제를 근절합니다.

1. 현장에서의 문제점
2. 생산량(물량) 품질(부가가치)과 관련된 7가지 중요 요인
3. UAE 원전 현장, 울산 고리 원전 현장, 이천 하우징 현장의 생산성을 조사하고
   예상 손익을 살펴보자
4. 생산성 측정요소를 5%씩만 올려 보면 결과는?

Part 3

공사현장에서의 생산성 변화에 따른 수익 변화를 도표로 확인해 보자

1. 현장에서의 문제점

건설공사현장의 고령화, 외국인 노동자의 비중은 다루지 않도록 하겠습니다.

건설현장에서 이익을 창출하기 위해서는 품질과 물량이라는 두 가지 측면을 동시에 고려해야 합니다. 생산량을 증가시키고 품질을 향상하여 이익을 창출하는 것이 중요한 부분입니다. 그러나 이는 쉽게 해낼 수 없는 일입니다. 품질 문제로 인해 재작업이 빈번하게 발생하는 상황이 흔하며, 도면해석 오류나 설계변경 고객의 요청 등의 이유로도 재작업이 발생하는 경우가 많습니다.

공사부장은 소장으로부터 물량에 대한 스트레스를 받아 반장에게 작업 독려를 하지만, 이로 인해 특별한 변화나 결과를 얻기는 어렵습니다. 때로는 스트레스가 한계를 초과하여 작업자가 현장을 옮기는 경우도 발생할 수 있습니다. 그러나 새로운 후임자가 등장하더라도 현장에서 큰 개선이 이루어지는 경우는 드물며, 이로 인해 현장은 경제적인 손실을 겪게 됩니다.

또한, 현장은 현장 외적 변화, 공구나 기술의 발전으로 작업의 편의성과 효율성을 향상했지만, 현장 리더와 작업자는 여전히 변화의 속도가 느린 문제를 가지고 있습니다. 때로는 이윤을 극대화하지 못하면서도 착각하는 때도 있습니다. 예를 들어, 어떤 사업장에서는 10억의 이익을 얻을 수 있는 상황이었지만, 실제로는 5억의 이익을 얻었습니다. 회사는 이를 최대의 성과로 생각할 수가 있습니다. 반대로 10억의 손실이 발생할 수 있는 상황에서 최선을 다해 5억의 손실로 막았는데도 무능력하다고 평가받는 예도 있습니다. 이러한 문제는 현장에 접근하는 방식이 과학적이거나 논리적이지 않고, 현장의 생산성을 측정할 표준화된 생산성 측정 도구가 없으므로 발생하는 현상입니다.

같은 규모의 사업이라고 하더라도 현장의 여건에 따라 수익 구조가 크게 달라질 수 있습니다. 유능한 관리자는 일정 기간 현장을 관찰하고 결과를 계량적으로 예측할 수 있는 능력을 갖추어야 합니다. 마치 의사가 환자의 상태를 진단하고 결과를 예측하고 처방하는 것과 마찬가지로, 현장 상황을 예측하고 문제를 해결할 수 있어야 합니다.

현장에서 손해와 이익을 좌우하는 주요 요인은 투입된 자원과 비용에 대한 생산량과 품질 문제입니다. 관리자들은 이러한 문제를 해결하기 위해 여러 가지 방법으로 노력하고 애쓰지만, 이는 쉽게 이루어지지 않는다는 것을 알 수 있습니다.

2. 생산량(물량) 품질(부가가치)과 관련된 7가지 중요 요인

쿠웨이트 K-LNG 가스 플랜트 공사에 있었던 일입니다.

전선관, 케이블, 그리고 케이블 트레이의 시공 상태가 깔끔하지 않아 불안한 느낌이 들었습니다. 전선관의 수직과 수평이 정확하지 않고, 케이블 트레이도 라인이 살짝 휘어진 것입니다. 또한, 케이블 포설을 서두르다가 P-TOUCH 작업도 제대로 수행되지 않았고, 케이블 타이의 간격도 일정하지 않았습니다. 결선 작업 중 CN-CV 70 SQ 4C 케이블이 짧은 것을 알게 되고 급하게 간선을 바꾸는 일이 발생했습니다. 이 문제를 해결하기 위해 10명이 온종일 케이블을 제거하고 다시 포설해야 했습니다. 이로 인해 추가적인 비용으로 2,500,000원(10명 × 250,000원)이 발생했으며, 70 SQ 4C 케이블 80m를 구매하여 3,000,000원의 비용이 소요되었습니다. 실수로 인해 눈에 보이는 비용만 5,500,000원을 소모하게 되었으며, 이로 인해 피로감도 배가되었습니다. 전반적으로 품질이 엉망으로 된 상황입니다.

케이블 트레이를 자세히 살펴보니 서포트의 간격이 불규칙하고 굽은 구간마다 서포트 최대 거리가 일정하지 않았습니다. 또한, 홀다운 클램프는 너무 압착하여 휘어져 있었으며 천장 쪽 전산 볼트가 부적절하게 고정되었습니다.

앙커 작업도 비트 규격이 맞지 않아 엉망이었고 돌출된 나사산의 길이도 각각 차이가 있어 문제가 발생했습니다. 이에 나사산의 길이를 맞추기 위해 서포트 커팅작업을 수행하였습니다. 그 결과, 인스펙터로부터 리젝(불량으로 재작업) 판정을 받았으며, 홀다운 클램프 또한 재작업을 진행해야 했습니다. 그러나 문제는 전산 볼트 천장 부분을 너트로 고정하기 위해 전산 볼트의 트레이 하단을 풀고 작업해야 했는데, 6명의 작업자가 수정작업을 하였고 4,000,000원의 손실이 발생했습니다.

부분적으로 재작업을 마치고 넘어갔지만, 이후에는 인스펙터와의 관계가 불편해지고 작업에 대한 신뢰를 받지 못했습니다.

이러한 사건을 통해 인스펙터는 모든 공정단계에서는 **꼼꼼한 점검**을 하게 되며 이 과정에서 시공에 부하가 걸리게 되었습니다.

모든 시공에서 수직과 수평 라인이 깨끗하게 유지되고 지지대의 위치가 일정하다면 일일이 확인하지 않아도 쉽게 통과할 수 있을 것입니다. 실제로 검토 과정이 필요 없을 정도로 품질에 문제가 없을 확률이 높아집니다. 또한, 감독관과 감리와의 신뢰와 신용이 더욱 강화될 것입니다.

재작업은 설계 변경, 간섭사항, 시공사 요청 등 불가피한 경우도 있지만, 많은 경우에는 도면 불량, 품질 불량, 루트 선정, 도면해석의 문제로 인해 발생합니다. 재작업은 정상작업보다 2.5배 이상의 공수 및 자재 손실을 초래합니다. 결과적으로, 재작업을 하는 시간만큼 작업이 촉박해지고 완성도가 떨어지게 됩니다.

재작업은 작업자의 능력에 따른 편차가 큽니다. 그러나 작업자의 능력향상은 즉각적으로 이루어지지 않는다는 사실을 알아야 합니다. 또한, 모든 작업자를 A급 전공과 A급 조공으로 고용하는 것은 비용적인 제약이 있으며, 무엇보다 그들의 역량이 A급인지 B급인지를 알 수 있는 사람은 제한적입니다.

이러한 품질 불량이나 실수로 인한 손실의 크기는 지속적으로 문제를 체크하지 않으면 현장에서 파악하기 힘듭니다.

항상 열심히 일하는 팀이 있다면, 그들이 정직하고 성실한 사람들이라고 생각할 수 있습니다. 그러나 실제로는 그들이 수시로 중복 작업이나 재작업을 하며 회사에 손실을 입힐 수 있다는 사실을 알아야 합니다.

1) 소통

가. 문제점

공사작업 업무와 관련된 사항을 평상시 대화하듯 전달하는 관리자들을 종종 볼 수 있습니다. 하지만 이러한 방식은 전달 및 지시의 정확성을 저하하며, 중복적으로 에너지를 소비하는 빈도가 늘어나게 됩니다. 또한, 이러한 대화 방식은 일관성이 없다는 문제점을 내포하고 있습니다.

공사현장에서의 작업은 전문적인 기술과 경험을 바탕으로 신체와 도구를 활용하여 작업을 수행하기에 안전성과 효율성을 보장하기 위해 최선을 다해야 합니다.

따라서 관리자들은 전달해야 할 정보와 지시사항을 명확하고 일관성 있게 전달해야 합니다. 이를 위해 평상시 대화처럼 대충 넘어가는 방식이 아니라, 정확하고 명확한 커뮤니케이션을 통해 의사전달을 해야 합니다.

또한, 관리자는 정직성을 갖추고 일관성 있는 메시지를 전달해야 합니다. 일관성 없는 지시나 모호한 정보 전달은 현장작업자들에게 혼란을 초래하고 오류를 발생시킬 수 있습니다.

공사현장에서의 원활한 의사소통은 작업의 효율성과 생산성을 높일 수 있는 핵심 요소입니다. 관리자들은 전달 방식과 메시지의 일관성에 주의하며, 정확하고 명확한 지시 및 정보 전달을 위해 노력해야 합니다. (Part 5. 미국 공사현장 작업스케치 사진 참고)

그리고 공사현장에서는 현장작업자들과 사무실 직원들 사이의 소통도 중요합니다. 하지만 때로는 이 두 그룹 사이에 갈등이 생기고 소통이 원활하지 않을 수 있습니다. 예를 들어, 현장작업자들은 사무실 직원들이 현장 일정과 작업조건을 충분히 이해하지 못한다고 느낄 수 있습니다. 반면에 사무실 직원들은 현장작업자들의 요구와 제안을 이해하지 못하고 무시하는 경향이 있을 수 있습니다. 이로 인해 현장에서는 작업 지연과 불량한 작업이 발생하고, 소통의 어려움이 상황을 악화시킬 수 있습니다.

나. 에피소드

작업자 A: 이 반장님, 작업하다 보니 작업 포인트가 높아서 사다리를 써야 합니다. 찾아도 없습니다.

이 반장: 김 반장이 어제 사다리 사용했는데 물어봐요.

작업자 A: 네. (김 반장을 찾아 현장을 돌아다니며 계속 사다리를 찾습니다. 그러던 중 다른 작업자에게 물어봅니다.) 혹시 김 반장 어디에 있는 줄 아세요?

작업자 B: 오늘 교육 갔다고 했는데. 오늘 작업장에 없을 거야.

작업자 A는 다른 회사에서 사다리를 빌려 작업을 합니다.

안전 담당자: 오늘은 사다리 사용하지 말라고 전달하였는데 작업 중지하십시오.

작업자 A: (당황한 표정으로 이 반장에게 작업 중단된 상황을 이야기합니다.) 이 반장님, 사다리 사용이 금지되었다고 하네요.

이 반장: 아~ 오늘은 말비계를 사용하라고 했는데…. 못 들었구나.

작업 A팀은 반나절 작업을 못 하고 새로운 작업을 준비해야 했습니다.

또 다른 경우입니다.

작업자 A팀이 복도에서 콘센트 관련 전선관 작업을 하고 있습니다.

이 반장: 이곳에 콘센트 없는데요. 무슨 작업 중이신가요?

작업자 A: 네? 도면에는 이곳에 콘센트 작업을 하라고 나와 있습니다.

이 반장: 며칠 전에 복도에 패널이 설치될 예정이라고 이야기했는데요.

작업자 A: 패널 설치는 언급은 들었지만, 도면에 변경 사항이 반영되지 않았고요.

작업 A팀은 재작업을 해야 했습니다.

다. 해결방안

말투나 소통 스타일은 성격을 바꾸는 것처럼 어려울 수 있습니다. 이러한 소통 문제를 해결하기 위해 다음과 같은 방안을 고려할 수 있습니다.

1. 소통의 출발은 예절입니다. Bypassing과 과도한 간섭은 배타적인 현장문화를 만듭니다.
2. 지시하는 사람은 상대의 눈을 보고 지시를 합니다. 지시받는 사람은 메모하는 습관을 갖도록 합니다.
3. 관리자는 현장작업자들에게 명확하고 일관된 지시를 내려야 합니다. 또한, 직무교육을 통하여 역할 분담과 책임을 명확히 하여야 합니다. 중요한 정보나 업무에 대한 공유도 신속하고 명확하게 이루어져야 합니다.
4. 관리자와 현장작업자는 서로의 역할과 상황을 이해하고 상호 존중해야 합니다. 현장작업자는 사무실 직원들이 현장 상황을 충분히 이해하지 못할 수 있다는 점을 생각하며, 사무실 직원들은 현장작업자의 경험과 전문성을 존중해야 합니다.
5. 소통의 문제를 지속해서 개선하기 위해 관리자들과 현장작업자들은 피드백 문화를 활성화해야 합니다. 어려움이나 개선이 필요한 부분을 공유하고, 서로의 의견과 아이디어를 존중하며 개선 방안을 모색합니다.

라. 개선

효과적인 소통은 공사현장에서 다양한 이점을 가져올 수 있습니다.

1. 작업시간 단축이 이루어집니다. 정확하고 명확한 지시와 정보 전달을 통해 오해와 혼란을 방지할 수 있습니다. 현장작업자들은 작업을 보다 신속하게 진행할 수 있습니다. 예를 들어, 효과적인 소통을 통해 작업자들이 작업계획을 정확히 이해하고 작업에 필요한 준비를 한다면 작업 지연시간이 줄어들고 생산성이 향상될 수 있습니다.

2. 스트레스 감소와 비용 절감이 발생합니다. 명확한 지시와 정보 전달을 통해 현장작업자들은 작업을 정확히 수행할 수 있으며, 잘못된 작업이나 재작업을 방지할 수 있습니다. 정확한 지시를 통해 잘못된 자재나 부품의 사용을 방지하거나, 불량한 작업을 최소화할 수 있다면, 스트레스와 자재 낭비가 감소할 수 있습니다.
3. 품질이 향상됩니다. 명확한 지시와 정보 전달을 통해 현장작업자들은 작업 요구사항을 이해하고, 오류를 방지하며 품질 기준을 충족시킬 수 있습니다. 이는 불량한 작업 및 재작업의 감소를 가져오고, 시공 품질을 향상시킬 수 있습니다.

2) 설계 변경과 도면

초과 기성은 계약에 명시된 작업 범위를 초과하여 추가로 수행되는 작업을 의미합니다.

초과 기성은 원래 계약에 포함되어 있지 않았지만, 현장에서 필요한 작업으로 판단되어 추가로 발주되는 경우를 가리킵니다.

가. 문제점

도면변경 또는 설계 변경, 고객의 요청에 의한 변경은 공사현장에서 일반적으로 발생하는 문제입니다. 다음은 그러한 변경에 따라 발생하는 주요 문제점들입니다.

- **작업 불가능성**: 현장 시공 시 도면과 현장 여건이 맞지 않아 작업이 불가능한 경우, 도면변경 또는 설계 변경이 필요합니다. 이는 작업 지연을 초래하고 생산성을 떨어트립니다. 예를 들어, 설계에 기록되지 않은 장애물이 현장에서 발견되어 작업계획을 변경해야 하는 경우, 작업 일정이 늦어지고 작업자들은 추가 작업을 수행해야 합니다.
- **재작업과 물량 손실**: 설계 변경 또는 도면변경으로 인해 발생하는 재작업은 물량 손실로 이어질 수 있습니다. 변경된 도면 또는 설계에 따라 기존에 완료한 작업을 다시 수정하거나 제거해야 하므로, 추가 비용과 시간이 소요됩니다.
- **계약 금액 변경의 불명확성**: 초과 기성과 고객 요청에 의한 변경에 따른 계약 금액의 변경이 명확하게 구분되지 않는 경우 문제가 발생할 수 있습니다. 초과 기성과 설계 변경에 의한 계약 금액 변경은 일반적으로 구분되지 않고 처리되는 경우가 많습니다. 예를 들어, 설계 변경으로 인

해 추가 작업이 필요한 경우, 변경된 작업에 대한 비용이 어떻게 계산되고 지급되어야 하는지에 대한 혼동이 생길 수 있습니다. 이로 인해 계약 당사자 간의 분쟁이 발생하고 계약 이행에 어려움을 초래할 수 있습니다.
- **품질 문제**: 변경 사항은 기존작업과의 일관성을 해치거나 작업 품질에 영향을 줄 수 있습니다. 작업자들은 변경된 도면이나 설계에 따라 작업을 수행해야 하므로, 이에 대한 이해와 품질관리가 필요합니다.

이러한 문제점들은 공사현장에서 도면변경 또는 설계 변경이 필요한 경우 주의해야 할 점을 강조합니다. 정확하고 명확한 도면 작성과 현장 조건 확인, 계약조건의 명확한 기재 등이 필요합니다.

나. 에피소드

상무: 재작업된 내용을 시공사에 요청했는데, 예상보다 훨씬 적게 나왔어요. 반 이상을 깎아 버렸네요.

소장: 이전 현장에서도 비슷한 문제가 반복되어 시공사에 도면변경을 요청하고 정리를 해 뒀습니다.

상무: 그럼 변경된 내용을 날짜별로 정리한 자료는 있나요?

소장: 네, 기본적으로 작업 내용과 변경 사항을 정리하여 보관하고 있습니다.

상무는 시공사를 다녀온 후

상무: 도면 변경된 내용을 제출했는데, 재작업된 자료가 없다고 하네요.

소장: 혹시나 해서 작업 전후의 사진을 찍어서 정리해 두었습니다. 도면변경과 재작업이 500건이 넘습니다. 이것을 제출하면 시공사에 추가 비용(초과 기성)을 깎아 달라고 상무님께 부탁할 것입니다. 적당히 조정하시면 됩니다.

다. 해결방안

1. **작업 전후 사진 및 문서 기록**: 작업 전과 후에 해당 작업의 상태를 사진으로 찍어서 목록을 만들어야 합니다. 작업내용, 변경 사항, 추가 비용 등을 명확하게 기록하여 시공사와의 협의 및 계약금 변경에 대한 근거로 활용할 수 있습니다.
2. **작업 변경 요청서 작성**: 작업 변경이 필요한 경우에는 작업 변경 요청서를 작성하여 변경 사유, 변경 내용, 예상 비용 등을 명시해야 합니다. 이를 통해 작업 변경에 대한 서면 적인 근거를 마련하

고, 계약금 변경에 대한 협의를 원활하게 진행할 수 있습니다.

3. **계약 조항의 명확화**: 계약서에 초과 기성 및 설계 변경에 의한 계약금 변경에 관한 조항을 명확히 기재해야 합니다. 예를 들어, 추가 작업이 필요한 경우에는 작업 변경 요청서를 작성하여 계약금 변경 및 협의 절차를 정확히 규정할 수 있도록 합니다.

4. **협의 및 협력 강화**: 시공사와의 원활한 의사소통과 협력이 필요합니다. 작업 변경이나 추가 공사에 대한 협의를 적극적으로 진행하고, 관련 문제를 함께 해결하기 위한 협력 관계를 구축해야 합니다. 이를 통해 계약금 변경이나 추가 비용에 대한 협의를 원만하게 이루어 낼 수 있습니다.

5. **변경된 도면 확인**: 변경된 도면을 확인하고 확보해야 합니다. 이는 다음에 작업 변경에 대한 근거로 활용할 수 있습니다. 디지털 형식으로 사본을 보관하는 것이 좋으며, 필요한 경우에는 인쇄하여 문서 형태로도 보관할 수 있습니다.

6. **도면변경 목록 작성**: 변경된 도면의 목록을 작성합니다. 각 도면에 대해 변경된 내용과 해당 작업에 어떤 영향을 주는지를 기록합니다. 목록에는 도면 번호, 변경 내용, 작업 내용 등을 명시해야 합니다. 필요한 경우 사진이나 스캔 된 도면 이미지를 함께 첨부하여 목록을 구체화할 수 있습니다. 작성한 변경 도면 목록을 중요한 문서로 간주하여 보관 및 관리해야 합니다. 변경된 도면의 목록을 만들면 현장작업자들과 시공사 간의 의사소통을 더욱 명확하게 하고, 작업 변경에 대한 비용 문제를 예방할 수 있습니다.

라. 개선

이러한 문제를 해결하면 공사현장에서 다음과 같은 이득이 발생할 수 있습니다.

1. **원활한 작업 진행**: 도면과 현장이 일치하는 정확한 설계와 도면을 보장함으로써 작업 진행이 원활해집니다. 작업에 필요한 자원과 재료를 정확하게 계획하고 활용할 수 있으며, 작업과정에서의 혼선과 중복 작업이 감소합니다.

2. **비용 절감**: 정확한 도면과 설계를 바탕으로 작업을 수행함으로써 재작업을 최소화할 수 있습니다. 재작업은 추가 비용을 초래하므로, 도면변경 및 설계 변경을 줄이는 것은 비용 절감에 도움이 됩니다.

3. **작업 품질 향상**: 정확한 도면과 설계를 기반으로 작업을 수행하면 작업의 품질이 향상됩니다. 현장과 일치하지 않는 도면이나 설계로 인한 작업 오류를 최소화하고, 설계 변경으로 인한 작업 불일치를 방지할 수 있습니다.

변경된 도면의 목록을 통해 초과 기성과 설계 변경에 의한 계약 금액 변경을 요구할 기회가 확대됩니다. 변경된 도면의 목록은 작업 변경에 대한 근거를 제시하는 도구로 활용될 수 있습니다. 이를 통해 시공사는 변경된 작업의 추가 비용을 청구할 수 있으며, 계약 금액을 조정하여 작업 변경으로 인한 손실을 최소화할 수 있습니다.

3) 구체적 작업 계획(스케치) 및 작업 표준화

가. 문제점

공사현장 작업의 내용이 명확하지 않아 효율성이 크게 떨어지고 불필요한 중복 작업, 재작업, 불량한 작업, 그리고 품질 저하가 발생합니다.

나. 에피소드

소장: 작업자들이 작업요령을 알지 못해서 그런지 한 번에 마칠 작업을 불필요하게 두 번씩 하고 있네요. 더군다나 분업도 제대로 이루어지지 않고 있네요.

이 반장: 맞아요, 계속 이야기를 해도 상황이 개선되지 않네요. 또한, 자재도 작업 전에 준비하면 되는 데 자꾸 잊어버리네요.

소장: 현재 작업 중인 구간은 소방배관과 간섭이 생길 수 있는 부분이라 확인해 보아야 합니다. 작업하기 전에 확인해 보셨나요?

이 반장: 아, 맞아요. 그런 것 같네요. 지금 확인해 보겠습니다.

다. 해결방안

작업스케치는 공사현장 작업의 순서와 진행 계획을 시각적으로 표현하는 도구로 활용될 수 있습니다. 구체적인 현장 작업스케치를 통해 다음과 같은 이점을 얻을 수 있습니다.

- **시각적인 이해**: 작업스케치를 통해 작업의 내용과 작업할 순서를 쉽게 파악할 수 있습니다. 작업자들은 시각적으로 작업의 흐름과 요구사항을 이해하고, 협업과 의사소통을 원활하게 할 수 있습니다.
- **작업순서 조정**: 작업스케치를 통해 작업순서에 대한 문제점이 발견되면 수정 및 조정이 가능합니

다. 불량한 작업이나 불필요한 재작업을 방지하고, 효율적인 작업 진행을 도모할 수 있습니다.
- **변경 사항 반영**: 작업스케치는 현장 여건이나 도면변경과 같은 요인으로 인해 작업계획이 수정되어야 할 때 변경 사항을 시각적으로 반영하는 데 도움을 줍니다. 작업자들은 변경된 작업 내용을 파악하고, 그에 따라 작업을 조정할 수 있습니다.

따라서, 구체적인 현장 작업스케치를 통해 작업의 순서와 계획을 시각적으로 표현하고 관리함으로써 작업 효율성을 향상시킬 수 있으며, 간섭사항, 불량한 작업, 재작업, 작업 지연, 품질 저하 등의 문제를 해결할 수 있습니다.

작업 진행현황판에 표시하는 것은 작업자들이 작업순서를 명확하게 인지하고 공유하는 데 도움이 됩니다. 작업 진행현황판은 현장에서 작업 진행 상황을 시각적으로 표시하는 도구로 활용될 수 있습니다. 작업자들은 작업 진행현황판을 확인함으로써 현재 진행 중인 작업과 다음에 진행할 작업을 예측할 수 있고, 작업순서를 파악할 수 있습니다.

현장 투입 전 작업순서의 표준화와 교육을 강화하는 것도 효과적인 방법입니다. 작업순서를 표준화함으로써 작업자들은 통일된 절차에 따라 작업을 수행하게 되어 혼란과 불량한 작업을 최소화할 수 있습니다. 작업자들이 작업순서를 명확하게 이해하고 작업을 진행할 수 있도록 교육을 강화하는 것은 효율성과 작업의 품질 향상에 기여할 수 있습니다.

현장에서 작업 중 작업 방법이나 순서를 이야기하는 것은 잔소리가 될 수 있습니다.

4) 안전

가. 문제점

매일같이 안전에 주의를 주지시키지만, 현장에서는 눈치를 보며 안전이 지켜지지 않는 경우가 발생합니다.

나. 에피소드

작업자 A: 그라인더를 한 번만 사용하면 되는데 보안경을 쓰라고 하네요.
작업자 B: 그래요, 안전 담당자는 어떤 작업이든 보안경을 사용하라고 하더라고요.
작업자 C: 맞아요. 여기서 담배를 피워도 아무런 문제가 없는데, 안전 담당자는 너무 많이 간섭해서 짜증이 나요.

다. **해결방안**

- **현장 SHOP 정리 정돈 청결**: 공사현장의 정리 정돈과 청결은 안전을 유지하는 데 매우 중요합니다. 공구와 자재를 정리 정돈하여 현장에서의 이동과 작업을 원활하게 하고, 청결을 유지하여 작업 중 발생할 수 있는 심리적 장애물이나 위험 요소를 최소화합니다.
- **역할 분담과 일정한 주기로 정리 정돈 청결**: 정리 정돈 청결은 모든 작업자의 책임이어야 하며, 가능하면 분담하여 진행하는 것이 효율적입니다. 또한, 일정 주기로 현장의 정리 정돈 청결을 사무실에서 직접 수행하여 정리 정돈 청결의 중요성을 각인시키고 현장의 상태를 파악하고 개선하는 데 도움이 됩니다.
- **순서에 의한 작업**: 작업순서를 숙지시키고, 작업 리더에게 작업을 서두르지 않도록 하는 것은 안전을 증진하는 데 중요합니다. 현장 투입 전 초기에 안전기초 교육을 진행하여 작업자들에게 안전한 작업 방법과 위험 요소에 대한 인식을 높여야 합니다.
- **공도구 사용 주의사항과 반복 숙지**: 공도구를 안전하게 취급하기 위해 주의사항을 매일 숙지하고 실행하는 것은 사고를 예방하는 데 중요합니다. 작업자들에게 공도구의 안전 사용법을 반복적으로 숙지시켜야 합니다.
- **현장조명 유지**: 현장조명을 밝게 유지하여 작업자들이 안전하게 작업할 수 있는 환경을 조성해야 합니다. 어두운 곳에서의 작업은 작업자들에게 위험을 초래할 수 있으므로, 충분한 조명을 확보해야 합니다.
- **안전장비와 보호구 사용**: 작업자들은 작업 시 안전장비와 보호구를 올바르게 착용하고 사용해야 합니다. 적절한 안전장비와 보호구의 사용은 작업자들의 안전을 보장하는 중요한 요소입니다.
- 서로가 안전 규정을 지적하는 문화를 만들어야 합니다. 선진국에서는 안전 규정을 지키지 않는 경우 작업자 서로가 지적하는 문화가 정착되어 있습니다.

5) 정리 정돈 청결

가. 문제점

공사작업 현장에서 정리 정돈 청결이 되지 않으면 다음과 같은 문제가 발생할 수 있습니다.

1. **안전 문제**: 공사현장에서 정리 정돈 청결이 되지 않으면 작업자들과 주변 사람들의 안전에 위험이

초래될 수 있습니다. 부적절하게 놓인 재료, 공구, 쓰레기, 통로 미확보 등으로 인해 작업자들이 넘어지거나 다치는 사고가 발생할 수 있습니다. 또한, 정리되지 않은 공간에서는 화재 위험도 커지며, 비상 상황에 대한 대피와 구조 작업이 어려울 수 있습니다.

2. **생산성 저하**: 정리 정돈이 되지 않은 공사현장은 작업자들의 생산성을 낮추게 합니다. 작업에 필요한 도구, 재료, 장비가 흩어져 있으면 작업자들은 필요한 것을 찾기 위해 많은 시간과 에너지를 낭비하게 됩니다. 이는 작업 일정의 지연을 초래하고 작업 효율을 낮추게 됩니다.

3. **품질 저하**: 정리 정돈이 되지 않은 현장에서는 작업의 품질에도 영향을 미칠 수 있습니다. 작업자들은 정리되지 않은 환경에서 작업을 수행하므로 작업 스트레스로 인하여 실수할 가능성이 커집니다. 또한, 부적절한 자재나 도구로 작업을 진행하면 정확성과 정밀성이 떨어집니다.

4. **환경오염**: 정리 정돈이 되지 않은 공사현장은 환경오염의 원인이 될 수 있습니다. 쓰레기나 폐기물이 무단으로 버려지면 환경에 해로운 영향을 미칠 수 있으며, 폐기물처리 규정을 위반하게 됩니다.

5. **이미지 손상**: 공사현장의 정리 정돈 청결이 제대로 이루어지지 않으면 전체적인 이미지가 나쁘게 형성될 수 있습니다. 이는 고객과 관련 이해관계자들의 신뢰를 저하하고, 현장의 전문성과 품질에 의심받을 수 있습니다. 따라서 고객 만족도가 떨어지게 됩니다.

6. **혼란과 협업 문제**: 현장이 혼잡하고 불규칙하면 작업자들 사이의 원활한 협업이 어려워집니다. 필요한 정보나 지시사항을 전달하기 위해 더 많은 시간과 노력이 필요해지며, 의사소통 오류와 혼란이 발생할 수 있습니다. 이는 작업의 진행과 일정 준수에 영향을 미치게 됩니다.

7. 정리 정돈 청결은 '깨어진 유리창 법칙'이 잘 설명하고 있습니다. 이것은 시간이 흐르면서 복합적인 문제가 발생하게 됩니다.

나. 에피소드

작업자 A : 왜 매번 정리 정돈 청소를 해야 하는지 이해가 안 가네. 작업하느라 이미 시간이 부족한데 또 정리하고 청소하라니까 짜증 나요.

작업자 B : 왜 이런 일에 시간을 허비해야 하는 건지 이해가 안 돼. 작업에 집중하는 것이 더 중요한데.

작업자 C : 맞아, 정리 정돈이 어차피 금방 어질러지니까 의미가 없다고 생각해. 그냥 작업 끝난 후에 한꺼번에 정리하는 게 효율적인데 말이야.

다. 해결방안

작업장의 정리, 정돈, 청결, 그리고 도면관리는 시공에서 가장 중요한 작업입니다. 공사현장에서 위에서 언급한 문제들을 해결하기 위해 다음과 같은 구체적인 행동들을 실천할 수가 있습니다.

- **작업자특성을 이해**: 작업자는 정리 정돈 청소를 작업이라고 생각하지 않습니다. 정리 정돈 청결을 매일 체크하여 작업의 일부분이라는 문화를 만들어야 합니다.
- **청소도구**: 청소함을 갖추고 청소도구 및 보관상태 그리고 현황판 정리상태를 확인합니다.
- **일일 정리**: 매일 작업이 종료되기 전에 작업현장을 정리하는 시간을 가지는 것이 중요합니다. 작업자는 작업 종료 30분 전에 마무리 작업을 하고 역할은 분담하여 일부 작업자는 작업현장을 깔끔하게 정리 정돈 청소를 합니다. 작업현장은 정리된 사무실처럼 깨끗해야 합니다. 쓰레기나 폐기물은 적절한 재활용 및 폐기 시설로 옮겨질 수 있도록 해야 합니다. 이러한 시설은 이용하기 편한 위치에 있어야 합니다.
- **자재와 도구의 정돈된 보관**: 모든 자재와 도구는 작업현장에서 가까운 적절한 보관 시설이나 장소에 위치해야 합니다. 도구와 장비는 작업 후에는 지정된 장소에 보관되어야 하며, 필요할 때 쉽게 찾을 수 있도록 관리되어야 합니다. 이를 위해 담당 직원이 있어야 합니다. 자재 담당자에게 여러 가지 일을 시키지 않도록 합니다.
- **재활용 및 폐기물 관리**: 작업현장에서 발생하는 폐기물은 적절하게 분리, 분류 및 처리되어야 합니다. 재활용 가능한 자재는 분리하여 재활용 시설로 보내고, 해로운 물질은 안전한 방법으로 처리해야 합니다. 폐기물 관리 계획을 수립하여 적절한 폐기물처리를 보장하는 것이 중요합니다.
- **커뮤니케이션 및 업무분담**: 정리, 정돈, 청결, 도면관리에 대한 책임을 분명히 지정해야 합니다. 이러한 작업은 시공의 중요한 부분임을 인지시켜야 합니다.
- **담당자를 지정**: 사무실에서는 주기적으로 작업현장 청소를 진행하고 청소, 정리, 정돈, 청결을 전담하는 담당자를 지정합니다.
- **직접적인 물량 압박 금지**: 직접적인 물량에 대한 압박은 특별한 경우를 제외하고는 피해야 합니다. 물량 압박으로 인하여 정리, 정돈, 청결이 되지 않고 서두르는 작업으로 품질 불량과 재작업, 불량한 작업이 늘어날 수 있습니다. 이러한 상황은 품질 저하와 생산성 감소로 이어지게 됩니다.

작업자 중에서 정리, 정돈, 청결, 도면관리를 소홀히 하는 경우 계속해서 함께 일을 해야 할지에 대해 고민하고 해결해야 합니다.

라. 개선

- **안전성 향상**: 정리 정돈 청결한 공사현장은 작업자들과 주변 사람들의 안전에 대한 위험을 줄입니다. 작업자들이 장애물이나 위험한 재료로 인해 다치는 사고의 가능성이 줄어들며, 긍정적인 작업 의식이 상승합니다. 그리고 비상 상황에 대한 대피가 원활해집니다.
- **생산성 향상**: 정리된 작업현장은 작업자들의 효율성과 생산성을 높이게 합니다. 필요한 재료와 도구가 쉽게 찾을 수 있으므로 작업자들이 시간을 절약하고 작업에 집중할 수 있습니다. 이는 작업 일정을 준수하고 작업의 효율성을 향상시킬 수 있습니다.
- **협업과 의사소통 개선**: 정리된 작업현장은 작업자들 간의 원활한 협업과 의사소통을 촉진합니다. 깔끔하게 정돈된 작업 공간은 정보와 지시사항의 전달을 쉽게 만들어 혼란을 줄여 줍니다. 작업자들 간의 협력과 팀워크가 향상되어 작업의 품질과 효율성이 향상될 수 있습니다.
- **이미지 개선과 고객 만족도 증가**: 정리 정돈 청결한 공사현장은 전체적인 이미지와 전문성을 향상합니다. 이는 고객과 관련 이해관계자들의 신뢰를 얻는 데 도움이 됩니다. 고객은 청결하고 조직적인 작업현장을 보고 신뢰할 수 있으며, 따라서 고객 만족도가 향상될 수 있습니다.
- **환경 보호**: 적절한 폐기물처리 및 관리를 통해 공사현장은 환경에 미치는 영향을 최소화할 수 있습니다. 재활용과 폐기물처리를 효율적으로 수행하면 자원의 낭비를 줄이고 환경오염을 예방할 수 있습니다.

작업자들의 작업 능력이 같다고 가정한다면, 생산성 향상을 위한 가장 효과적인 해결방안은 작업현장의 정리 정돈과 청결, 그리고 도면의 관리입니다. 이러한 '정리 정돈 청결의 목표를 이해'는 작업환경을 개선하고, 안전과 효율적인 작업을 가능하게 함으로써 품질 향상을 이룰 수 있습니다.

6) 자재, 공도구 (Part 5. 미국 공사현장 자재관리 사진 참고)

가. 문제점

1. **작업 지연**: 필요한 자재나 공구를 찾는 데 시간이 많이 소요되어 작업 일정이 지연될 수 있습니다. 작업자들은 자재나 공구를 찾느라 작업에 집중하지 못하고 시간을 낭비하게 됩니다.
2. **생산성 저하**: 작업자들이 자재나 공구를 찾기 위해 여러 번 이동하거나 찾지 못하면 작업의 순조로운 진행이 어렵습니다. 이로 인해 생산성이 저하되고 작업 효율이 떨어집니다.

3. **재작업 및 불량 발생**: 작업에 필요한 정확한 자재나 공구가 없으면 대체재를 사용하거나 작업을 일부 수정해야 할 수 있습니다. 이로 인해 재작업이 발생하거나 품질에 이슈가 생길 수 있습니다.
4. **안전 문제**: 작업현장에서 필요한 공구가 부족하거나 부적절한 규격의 공구를 사용하면 작업 중 안전 문제가 발생할 수 있습니다. 올바른 공구를 사용하지 못하면 사고나 부상의 위험이 커집니다.
5. **혼돈과 혼란**: 자재나 공구가 정리되지 않으면 작업현장이 혼란스러워집니다. 작업자들이 필요한 자재를 찾는 데 어려움을 겪고, 혼란과 혼돈으로 작업환경이 불안정해집니다.
6. **자재 공도구 손실**: 자재나 공구가 정리되지 않으면 중복 구매나 재고 파악의 어려움으로 인해 자재가 낭비될 수 있습니다. 작업자들이 필요 이상으로 자재를 사용하거나 자재 담당자가 자재를 중복으로 구매하게 되고 공도구 분실이 잦아집니다.
7. **현장 분쟁**: 작업자들이 필요한 자재를 누가 가져갔는지 혼선이 생기거나, 자재 및 공도구 문제로 인한 스트레스와 다툼이 발생할 수 있습니다.
8. **품질 저하**: 정확한 자재나 공구를 사용하지 못하면 작업물의 품질이 저하될 수 있습니다. 잘못된 자재나 공구를 사용하면 작업물에 결함이 생기거나 기능이 제대로 작동하지 않을 수 있습니다.
9. **비용 증가**: 자재나 공구의 비효율적인 관리로 인해 비용이 증가할 수 있습니다. 중복 구매나 재작업에 따른 추가 비용이 발생하며, 자재나 공구의 유지보수나 관리에도 추가 비용이 필요합니다. 소모품 공구의 수명이 다하면 작업 효율이 급격히 떨어집니다. 단위노동투입비가 시간당 33,000원인데 드릴 비트가 5,000~10,000원입니다.
10. **협업 어려움**: 작업현장에서 자재나 공구의 정리가 되어 있지 않으면 협업이 어려워집니다. 다른 작업자나 팀과 원활한 소통과 협력이 필요한데, 자재나 공구의 혼선으로 인해 협업이 원활하지 않을 수 있습니다.

시공 중 미리 준비하지 못한 자재가 있어 가져오도록 합니다. 조공은 자재 창고에서 이리저리 기웃거리고, 자재를 옮기고 뒤적거려 어렵게 찾아옵니다. 작업자들의 90% 이상이 뒤적거린 상태로 놔두고 작업장으로 돌아옵니다. 때로는 자재를 찾을 수 없는 상황도 발생합니다. 자재가 섞여 있으면 짜증이 납니다. 이러한 일은 다른 팀에게도 반복되어 자재를 찾는 데 더 많은 시간이 걸리게 됩니다. 더군다나 재고 파악도 제대로 이루어지지 않는 경우가 생깁니다. 재고가 한눈에 들어와야 재고가 바닥나지 않고 작업이 순서대로 진행됩니다. 자재가 부족하거나 공급이 원활하지 않으면 작업자들은 필요 이상의 자재를 현장에 쌓아 두고, 또다시 자재를 찾는 일이 발생합니다.

또한, 작업을 시작하려고 했더니 입고된 자재나 공구, 기구가 규격이 맞지 않는 경우가 발생합니다. 작업자들은 비슷한 자재를 구분하지 못하여 잘못 사용하는 때도 있습니다. 급하게 자재를 주문했으나 어떤 경우는 자재의 납부 기한이 일주일 걸린다고 연락이 옵니다. 자재나 공구가 이미 있는데도 파악이 되지 않아서 재구매를 진행하는 경우도 발생합니다.

나. 에피소드

반장 A: 케이블 덕트 연결을 해야 해서 500T 크기가 내일 필요한데, 빨리 주문해 줘.
직원 B: 적어도 3일은 걸린다고 합니다.
반장 A: 어쨌든 도착해야 작업을 할 수 있으니, 가능한 한 빨리 주문해 줘.

(3일 후)

직원 B: 케이블 덕트가 도착했습니다.
반장 A: 야, 이건 T 덕트가 아니잖아! 지난번에 사용한 것과 다른 모양이네.
직원 B: 반장님, 지난번에는 Y자형으로 주문하였습니다.
반장 A: 젠장. Y형으로 다시 주문해야겠네.
직원 B: 혼돈이 생긴 것 같습니다. 다음에는 정확한 크기와 모양을 확인하고 주문하도록 하겠습니다.

한 현장에서의 자재와 공구로 인한 손실을 계산해 보았습니다.

해당 현장에는 40명의 작업자가 있습니다. 4명이 한 조로 움직이면 총 10개의 조가 형성됩니다. 각 조는 하루에 평균 10번 자재나 공구로 인해 이동한다고 가정해 봅니다. 거리상 10분이 소요되는데, 작업자들은 평균적으로 15분이 걸려서 자재를 가지고 온다고 생각해 봅시다. 이 경우, 5분 × 10회 × 40%(2/5 × 100) = 20분이 낭비되며, 총 10개의 조에서 이런 상황이 발생하므로 200분이 소요됩니다. 이를 시간 단위로 환산하면 200분 × 1/60 = 3.33시간입니다. 1시간에 35,000원으로 계산하면, 한 달에 3.33시간 × 26일 = 86.67시간에 해당하는 3,033,333원의 손실이 발생합니다. 생산성 측정 도구 P2 생산측정항목에 자재관리로 인한 문제를 입력하면 투입비의 7%에 해당하는 손실이 발생합니다. 즉 매월 20,384,000원의 손실이 발생합니다.

이렇게 자재와 공구로 인해 작업 효율이 떨어지는 것을 비용으로 계산해 보았습니다. 이처럼 추상적인 것을 계량화하여 생각해 볼 필요가 있습니다.

'현장에서는 어쩔 수 없다'라고 생각하는 사람들도 있겠지만, 제 경험상 자재와 공구가 적절히 공급되지 않는 경우 스트레스, 피로감, 작업자들 간의 소통 부재 등으로 인해 시간적인 손실과 작업능률이 떨어집니다. 이는 작업 물량과 직결됩니다. 작업의 흐름이 끊어지면 일일 작업 물량이 줄어들고, 10개 조가 26일 동안 작업한다고 가정했을 때, 얼마만큼의 물량 손실이 발생하는지 계산해 볼 필요가 있습니다. 또한, 자재와 공구가 원활히 공급된다면 생산성 향상으로 시공 일정이 얼마나 앞당겨질 수 있는지도 계량화하여 생각해 보는 것이 중요합니다.

다. 해결방안

인간의 행동은 뇌에 의해 조정되며, 오랫동안 학습된 뇌는 변화를 거부합니다. 또한, 작업자는 생산량에 대한 압박으로 작업 이외의 일은 하지 않습니다. 이러한 사실을 알게 되면 현장작업자들이 자재를 뒤적거리지 않거나 정리하기를 기대하지 않게 됩니다. 불필요한 자재를 현장으로 가지고 가지 말라는 잔소리를 줄일 것입니다. 또한, 공구 사용 후에는 원위치를 기대하지 않게 됩니다. 그렇지만 교육은 계속해서 진행되어야 합니다.

자재 담당자는 다음과 같은 작업을 수행해야 합니다:

1. 매일 공구와 자재 목록을 점검합니다.
2. 자재와 공구를 품목과 규격에 따라 분류하고 이름표를 달아 정돈합니다.
3. 자재 소모 속도와 재고 소진을 예측하고 자재를 주문해야 합니다.
4. 매일 현장을 돌며 작업반장과 소통하여 필요한 자재와 공구를 파악하고 준비합니다.
5. 현장 리더와 주기적인 미팅을 통하여 자재 및 공구관리에 관하여 소통합니다.
6. 소모성 공구의 상태와 재고를 파악하고 필요량을 미리 준비합니다.
7. 작업 일보에는 사용한 자재와 공구, 재고 현황 등을 기록하여 관리자와 공유합니다.
8. 현장점검을 통해 자재의 소진 상황을 파악하고 필요한 자재를 예측하여 준비할 수 있습니다.

규모가 작은 현장에서는 자재 담당자가 자재 그리고 공구와 관련된 업무 외에도 다른 잡무를 맡는 경우가 많이 있습니다. 이는 관리자의 잘못된 계산입니다. 이러한 관리자는 10억의 이익을 낼 수 있는 현장에서 5억의 이익을 내고도 성공한 현장이라고 착각합니다.

자재 담당자는 자재 업무에 집중할 수 있는 환경과 분업이 필요합니다. 자재관리에는 충분한 자원(인력, 시간) 공급이 이루어져야 합니다.

자재 담당자에게 작업 일보를 받아야 합니다. 작업 일보는 공구 목록, 자재 목록, 재고 현황, 소모 예측일, 발주 예정일 품질 등을 알 수 있는 문서입니다. 매일 작업 일보를 작성하면 자재관리가 한눈에 들어오며 자재 정리와 정돈 청결 문제도 해결됩니다.

7) 재작업

가. 문제점

재작업 구간의 공수는 250% 이상 증가하고, 품질이 저하되며 작업능률은 30% 감소하며, 작업 구간에서 자재 손실이 100% 발생합니다.

작업하기 전에는 A급 작업자를 식별하기 어렵습니다. 작업은 능숙하게 하는데, 도면해석과 소통에 어려움을 겪어 재작업을 자주 하는 작업자가 있었습니다. 작업속도는 빠른 듯 보이지만, 품질이 좋지 않아 재작업이 자주 발생하고 불량한 작업을 하는 경우를 종종 경험합니다. 급하게 작업을 진행하다 보면 사고위험에 노출될 수도 있습니다.

재작업으로 인해 발생하는 문제점들은 다음과 같습니다.

1. **시간 낭비**: 재작업은 추가적인 시간이 소요됩니다. 작업자들은 이전에 이미 수행했던 작업을 다시 수행해야 하므로, 예정된 작업 일정이 지연됩니다.
2. **비용 증가**: 재작업은 추가적인 비용을 초래합니다. 자재 및 인력의 추가적인 투입이 필요하며, 이는 프로젝트 비용을 증가시키는 결과를 가져옵니다.
3. **생산성 저하**: 재작업으로 인해 작업 구간의 공수가 증가하고 작업능률이 떨어집니다. 작업자들은 원래 예정된 작업보다 더 많은 시간과 노력을 투입해야 하므로 생산성이 저하됩니다.
4. **품질 저하**: 재작업은 품질 저하의 원인이 됩니다. 초기에 제대로 작업 되지 않은 부분이나 결함이 있는 부분을 재작업하면서 추가적인 문제가 발생할 수 있습니다. 이는 제품 또는 시공의 품질을 떨어지게 합니다.
5. **에너지 낭비**: 재작업으로 인해 작업능률이 감소하게 됩니다. 작업자들은 한 번에 작업 돼야 했을 부분을 다시 수정하고, 그에 따른 작업을 진행해야 합니다. 이는 작업자들의 피로를 증가시키고 에너지와 시간을 낭비하게 되어 생산성을 떨어트립니다.
6. **자재 손실**: 재작업으로 인해 추가적인 자재가 투입됩니다. 초기에 제대로 작업 되지 않은 부분을

수정하거나 대체 자재를 사용해야 하므로 자재 소비량이 증가하게 됩니다. 이는 비용 상승을 초래하고, 자재의 재고 관리에도 부정적인 영향을 미칠 수 있습니다.

7. **안전 위험**: 급한 상황에서 재작업을 하려다 보면 안전 절차를 소홀히 할 수 있습니다. 시간을 절약하려는 욕구로 인해 안전에 대한 인식이 부족해질 수 있으며, 작업자들은 사고의 위험에 노출될 수 있습니다.
8. **협업 및 소통 문제**: 재작업은 협업과 소통에도 영향을 줄 수 있습니다. 작업자들은 재작업을 준비하거나 이를 처리하기 위해 추가 조치를 해야 하므로, 팀 내 협력과 효율성이 저하될 수 있습니다.

따라서 효율적인 작업 계획과 품질관리 시스템의 구축, 작업자들의 교육과 역량 강화 등을 통해 재작업을 최소화하고 문제를 예방할 필요가 있습니다.

나. 에피소드

공사부장: 이 반장, 여기 열류 배관 생긴다고 했지. 여기 철거해.

이 반장: 부장님, 배관을 조금만 옮기면 될 것 같은데요.

공사부장: 이 반장, 기계 배관 옮기는 거 봤어? 일단 이야기는 해 볼게.

다음 날

공사부장 : 이 반장, 여기 다시 작업해야겠어. 신경 좀 쓰라고.

이 반장 : 우리가 먼저 작업했는데…. 기계 배관 위치를 조금만 조정하면 되는데….

(이런 반장은 빨리 조치하여야 합니다.)

다. 해결방안

1. **현장에 적합한 작업자 투입**: 작업자의 시공 능력이 부족하다고 판단되면 즉시 다른 작업자로 교체합니다. 현장에 맞는 경험과 능력을 갖춘 작업자를 선택하여 작업에 투입합니다.
2. **작업스케치와 도면 확인**: 팀 리더가 구체적인 작업순서와 중요한 구간을 이해하고, 설명할 수 있는지 확인합니다. 작업 리더는 작업에 앞서 도면을 자세히 살펴보고 작업순서에 따라 진행해야 합니다.

3. **물량 압박하지 않기**: 작업 물량을 압박하지 않습니다. 작업자들이 안정적인 속도로 작업할 수 있도록 작업 일정을 계획하고 관리하여 작업자들이 스트레스 없이 작업에 집중할 수 있도록 합니다.
4. **인정과 칭찬**: 작업의 품질이 적정한 규정에 맞게 되면 작업자들을 칭찬합니다. 작업자들의 노력과 품질에 대하여 인정을 아끼지 않으며, 품질관리를 위한 피드백도 제공합니다.
5. **작업 현장관리**: 작업현장의 정리 정돈 청결을 유지하여 작업환경을 개선합니다. 청결과 조도 확보에 신경을 쓰며, 작업자들이 원활하게 이동하고 안전하게 작업할 수 있는 조건을 조성합니다.

라. 개선

위와 같은 방법으로 현장관리를 하게 되면 품질과 물량은 일정 수준 이상으로 향상되고 작업의 선순환 구조가 형성됩니다. 이에 따라 재작업을 30% 이상 쉽게 줄일 수 있습니다.

3. UAE 원전 현장, 울산 고리 원전 현장, 이천 하우징 현장의 생산성을 조사하고 예상 손익을 살펴보자

- 원전 현장 A팀은 실제 UAE 원전에서 2008년 근무 당시 황동환팀의 생산성 측정요소 측정자료입니다.
- 울산 현장 B팀은 울산 고리원전 현장에서 2006년 원전 근무 당시의 현장측정을 비교하기 쉽게 모두 100으로 환산하여 표현하였습니다.
- 이천 현장 C팀은 2021년 모 제약 회사 건축(하우징) 공사 당시의 생산성 측정자료입니다.
- 작업자 수는 비교를 쉽게 하도록 20명으로 설정하였습니다.
- 결괏값을 비교하기 쉽도록 일부 수정하여 입력하였습니다.

P-1

								이직손실	2000000
현장명	비용 가중치	직급	대표 사진	팀원	일 투입	작업 일수	1. 도면 해석	2. 역무 교육	3. 정리 정돈
원전 현장 A팀	100%	팀장		20	250000	26	상	중상	상
울산 현장 B팀	100%	팀장		20	250000	26	0	0	0
이천 현장 C팀	100%	팀장		20	250000	26	-8	-8	-10
팀4	0%	0	0	0	0	0	0	0	0
팀5	0%	0	0	0	0	0	0	0	0
팀6	0%	0	0	0	0	0	0	0	0
팀7	0%	0	0	0	0	0	0	0	0
팀8	0%	0	0	0	0	0	0	0	0
팀9	0%	0	0	0	0	0	0	0	0
팀10	0%	0	0	0	0	0	0	0	0

기본 이직률	15	능률 가중치	30%	40%	불량한 작업 범위	2%~20%	재작업 범위	2%~10%	이직률	2%~30%
4. 업무 분담	5. 구성원과의 관계	6. 품질 관리	7. 자재 관리	8. 작업 스케치	9. 작업 일보	10. 불량한 작업	11. 재작업	12. 가동률	13. 연장 작업	팀별 이직률
중상	중상	상	상	상	상	중하	중하	중	20	10
0	0	0	0	0	0	10	5	90	20	15
-9	-9	-9	-9	-9	-9	20	10	80	20	15
0	0	0	0	0	0	0	0	0	0	0
0	0	0	0	0	0	0	0	0	0	0
0	0	0	0	0	0	0	0	0	0	0
0	0	0	0	0	0	0	0	0	0	0
0	0	0	0	0	0	0	0	0	0	0
0	0	0	0	0	0	0	0	0	0	0
0	0	0	0	0	0	0	0	0	0	0

P 1

							능률 가중치	0.30	0.40	재작업 범위	2%~10%
							불량 작업 범위	2%~20%		이직률	2%~30%

	현장명	가중치	직급	대표 사진	팀원	일 투입	작업 일수	1. 도면 해석	2. 역무 교육	3. 정리 정돈	4. 업무 분담	5. 구성원과의 관계	6. 품질 관리	7. 자재 관리
기준값								0.00	0.00	0.00	0.00	0.00	0.00	0.00
측정	원전 현장 A팀	1.00	팀장		20	250000	26	상	중상	상	중상	중상	상	상
								10.00	5.00	10.00	5.00	5.00	10.00	10.00
측정(%)								140.00	115.00	140.00	115.00	115.00	130.00	140.00
측정	울산 현장 B팀	1.00	팀장		20	250000	26	0.00	0.00	0.00	0.00	0.00	0.00	0.00
								0.00	0.00	0.00	0.00	0.00	0.00	0.00
측정(%)								100.00	100.00	100.00	100.00	100.00	100.00	100.00
측정	이천 현장 C팀	1.00	팀장		20	250000	26	-8.00	-8.00	-10.00	-9.00	-9.00	-9.00	-9.00
								-8.00	-8.00	-10.00	-9.00	-9.00	-9.00	-9.00
측정(%)								68.00	76.00	60.00	73.00	73.00	73.00	64.00
측정 평균	현장 평균	3.00			60			102.67	97.00	100.00	96.00	96.00	101.00	101.33
측정합계(%)														

8. 작업 스케치	9. 작업 일보	10. 불량한 작업	11. 재작업	작업 능률	작업 효율	12. 가동률	생산성 1	팀 생산량 1	팀월 손익 1	생산 기여도 1
0.00	0.00	10.00	5.00	100.00	100.00	90.00	100.00	0	0	100.
상	상	중하	중하	128.33	144.22	중	144.22	187,480,105	₩57,480,105	50.95
10.00	10.00	5.00	3.00			90.00				
130.00	130.00	105.56	103.24	135.42		100.00				
0.00	0.00	10.00	5.00	100.00	100.00	90.00	100.00	130,000,000	₩0	35.33
0.00	0.00	10.00	5.00			90.00				
100.00	100.00	100.00	100.00	100.00		100.00				
-9.00	-9.00	20.00	10.00	70.33	43.70	80.00	38.84	50,494,828	-₩79,505,172	13.72
-9.00	-9.00	20.00	10.00			80.00				
73.00	73.00	88.89	91.89	62.92		88.89				
101.00	101.00	98.15	98.38	99.44	95.97	96.30	94.35	367,974,933	-₩22,025,067	100

13. 연장 작업	생산성 2 (연장작업 포함)	팀별 기본 부가가치	팀 생산량 2	팀 월손익 2	연장작업으로 인한 생산증대	연장작업으로 인한 손익변동	1인당 월생산량	1인당 월손익	생산 기여도 2
	100.00						0		100.00
20.00	138.16	148,750,000	205,507,038	₩56,757,038	18,026,933	-₩723,067	10,275,352	₩2,837,852	50.95
400.00									
	95.80								
20.00	95.80	148,750,000	142,500,000	-₩6,250,000	12,500,000	-₩6,250,000	7,125,000	-₩312,500	35.33
400.00									
	95.80								
20.00	37.21	148,750,000	55,350,100	-₩93,399,900	4,855,272	-₩13,894,728	2,767,505	-₩4,669,995	13.72
400.00									
	95.80								
120.00	90.39	446,250,000	403,357,138	-₩42,892,862	35,382,205	-₩20,867,795	6,772,619	-₩714,881	33.33
20.00									

팀별 이직률	이직으로 인한 월손익	생산성 3 (연장+이직률)	생산성 4 (이직률 포함)	팀생산량 3 (연장+이직률)	팀 월손익 3 (연장+이직률)	1인당 생산량 2 (연장+이직률)	1인당 월손익 2 (연당+이직률)	생산기여도 3 (이직률 포함)	1인당 생산기여도 (이직률 포함)	1인당 부가가치	가중치 포함 부가가치 생산성
15.00	2000000	100.00	100.00			0		100.00	100.00		100
10.00	₩2,000,000	139.50	145.56	207,507,038	₩58,757,038	10,375,352	₩2,937,852	51.19	51.19	₩9,067,534	139.50
5.00											
1.34											
15.00	₩0	95.80	100.00	142,500,000	-₩6,250,000	7,125,000	-₩312,500	35.15	35.15	₩6,226,891	95.80
0.00											
0.00											
15.00	₩0	37.21	38.84	55,350,100	-₩93,399,900	2,767,505	-₩4,669,995	13.65	13.65	₩2,418,660	37.21
0.00											
0.00											
13.33	₩2,000,000	90.84	94.80		-₩40,892,862	6,775,952	₩0	33.33	100	-	90.84
					20,267,857						

1. 팀 측정요소 요소별 지수 차트

		1. 도면해석	2. 역무교육	3. 정리 정돈	4. 업무분담	5. 구성원과의 관계
원전 현장 A팀	요소별 측정점수	40.00	15.00	40.00	15.00	15.00
울산 현장 B팀	요소별 측정점수	0.00	0.00	0.00	0.00	0.00
이천 현장 C팀	요소별 측정점수	-32.00	-24.00	-40.00	-27.00	-27.00
팀4	요소별 측정점수	0.00	0.00	0.00	0.00	0.00
팀5	요소별 측정점수	0.00	0.00	0.00	0.00	0.00
현장 평균	요소별 측정점수	2.67	-3.00	0.00	-4.00	-4.00

6. 품질관리	7. 자재관리	8. 작업스케치	9. 작업 일보	작업 능률	10. 불량한 작업	11. 재작업	12. 가동률
30.00	40.00	30.00	30.00	35.42	5.56	3.24	0.00
0.00	0.00	0.00	0.00	0.00	0.00	0.00	0.00
-27.00	-36.00	-27.00	-27.00	-37.08	-11.11	-8.11	-11.11
0.00	0.00	0.00	0.00	0.00	0.00	0.00	0.00
0.00	0.00	0.00	0.00	0.00	0.00	0.00	0.00
1.00	1.33	1.00	1.00	-0.56	-1.85	-1.62	-3.70

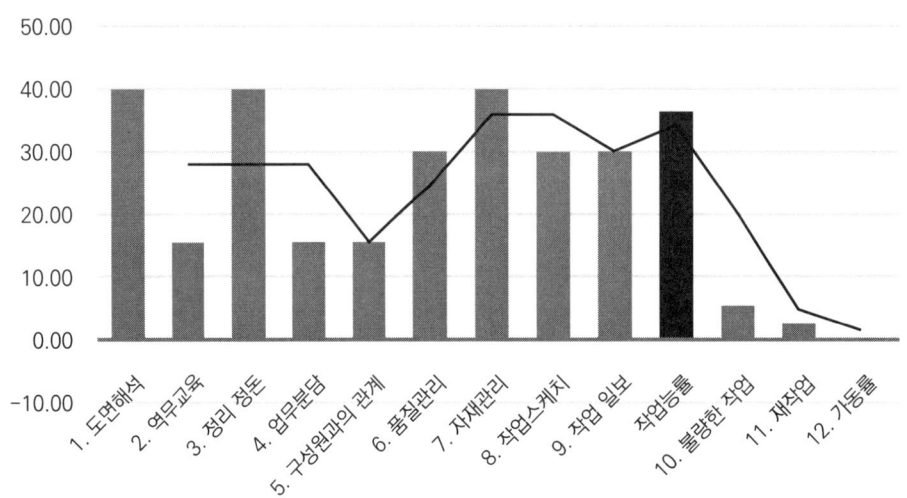

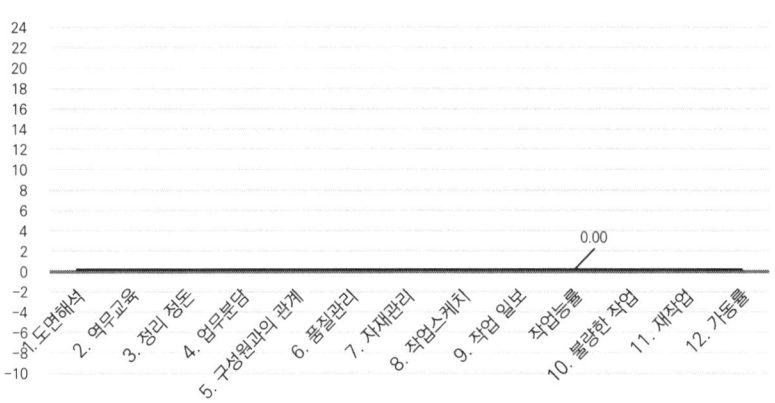

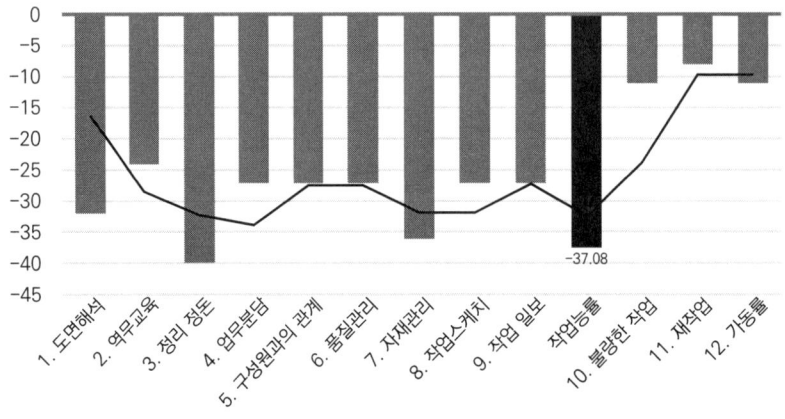

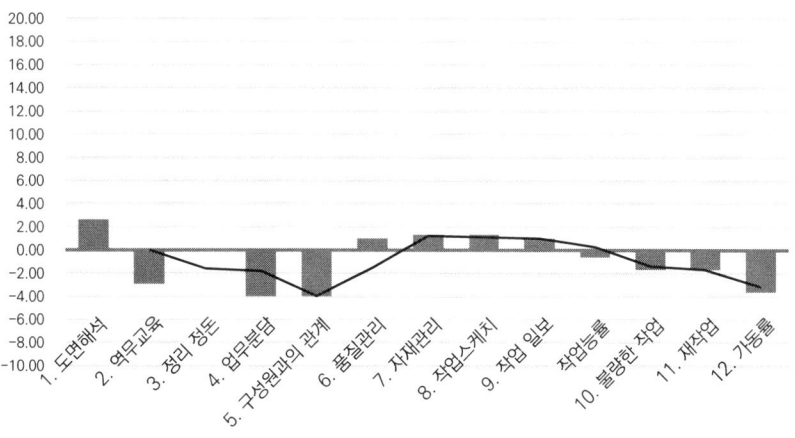

2-2. 팀 평가요소 지수(기준점 100)

팀	불량한 작업	재작업	작업능률	가동율	생산성 1
원전 현장 A팀	5.56	3.24	35.42	0.00	44.22
울산 현장 B팀	0.00	0.00	0.00	0.00	0.00
이천 현장 C팀	-11.11	-8.11	-37.08	-11.11	-61.16
팀4	0.00	0.00	0.00	0.00	0.00
팀5	0.00	0.00	0.00	0.00	0.00
현장 평균	-1.85	-1.62	-0.56	-3.70	-5.65

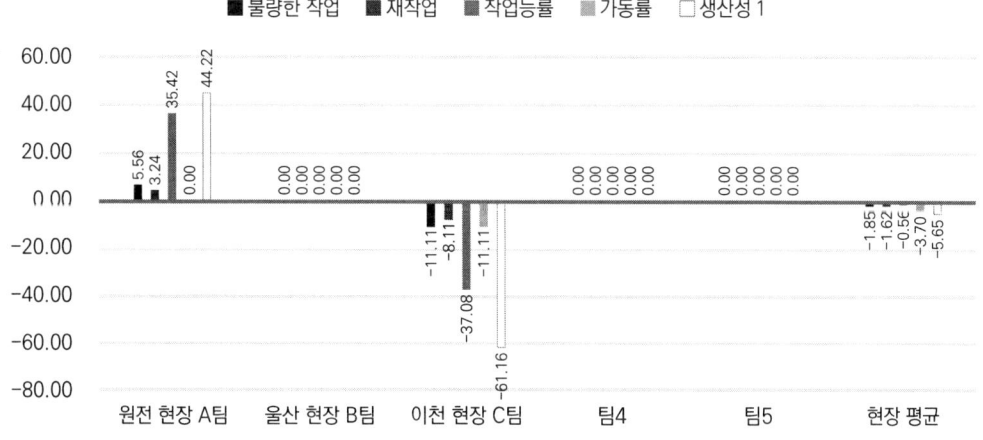

3-1. 팀 생산성

팀	기본 요소 생산성	연장 작업	생산성 2 (연장 포함)
원전 현장 A팀	144.22	20.00	138.16
울산 현장 B팀	100.00	20.00	95.80
이천 현장 C팀	38.84	20.00	37.21
현장 평균	94.35	20.00	90.39

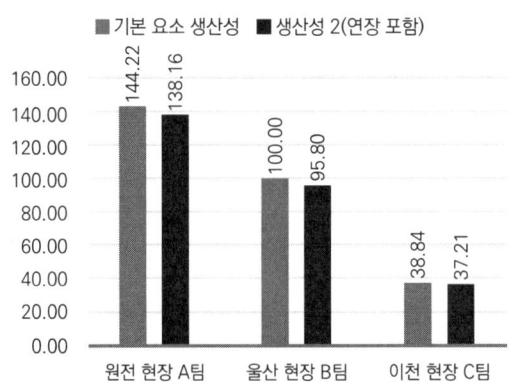

팀별 월평균 생산성 차트

3-2. 팀별 월평균 생산량

팀	생산량	기본생산량	생산량 (연장 포함)	연장작업으로 인한 생산량 증대
원전 현장 A팀	187,480,105	148,750,000	205,507,038	18,026,933
울산 현장 B팀	130,000,000	148,750,000	142,500,000	12,500,000
이천 현장 C팀	50,494,828	148,750,000	55,350,100	4,855,272
총생산량	367,974,933	446,250,000	403,357,138	35,382,205

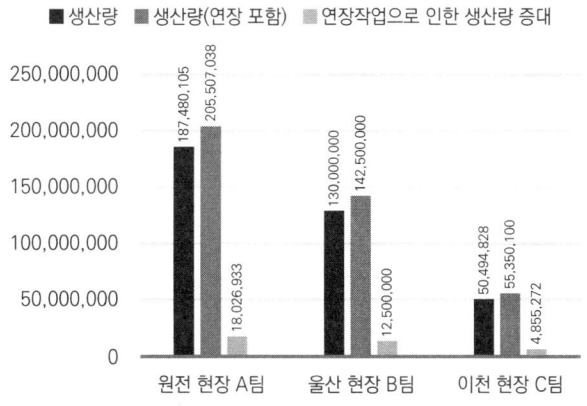

팀별 월평균 생산량 차트

4-1. 팀별 월평균 손익 차트

팀	월손익	연장작업	월손익 (연장 포함)	연장작업으로 인한 팀 손실
원전 현장 A팀	₩57,480,105	20.00	₩56,757,038	-₩723,067
울산 현장 B팀	₩0	20.00	-₩6,250,000	-₩6,250,000
이천 현장 C팀	-₩79,505,172	20.00	-₩93,399,900	-₩13,894,728
현장 평균	-₩22,025,067	20.00	-₩42,892,862	-₩20,867,795

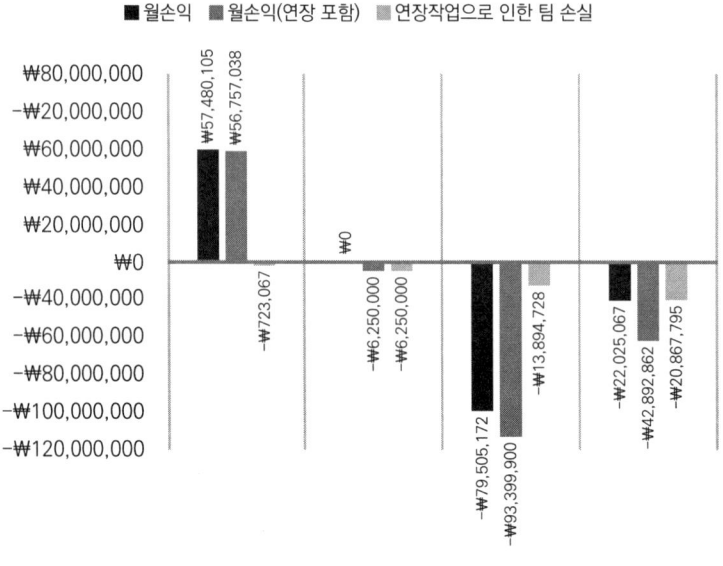

4-2. 팀별 생산기여도 차트

팀	생산기여도 (이직률 포함 전)	팀 생산기여도	1인당 생산기여도
원전 현장 A팀	50.95	51.19	51.19
울산 현장 B팀	35.33	35.15	35.15
이천 현장 C팀	13.72	13.65	13.65
현장 평균	100.00	100.00	100.00

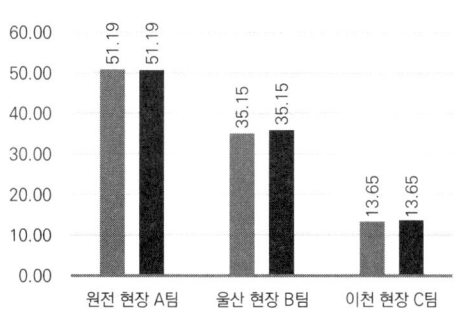

5-2. 이직으로 인한 팀별 월손익 차트

팀	월손익
원전 현장 A팀	₩2,000,000
울산 현장 B팀	₩0
이천 현장 C팀	₩0
현장 평균	₩2,000,000

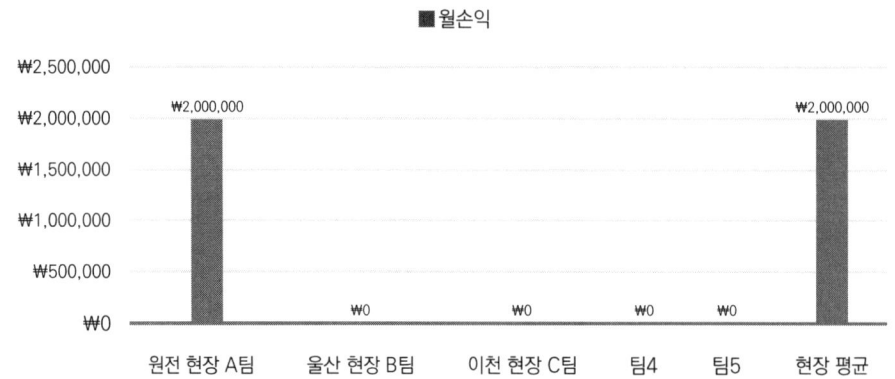

6-1. 팀별 생산성 3(연장+이직률)

팀	생산성
원전 현장 A팀	139.50
울산 현장 B팀	95.80
이천 현장 C팀	37.21
현장 평균	90.84

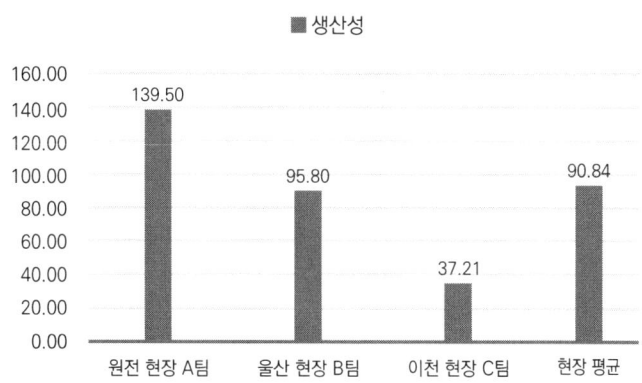

7-1. 팀별 월평균 생산량(이직률 포함)

팀	생산량	기본생산량	기본대비생산
원전 현장 A팀	207,507,038	148,750,000	58,757,038
울산 현장 B팀	142,500,000	148,750,000	-6,250,000
이천 현장 C팀	55,350,100	148,750,000	-93,399,900
총생산량	405,357,138	446,250,000	-40,892,862

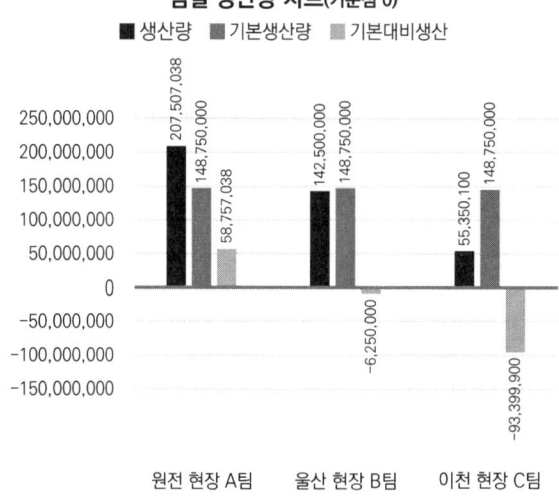

7-2. 팀별 생산기여도

팀	기여도	1인당 생산기여도	1인당 생산성 비중
원전 현장 A팀	51.19	51.19	51.19
울산 현장 B팀	35.15	35.15	35.15
이천 현장 C팀	13.65	13.65	13.65
현장 평균	100.00	100.00	100.00

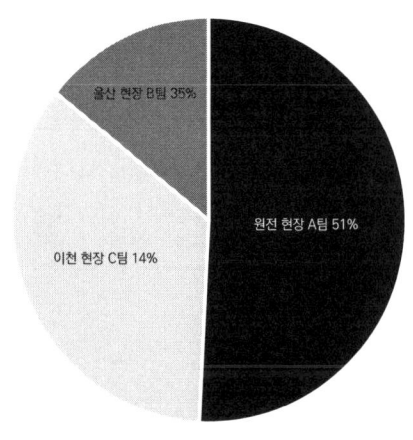

생산기여도 차트(%)

8-1. 팀별 월평균 손익 차트(이직률 포함)

팀	월손익
원전 현장 A팀	₩58,757,038
울산 현장 B팀	-₩6,250,000
이천 현장 C팀	-₩93,399,900
현장 평균	-₩40,892,862

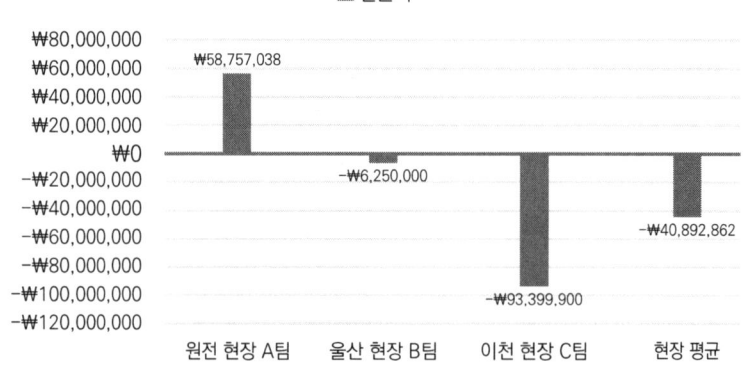

8-2. 팀별 월평균 손익 차트(이천 현장 가중치 30% 가중)

팀	월손익
원전 현장 A팀	₩58,757,038
울산 현장 B팀	-₩6,250,000
이천 현장 C팀	-₩48,774,900
현장 평균	₩3,732,138

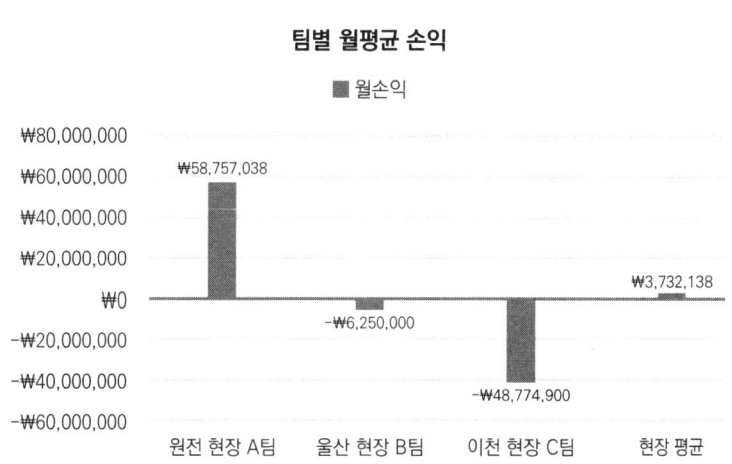

10-2. 부가가치 생산성(이천 현장 가중치 30% 가중)

팀	부가가치 생산성
원전 현장 A팀	139.50
울산 현장 B팀	95.80
이천 현장 C팀	53.16
팀4	0.00
팀5	0.00
현장 평균	96.15

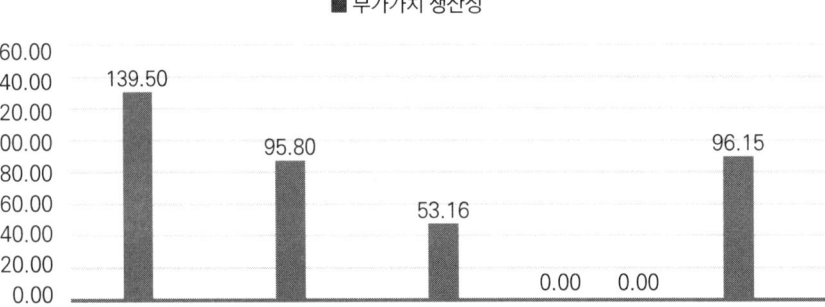

도표로 알 수 있는 내용

차트1을 통해 다음과 같은 내용을 확인할 수 있습니다:

1. 원전 현장 A팀의 측정지표 차트를 보면 전체적인 측정요소 지수가 높게 나왔습니다. 즉, A팀은 다양한 측정요소에서 양호한 성과를 보였습니다.

2. 울산 현장 B팀의 측정지표 차트를 보면 모든 측정요소 지수가 0으로 나왔습니다. 이는 해당 팀이 각 측정요소에 대해 중간의 성과를 보였다는 것을 나타냅니다.

3. 이천 현장 C팀의 측정지표 차트를 보면 모든 측정요소 지수가 음수(-)로 크게 나왔습니다. 이는 해당 팀이 다양한 측정요소에서 문제점을 보였다는 것을 나타냅니다.

이러한 차트를 통해 측정요소들이 상호 연관성이 있으며, 하나의 요소가 다른 요소들에 영향을 미치거나 영향을 받는다는 것을 파악할 수 있습니다. 즉, 각 측정요소는 작업현장의 전반적인 성과에 영향을 미치는 것입니다.

차트2를 통해 다음과 같은 내용을 확인할 수 있습니다:

생산성은 작업능률, 불량한 작업, 및 재작업과 강한 연관성이 있음을 알 수 있습니다.

이는 작업능률이 높을수록 불량한 작업과 재작업이 줄어들고, 결과적으로 생산성 측정지수가 높게 나타납니다.

원전 현장 A팀과 이천 현장 C팀은 극한 반대의 방향성을 보여 줍니다. 즉, 원전 현장 A팀은 작업능률이 높고 생산성이 높게 나타났으며, 이천 현장 C팀은 작업능률이 낮고 생산성이 낮게 나타났습니다.

이러한 차트를 통해 작업능률이 생산성에 큰 영향을 미치는 것으로 보이며, 이러한 생산요소를 개선하는 것이 생산성 향상에 기여할 수 있음을 시사합니다.

차트3을 통해 다음과 같은 내용을 확인할 수 있습니다:

작업시간을 추가로 투입하였음에도 불구하고 생산성이 기존 생산성 대비 낮아진 것을 볼 수 있습니다. 이는 연장작업에 대한 효과가 기대에 미치지 못했음을 나타냅니다. 다시 말해서, 단순히 작업시간을 늘리는 것만으로는 생산성을 향상시킬 수 없음을 시사합니다.

이천 현장에서 같은 시간을 투입하였음에도 생산성이 아주 낮아 생산량이 적은 것을 볼 수 있습니다. 이는 팀 간 생산성의 차이를 강조하고, 생산성이 높은 팀에게 연장 또는 야간작업을 시키는 것이 효율적임을 나타냅니다.

요약하면, 작업시간을 늘릴 때 생산량을 극대화하려면 팀 간의 비교와 선택이 필요하며, 이를 통해 노동생산성을 극대화할 수 있습니다.

차트4-1을 통해 다음과 같은 내용을 확인할 수 있습니다:

연장작업으로 인한 현장 손실이 크기를 알 수 있습니다. 생산성이 낮은 이천현장이 연장작업으로 인한 팀 손실이 다른 현장보다 큰 것을 볼 수 있습니다.

연장작업은 생산성과 생산품의 품질을 감소시키고, 추가 비용을 발생시킵니다. 뒤에 기술하겠지만 선진국은 연장작업이 없습니다.

차트4-2에서는,

각 팀의 팀원 수가 같으므로 팀 생산기여도와 1인당 생산기여도가 같은 것을 확인할 수 있습니다.

차트5의 내용을 바탕으로 다음 사항을 확인할 수 있습니다:

현장 기준 이직률이 15%로 설정되었으며, 원전 현장 A팀은 10%의 이직률을 가지고 있습니다. 이는 평균 이직률보다 낮은 수준이며, 이로 인해 이직으로 인한 손실이 2,000,000원 줄었습니다. 이직으로 인한 비용 절감은 긍정적인 경제적 영향을 가지며, 이직률이 낮을수록 현장의 안정성이 높아집니다.

이직률은 생산성에 직접적인 영향을 미치지 않지만, 수익에 영향을 줄 수 있습니다. 낮은 이직률은 안정성을 증가시키고 현장 내의 교육 및 교육비용을 줄일 수 있습니다. 따라서 이직률을 낮추는 노력은 전반적인 현장 수익을 향상시킬 수 있습니다.

차트6을 통해 이천 현장 C팀의 생산성 측정요소를 분석하고 개선 대책을 마련해야 한다는 중요한 정보를 얻을 수 있습니다:

생산성 측정요소 항목별 지수 차트를 통해 어떤 부분에서 문제가 발생하고 있는지 분석할 수 있으며, 이를 개선함으로써 생산성을 향상시킬 수 있습니다. 각 지수 차트를 상세히 검토하여 어떠한 조치가 필요한지 파악하고, 해당 생산성 측정요소를 개선하기 위한 계획을 수립해야 합니다.

이러한 분석과 개선은 현장의 효율성과 수익을 향상시킬 수 있는 중요한 단계입니다.

차트7을 통해 다음과 같은 중요한 정보를 얻을 수 있습니다:

원전 현장 A팀은 기본생산량 대비 초과 생산을 달성했으며, 이천 현장 C팀은 기본생산량보다 크게 부족하게 나타납니다. 이는 생산요소 관리와 리더의 역할에 따라 팀 간의 생산성 차이를 가 있다는 것을 나타냅니다.

팀별 생산기여도를 보면 원전 현장 A팀과 이천 현장 C팀은 생산량에서 약 3.76배 가까이 차이가 있습니다. 이것은 두 팀 간의 생산성 차이가 크다는 것을 나타냅니다.

이러한 정보를 토대로 원전 현장 A팀의 성과가 양호하고, 이천 현장 C팀의 개선이 필요하다는 결론을 내릴 수 있습니다. 또한, 팀 간의 생산성 차이 원인을 분석하고 개선하기 위한 조치를 하여야 합니다.

차트8-1에서 알 수 있는 내용은

원전 현장 A팀의 이익은 월평균 58,757,038원이며, 양호한 수익을 창출했습니다.

이천 현장 C팀은 손실이 월평균 93,399,900원으로 나타났습니다. 이는 해당 팀이 비효율적이거나 문제가 있는 상황에서 작업을 진행했음을 나타냅니다.

이익과 손실의 차이가 크기 때문에 이천 현장 C팀에서 개선과 효율화 조치를 시행해야 할 것입니다.

차트8-2에서

이천 현장의 특성과 지리적인 환경으로 인해 작업조건과 생산성이 원전공사현장과 차이가 나타납니다. 이로 인해 실제 작업시간이 감소하여 생산성이 감소하는 경향을 보입니다.

지역적 특성을 고려하여 가중치 지수에서 30%를 감소시켰더니 이천 현장 C팀의 손실이 월평균 48,774,900원으로 줄었으나,

차트10-2에서

부가가치 생산성(가중치 포함)은 여전히 37.21%에서 53.16%로 낮게 나왔습니다.

이천 현장 C팀의 손실이 감소했지만, 생산성이 여전히 낮게 나타난 것은 해당 지역의 기업이 경영 및 공사현장 관리에 대한 개념이 부족하거나 효율화에 어려움을 겪고 있을 수 있다는 것을 시사합니다.

4. 생산성 측정요소를 5%씩만 올려 보면 결과는?

원전 현장 A팀을 제외하고 울산 현장과 이천 현장을 1등급
즉 5% UP한 수치를 입력한 결과

P-1

현장명	비용 가중치	직급	대표 사진	팀원	일 투입	작업 일수	1. 도면해석	2. 역무교육	이직 손실 2000000 3. 정리 정돈
원전 현장 A팀	100%	팀장		20	250000	26	상	중상	상
울산 현장 B팀	100%	팀장		20	250000	26	5	5	5
이천 현장 C팀	100%	팀장		20	250000	26	-3	-3	-5

기본 이직률	15	능률 가중치	30%	40%	지연 작업 범위	2%~20%	재작업 범위	2%~10%	이직률	2%~30%
4. 업무 분담	5. 구성원과의 관계	6. 품질 관리	7. 자재 관리	8. 작업 스케치	9. 작업 일보	10. 불량한 작업	11. 재작업	12. 가동률	13. 연장 작업	팀별 이직률
중상	중상	상	상	상	상	중하	중하	중	20	10
5	5	5	5	5	5	5	3	94	20	10
-4	-4	-4	-4	-4	-4	15	7	87	20	10

P 1

| | | | | | | | | | | | 능률 가중치 | 0.30 | 0.40 | | 재작업 범위 | 2%~10% |
| | | | | | | | | | | | 지연 작업 범위 | 2%~20% | | | 이직률 | 2%~30% |

	현장명	가중치	직급	대표 사진	팀원	일 투입	작업 일수	1. 도면 해석	2. 역무 교육	3. 정리 정돈	4. 업무 분담	5. 구성원과 의 관계	6. 품질 관리	7. 자재 관리
기준값								0.00	0.00	0.00	0.00	0.00	0.00	0.00
	원전현장 A팀	1.00	팀장		20	250000	26	상	중상	상	중상	중상	상	상
측정								10.00	5.00	10.00	5.00	5.00	10.00	10.00
측정(%)								140.00	115.00	140.00	115.00	115.00	130.00	140.00
	울산현장 B팀	1.00	팀장		20	250000	26	5.00	5.00	5.00	5.00	5.00	5.00	5.00
측정								5.00	5.00	5.00	5.00	5.00	5.00	5.00
측정(%)								120.00	115.00	120.00	115.00	115.00	115.00	120.00
	이천현장 C팀	1.00	팀장		20	250000	26	-3.00	-3.00	-5.00	-4.00	-4.00	-4.00	-4.00
측정								-3.00	-3.00	-5.00	-4.00	-4.00	-4.00	-4.00
측정(%)								88.00	91.00	80.00	88.00	88.00	88.00	84.00
측정 평균	현장 평균		3.00		60			116.00	107.00	113.33	106.00	106.00	111.00	114.67
측정합계(%)														

8. 작업 스케치	9. 작업 일보	10. 불량한 작업	11. 재작업	작업 능률	작업 효율	12. 가동률	생산성 1	팀 생산량 1	팀 월손익 1	생산 기여도 1	13. 연장 작업	생산성 2 (연장작업 포함)
0.00	0.00	10.00	5.00	100.00	100.00	90.00	100.00	0	0	100.00		100.00
상	상	중하	중하	128.33	144.22	중	144.22	187,480,105	₩57,480,105	40.96	20.00	138.16
10.00	10.00	5.00	3.00			90.00					400.00	
130.00	130.00	105.56	103.24	135.42		100.00					95.80	
5.00	5.00	5.00	3.00	116.67	129.63	94.00	135.39	176,011,628	₩46,011,628	38.46	20.00	129.70
5.00	5.00	5.00	3.00			94.00					400.00	
115.00	115.00	105.56	103.24	120.83		104.44					95.80	
-4.00	-4.00	15.00	7.00	87.00	74.95	87.00	72.45	94,188,676	-₩35,811,324	20.58	20.00	69.41
-4.00	-4.00	15.00	7.00			87.00					400.00	
88.00	88.00	94.44	96.76	83.75		96.67					95.80	
111.00	111.00	101.85	101.08	113.33	116.27	100.37	117.35	457,680,410	₩67,680,410		1200.00	112.42
											20.00	

팀별 기본 부가가치	팀 생산량 2	팀 월손익 2	연장작업으로 인한 생산증대	연장작업으로 인한 손익변동	1인당 월생산량	1인당 월손익	생산기여도 2
					0		100.00
148,750,000	205,507,038	₩56,757,038	18,026,933	-₩723,067	10,275,352	₩2,837,852	40.96
148,750,000	192,935,823	₩44,185,823	16,924,195	-₩1,825,805	9,646,791	₩2,209,291	38.46
148,750,000	103,245,280	-₩45,504,720	9,056,603	-₩9,693,397	5,162,264	-₩2,275,236	20.58
446,250,000	501,688,141	₩55,438,141	44,007,732	-₩12,242,268	8,361,469	₩923,969	33.33

팀별 이직률	이직으로 인한 월손익	생산성 3 (연장+이직률)	생산성 4 (이직률 포함)	팀 생산량 3 (연장+이직률)	팀 월손익 3 (연장+이직률)	1인당 생산량 2 (연장+이직률)	1인당 월손익 2 (연장+이직률)	생산 기여도 3 (이직률 포함)	1인당 생산기여도 (이직률 포함)	1인당 부가가치	가중치 포함 부가가치 생산성
15.00	200,0000	100.00	100.00			0		100.00	100.00		100
10.00	₩2,000,000	139.50	145.56	207,507,038	₩58,757,038	10,375,352	₩2,937,852	40.87	40.87	₩9,067,534	139.50
5.00											
1.34											
10.00	₩2,000,000	131.05	136.74	194,935,823	₩46,185,823	9,746,791	₩2,309,291	38.40	38.40	₩8,518,204	131.05
5.00											
1.34											
10.00	₩2,000,000	70.75	73.80	105,245,280	-₩43,504,720	5,262,264	-₩2,175,236	20.73	20.73	₩4,598,953	70.75
5.00											
1.34											
10.00	₩6,000,000	113.77	118.70	507,688,141	₩61,438,141	8,461,469	₩1,023,969	33.33	100.00	-	113.77
						25,384,407					

1. 팀 측정요소 요소별 지수 차트

		1. 도면해석	2. 역무교육	3. 정리 정돈 청결	4. 업무분담	5. 구성원과의 관계
원전 현장 A팀	요소별 측정점수	40.00	15.00	40.00	15.00	15.00
울산 현장 B팀	요소별 측정점수	20.00	15.00	20.00	15.00	15.00
이천 현장 C팀	요소별 측정점수	−12.00	−9.00	−20.00	−12.00	−12.00
현장 평균	요소별 측정점수	16.00	7.00	13.33	6.00	6.00

6. 품질관리	7. 자재관리	8. 작업스케치	9. 작업 일보	작업 능률	10. 불량한 작업	11. 재작업	12. 가동률
30.00	40.00	30.00	30.00	35.42	5.56	3.24	0.00
15.00	20.00	15.00	15.00	20.83	5.56	3.24	4.44
−12.00	−16.00	−12.00	−12.00	−16.25	−5.56	−3.24	−3.33
11.00	14.67	11.00	11.00	13.33	1.85	1.08	0.37

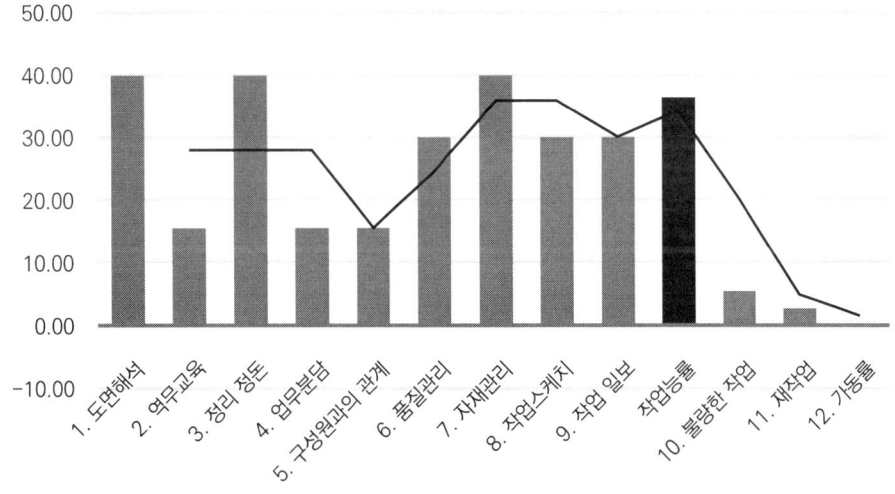

원전 현장 A팀 요소별 평가 점수

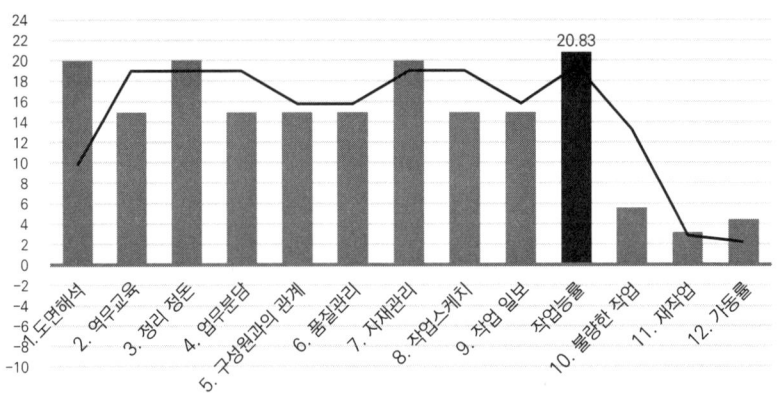

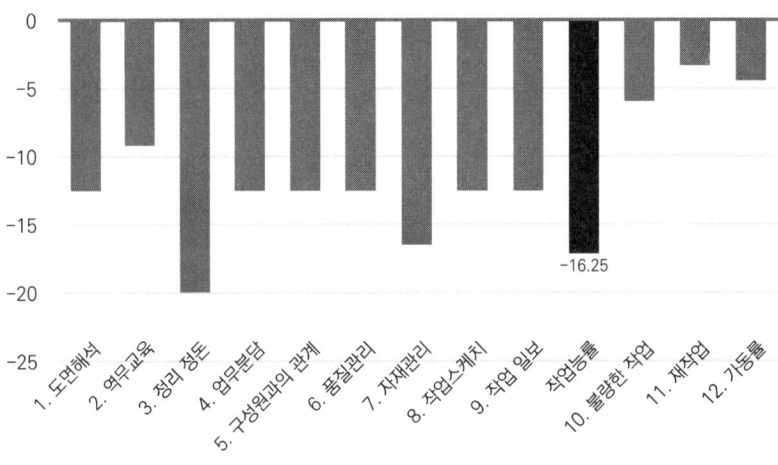

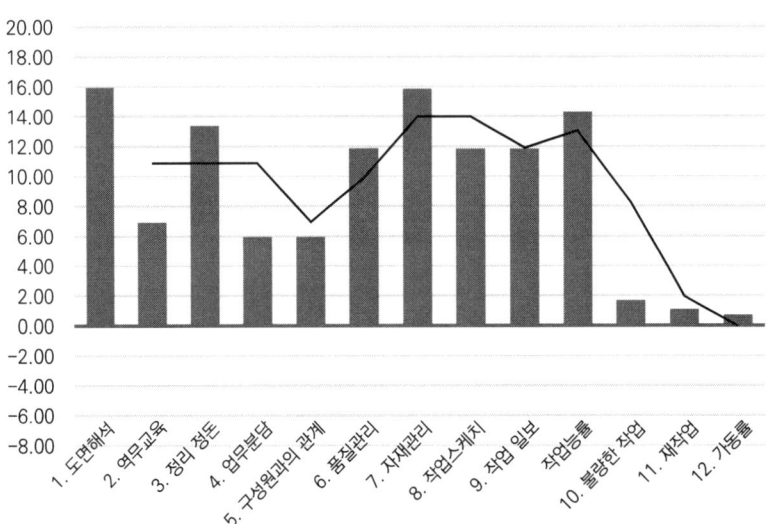

3-2. 팀별 월평균 생산량

팀	변화 전 생산량	생산량(연장 포함)	변화된 생산량
원전 현장 A팀	205,507,038	205,507,038	-
울산 현장 B팀	142,500,000	192,935,823	50,435,823
이천 현장 C팀	55,350,100	103,245,280	47,895,180
팀4	-	-	-
팀5	-	-	-
총생산량	403,357,138	501,688,141	98,331,003

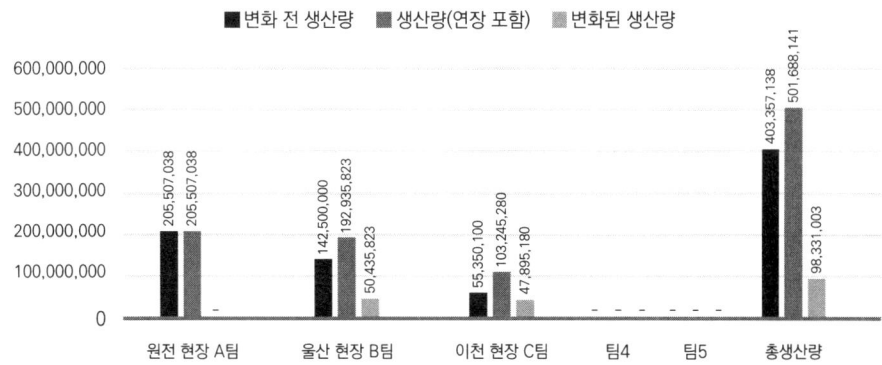

6-1. 팀별 생산성 3(연장+이직률)

팀	생산성	변화 전 생산성
원전 현장 A팀	139.50	139.50
울산 현장 B팀	131.05	95.80
이천 현장 C팀	70.75	37.21
현장 평균	113.77	90.84

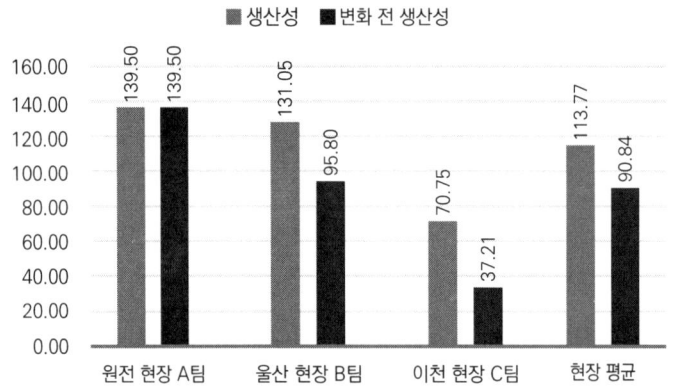

7-2. 팀별 생산기여도

팀	기여도	1인당 생산기여도	1인당 생산성 비중
원전 현장 A팀	40.87	40.87	40.87
울산 현장 B팀	38.40	38.40	38.40
이천 현장 C팀	20.73	20.73	20.73
현장 평균	100.00	100.00	100.00

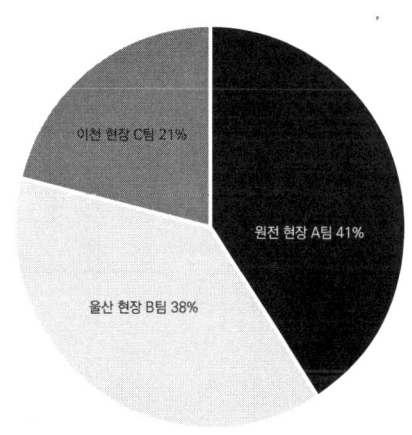

생산기여도 차트(%)

8-1. 팀별 월평균 손익 차트(연장+이직률 포함)

팀	변화 전 월손익	변화 후 월손익
원전 현장 A팀	₩58,757,038	₩58,757,038
울산 현장 B팀	-₩6,250,000	₩46,185,823
이천 현장 C팀	-₩93,399,900	-₩43,504,720
현장 평균	-₩40,892,862	₩61,438,141

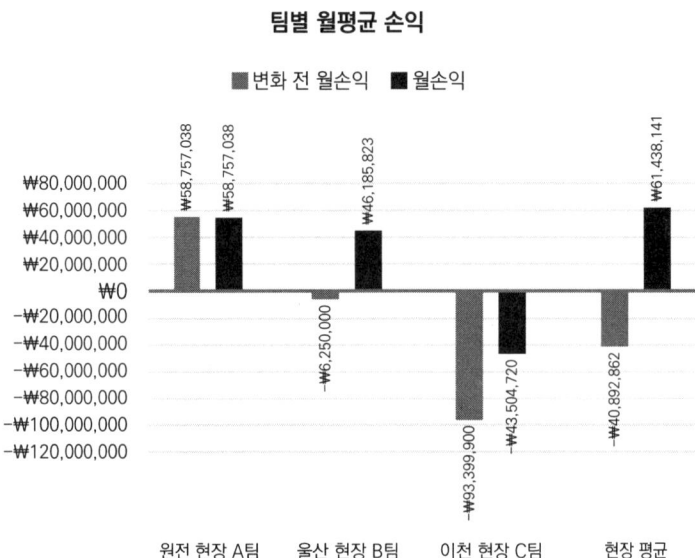

차트로 알 수 있는 내용

P1 도구에 원전 현장 A팀을 제외하고 울산 현장과 이천 현장을 12가지 생산성 요소별로 1등급 즉 5% UP한 수치를 입력한 결과, 팀별 생산성 측정요소 측정지수표와 차트1을 통해 다음과 같은 변화를 확인할 수 있습니다.

울산 현장의 작업능률이 0%에서 20.83%로 향상되었습니다.

이천 현장의 작업능률은 -37.08%에서 -16.25%로 개선되었습니다.

이러한 조치로 울산 현장의 작업능률이 상승하고 이천 현장의 작업능률도 개선되었습니다.

차트6에서는 팀별 생산성 변화 전과 변화 후의 모습을 볼 수 있습니다. 울산 현장의 생산성은 95.80에서 131.05%로 향상되었습니다. 이천 현장은 37.21%에서 70.75%로 생산성이 크게 향상된 것을 보여 줍니다. 현장 평균 역시 90.83%에서 113.77%로 23.38% 향상하였습니다.

이러한 결과로 전체 생산성이 향상되었음을 확인할 수 있습니다. 팀과 현장 평균 생산성 모두 긍정적으로 변화하였습니다.

차트3-2에서 팀별 생산량의 변화를 확인할 수 있습니다. 변화 후에는 이천 현장을 제외하고 기본생산량을 넘어선 것으로 나타납니다.

차트7-2의 생산기여도에서도 변화가 생긴 것을 볼 수 있습니다.

차트8-1에서 생산성에 따라 부가가치와 이익이 어떻게 변화하는지 살펴보겠습니다.

울산 현장은 생산성이 95.80%에서 131.05%로 향상되면 부가가치 수익이 142,500,000원에서 194,935,823원으로 늘어나며, 손익이 46,185,823원으로 변화됩니다. 이로써 손실에서 이익으로 수익 구조가 바뀐 것을 볼 수 있습니다.

이천 현장은 생산성이 37.21%에서 70.75%로 개선되어 부가가치 수익이 55,350,100원에서 105,245,280원으로 늘어나지만, 여전히 손실구조입니다. 손익은 -93,399,900원에서 -43,504,720원으로 감소합니다.

3곳 현장 전체로 보면 부가가치 수익이 월평균 507,688,141원이고, 40,892,862원의 손실에서 61,438,141원의 이익이 발생한 것을 볼 수 있습니다.

이러한 결과로 부가가치 노동생산성 향상이 수익 측면에서 얼마만큼 영향을 미치는 것을 확인할 수 있습니다. 즉 현장의 가치가 변한 것입니다.

작업현장에서 부가가치 노동생산성을 향상하는 것은 중요한 목표입니다. 중소업체나 경영 지식이 부족한 기업들은 변화의 어려움을 겪을 수 있지만, 작업환경 및 조직 문화의 개선으로 부가가치 생산성의 향상을 위한 변화와 결과는 수익 구조 개선으로 이어지며, 기업의 현장 가치와 신뢰도가 높아집니다.

특히, 생산성이 낮았던 현장일수록 생산성을 쉽게 향상시킬 수 있다는 것을 알 수 있습니다. (한계생산 체감의 법칙)

이러한 개선을 위해서는 생산성 측정도구를 통해 어떤 부분의 개선이 필요한지 파악하고, 개선 대책을 마련하는 것이 중요합니다. 중소업체 및 경영지식이 부족한 기업이라도 전문가의 조언과 안내를 받아 변화와 개선을 추진할 수 있습니다.

작업환경 개선, 효율적인 생산 방법 도입, 교육 및 훈련 프로그램의 시행, 작업 일정 관리의 등 다양한 측면에서 개선을 시도할 수 있습니다.

1. 일일 생산 물량이 2배 차이가 난다? (UAE 원자력발전소 건설현장 전선관 시공팀 분석)
2. 조직도 관성을 가진다
3. 변화를 위한 실행 요령
4. 현장 리더가 시공 현장에서 부단히 생각해야 할 45가지
5. 현장, 이것만은 꼭 행동하자

Part 4

변화를 위한 실행 요령

1. 일일 생산 물량이 2배 차이가 난다?
(UAE 원자력발전소 건설현장 전선관 시공팀 분석)

원자력건설 공사현장에서 황동환팀과 박영수팀의 생산성 비교

원전 건설 공사현장 전선관 팀별 측정요소 분석

측정항목	현장명	측정요소 팀별 조사결과 및 특징
1. 도면해석 및 도면관리	1. 황동환	1. 관련 도면을 참고하여 작업의 순서를 설정 2. 관련 도면을 기반으로 작업업무를 분담하는 계획을 수립 3. 관련 도면을 확인하여 필요한 공구와 자재를 선택하고 수량을 파악 4. CAD 소프트웨어를 사용하여 관련 도면에 간단한 수정작업을 수행 5. 관련 도면을 검토하여 불량작업이나 간섭사항을 발견하면 도면 수정을 요청 6. 관련 전기 기호 및 도면을 해석하는 능력이 우수 7. 관련 공사의 부하 산정과 과전류 차단 시설, 설비 도면해석 능력이 우수 8. 도면변경상황을 즉시 수정 담당자에게 전달
	4. 박영수	1. 도면을 확인하여 작업의 순서를 정함 2. 관련 도면을 확인하여 필요한 공구와 자재를 선택하고 수량을 파악 3. 관련 도면을 보고 간섭사항을 놓치는 경우가 있음 4. 도면의 정리 정돈이 되지 않음
2. 안전 팔로워십 역무 교육	1. 황동환	1. 현황 보드를 사용하여 진행 상황을 투명하게 관리 2. 작업현장 투입 전에는 역할과 책임에 관해 팔로워십 외부 강의를 진행 3. 팀원들은 TBM 회의에서 자신의 의견을 제시하고 토론을 통해 문제를 해결하고 개선점을 도출 4. 각 팀원은 자신의 업무에 대한 책임을 분명하게 인지 5. 교육은 정기적으로 진행되었고, 내용도 일관성 있게 제공 6. 작업반장, 전공, 조공 등의 역할과 개념에 대한 이해도를 갖고 있음
	4. 박영수	1. 형식적인 TBM이 이루어지고 정보도 교환되지 않음 2. 안전에 대한 이해가 부족

3. 정리 정돈 청결의 목표를 이해	1. 황동환	1. 작업현장에서 작업이 완료될 때마다 바로 정리, 정돈, 청소 2. 현장 작업 SHOP에는 청소담당자를 상주시켜 지속해서 정리, 정돈, 청소를 수행하여 작업환경을 최적화 3. 자재를 분류할 수 있는 선반을 마련하여 자재를 쉽게 찾을 수 있도록 하였으며, 여유분의 재고를 파악할 수 있었음 4. 작업장 SHOP에는 도면을 검토할 수 있는 공간과 작업자들이 대화할 수 있는 공간과 환경을 마련 5. 현장순회리스트에 현장 정리 정돈과 청결을 점검
	4. 박영수	1. 가끔 자재를 찾기 어려워지면 정리 작업을 수행 2. 정돈 개념이 부족하여 어려움을 겪음 3. 작업 마무리 시간에 각자의 역할이 명확히 정해져 있어 청소 작업을 수행
4. 업무 분담	1. 황동환	1. Process Map을 현장에 비치 2. 작업 일정에 맞추어 팀원과 협의하여 업무를 분담 3. 팀원의 특성을 파악하고 관리하며 현장 투입 전(TBM)에 각 팀의 작업업무를 확인 이를 통해 일관성 있게 작업을 진행 4. Followership이 잘 이루어지고 Bypassing이 없음
	4. 박영수	1. 반장, 전공, 조공 등 작업자들 간의 업무분담이 명확하지 않음 2. 현장에서 작업자들 간의 소통이 원활하지 않아 불편함 3. Bypassing이 자주 발생
5. 구성원(팀원) 과의 관계	1. 황동환	1. 작업 지시사항이 명확히 전달되어 팀원들이 정확히 이행하는 전달체계가 구축 2. 작업 간에 효율적인 분업이 원활히 이루어지며, 팀원들 간의 협력과 업무분담이 자연스럽게 진행 3. 작업의 진행은 혼잡하지 않았으며, 쉬는 시간과 작업 완료 시간이 일정하게 지켜짐 4. 팀원들에게 기본적인 예절교육이 일관성 있게 제공되어 팀 내의 의사소통과 협업이 원활히 이루어짐 5. 중요내용을 메모하는 문화
	4. 박영수	1. 작업 리더나 작업자의 역할이 명확하게 정립되지 않은 상황 2. 작업 지시를 받은 후에도 즉각적으로 행동하지 않고, Followership이 되지 않음 3. 작업의 연속성이 부족한 상황 4. 강압적이거나 관리자의 지시나 근태 등의 행동에 일관성이 없는 상황이 자주 발생 5. Bypassing이 발생

6. 품질관리	1. 황동환	1. 작업은 순서에 따라 진행 2. 작업 시 적절한 자재와 공구를 사용 3. 품질 표준 및 규정을 준수 4. 작업장의 정리 정돈과 청결을 유지 5. 매일 현장상태를 기록하기 위해 현장순회 리스트를 작성 6. 작업스케치를 작성 7. 발생한 문제에 신속하게 대응하고 원인 분석을 수행하여 반복되는 문제를 방지 8. 품질이 일정 수준 이상이 되면 칭찬을 함
	4. 박영수	1. 품질 규정에 대한 개념이 부족하여 품질 규정과 품질 규격에 일관성이 유지되지 않음 2. 작업 중에 대안 자재를 사용하는 경향이 있음 3. 규격에 맞지 않는 후렉시볼 커넥터를 사용하여 후렉시볼이 불량이 되는 등의 문제가 발생하였고, 이로 인해 추가적인 재작업이 발생
7. 자재관리	1. 황동환	1. 자재관리를 효율적으로 수행하기 위해 자재관리 프로그램을 사용 2. 매일 현장상태를 기록하기 위해 현장순회 리스트를 작성 3. 순회 시간을 정하여 시간 낭비를 최소화 4. 필요한 자재 내용은 반장이 작업 일보에 기록 5. 주기적으로 자재 관련 미팅을 진행 6. 현장 작업 전에 필요한 자재를 빠짐없이 준비하여 작업을 시작 7. 작업현장 SHOP에는 자재를 분류할 수 있는 선반을 사용하여 자재를 쉽게 찾을 수 있고, 여유분의 재고를 파악하도록 함
	4. 박영수	1. 작업에 필요한 자재를 잘못 준비하는 경우가 자주 발생 2. 특정 자재를 정확하게 식별하지 못하거나 잘못된 규격 또는 품질의 자재를 선택하여 사용하는 상황이 자주 발생 3. 재고 파악이 제대로 이루어지지 않는 경우가 발생, 보유한 자재의 수량과 상태를 정확하게 파악하지 못함
8. 작업스케치	1. 황동환	1. 작업스케치에는 이중작업이나 간섭사항, 작업의 불편사항 등이 기재 2. 배선이 필요한 작업에서는 연결 방법이나 배선 구성이 표시 3. 작업조건이 특이하거나 예상치 못한 위험이 있는 경우에는 작업 전에 작업스케치에 기재 4. 작업스케치에 작업의 순서 및 작업을 완료하는 데 걸리는 시간이 표시 5. 작업장 SHOP에는 작업자들 간의 정보 교환과 의사소통을 위한 공간이 제공 6. 작업장 SHOP에는 시각적으로 현황을 표현한 현황 보드가 설치 7. 도면은 정리 정돈이 잘되어 있음
	4. 박영수	1. 도면 수정본이 공급되지 않음 2. 도면이 수정되었다는 사실조차 모르고 있음

9. 작업 일보	1. 황동환	1. 작업 일보에는 나사의 규격뿐만 아니라 필요한 수량까지 정확하게 기록 2. 작업 일보에 기재된 내용과 현장에서의 실제 작업이 일치하는지 확인하는 절차를 거침 3. 확인 작업을 마친 후, 작업 일보의 복사본을 작성자가 보관 4. 작업 일보에는 작업스케치가 첨부 5. 작업자는 작업 일보에 자신의 서명을 남기는 것으로 작업의 확인과 동의를 나타냄 6. 작업 중 발생한 문제점이나 개선 사항은 작업 일보에 상세히 기록 7. 작업 일보에는 다음 날의 자재를 상세하게 기재
	4. 박영수	1. 작업 일보에는 정확한 작업 물량이 기재 2. 작업 일보에는 다음 날의 자재가 상세하게 기재
10. 불량한 작업	1. 황동환	3.5% 초과~7.5% 이하 각 팀의 불량한 작업의 결과에 영향을 미치는 요소와 특징을 조사한 내용 1. 작업 전에 작업스케치를 작성하고 작업자들 간에 정보를 공유 2. 작업자가 작업할 때 서두르지 않도록 관리 3. 역무를 정확하게 정하고 작업자가 작업에 집중할 수 있도록 지원 4. 작업자의 작업역량이 부족한 경우, 즉시 조치함 5. 작업현장을 정리하고 정돈하여 깨끗하게 유지
	4. 박영수	7.5% 초과~10.25% 이하 1. 팀원들 간의 업무분담이 명확하지 않고 책임을 지지 않음 2. 팀원 각자의 역무가 정확하지 않아 작업에 산만하게 집중하지 못함 3. 작업현장이 어지럽게 정리 정돈되지 않음 4. 도면의 정리 정돈이 제대로 이루어지지 않음
11. 재작업	1. 황동환	2.50 이상~4% 이하 각 팀의 재작업 결과에 영향을 미치는 요소와 특징을 조사한 내용 1. 작업자(전공)의 작업역량이 부족했을 경우, 즉시 조치함 2. 건축도면 및 기계도면을 확인하고 작업 전에 작업스케치를 작성 3. 작업스케치를 통해 작업 중 다른 요소나 시설물과의 충돌, 간섭, 누락, 문제점 등을 시각적으로 확인 4. 작업 중에 품질을 모니터링하고 작업의 정확성과 품질을 유지 5. 팀 전체에 품질 중심의 문화를 조성하여 모든 구성원이 작업 품질을 중요하게 여기고 불량작업을 허용하지 않는 문화
	4. 박영수	8.5% 초과~ 1. 작업 중 다른 요소나 시설물과의 충돌, 간섭, 누락, 문제점 등을 적시에 파악하지 못하여 문제가 발생 2. 작업의 정확성과 품질 유지에 관한 관심이 부족하여 작업 결과물의 품질이 저하 3. 작업과정에서 다른 팀 또는 작업자들과의 협업과 원활한 의사소통이 부족하여 간섭사항이나 변경 요청사항을 파악하지 못함

12. 가동률	1. 황동환	85% 1. 휴식 시간과 작업 종료시각이 일정 2. 작업에 필요한 도구, 재료와 장비를 쉽게 찾을 수 있는 환경 3. 작업환경을 청결하게 유지하고 작업에 방해되는 요소들을 최소화하여 작업자들이 원활하게 작업할 수 있는 환경 조성
	4. 박영수	90% 휴식 시간과 작업 종료시각은 정확하게 엄격하게 지켜짐
팀별 이직률	1. 황동환	5/45 × 100
	4. 박영수	4/43 × 100

P-1

									이직 손실	2000000	기본 이직률	15
현장명	비용 가중치	직급	대표 사진	팀원	일 투입	작업 일수	1. 도면 해석	2. 역무 교육	3. 정리 정돈	4. 업무 분담	5. 구성원과의 관계	
1. 황동환	100%	팀장	0	45	250000	26	상	중상	상	중상	중상	
4. 박영수	100%	팀장	0	45	250000	26	중하	중하	하	하	중	

중상	30%	40%	불량한 작업범위	2%~20%	재작업 범위	2%~10%	이직률	2%~30%
6. 품질관리	7. 자재관리	8. 작업스케치	9. 작업 일보	10. 불량한 작업	11. 재작업	12. 가동률	13. 연장작업	팀별 이직률
상	상	상	상	중하	중하	중하	20	15
중하	하	하	중	중상	중상	상	20	10

P 1

							능률 가중치	0.30	0.40	재작업 범위	2%~10%	
							불량한 작업 범위	2%~20%		이직률	2%~30%	

	현장명	가중치	직급	대표 사진	팀원	일 투입	작업 일수	1. 도면 해석	2. 역무 교육	3. 정리 정돈	4. 업무 분담	5. 구성원과의 관계	6. 품질 관리	7. 자재 관리
기준값								0.00	0.00	0.00	0.00	0.00	0.00	0.00
	1. 황동환	1.00	팀장		45	250000	26	상	중상	상	중상	중상	상	상
측정								10.00	5.00	10.00	5.00	5.00	10.00	10.00
측정(%)								140.00	115.00	140.00	115.00	120.00	130.00	140.00
	4. 박영수	1.00	팀장		40	250000	26	중하	중하	하	하	중하	중하	하
측정								-5.00	-5.00	-10.00	-10.00	-5.00	-5.00	-10.00
측정(%)								80.00	85.00	60.00	70.00	80.00	85.00	60.00

8. 작업 스케치	9. 작업 일보	10. 불량한 작업	11. 재작업	작업 능률	작업 효율	12. 가동률	생산성 1	팀 생산량 1	팀 월순익 1	생산 기여도 1	13. 연장 작업
0.00	0.00	10.00	5.00	100.00	100.00	90.00	100.00	0	0	100.00	
상	상	중하	중하	128.89	144.91	중하	140.08	409,732,770	₩117,232,770	29.37	20.00
10.00	10.00	5.00	3.00			87.00					900.00
130.00	130.00	105.56	103.24	136.11		96.67					95.80
하	중	중상	중상	76.67	62.04	상	67.55	175,638,456	-₩84,361,544	12.59	20.00
-10.00	0.01	15.00	7.00			98.00					800.00
70.00	100.03	94.44	96.76	70.84		108.89					95.80

생산성 2 연장작업 포함	팀별 기본부가가치	팀 생산량 2	팀 월순익 2	연장작업으로 인한 생산 증대	연장작업으로 인한 손익 변동	1인당 월생산량	1인당 월손익	생산 기여도 2	팀별 이직률
100.00						0		100.00	15.00
134.19	334,687,500	449,130,152	₩114,442,652	39,397,382	-₩2,790,118	9,980,670	₩2,543,170	29.37	15.00
									0.00
									0.00
64.71	297,500,000	192,526,769	-₩104,973,231	16,888,313	-₩20,611,687	4,813,169	-₩2,624,331	12.59	10.00
									5.00
									1.34

이직으로 인한 월손익	생산성 3 (연장+이직률)	생산성 4 (이직률 포함)	팀 생산량 3 (연장+이직률)	팀 월손익 3 (연장+이직률)	1인당 생산량 2 (연장+이직률)	1인당 월순익 2	생산기여도 3 (이직률 포함)	1인당 생산기여도 (이직률 포함)	1인당 부가가치	가중치 포함 부가가치 생산성
2000000	100.00	100.00			0		100.00	100.00		100
₩0	134.19	140.08	449,130,152	₩114,442,652	9,980,670	₩2,543,170	29.35	26.12	₩8,722,602	134.19
₩4,000,000	66.06	68.90	196,526,769	-₩100,973,231	4,913,169	-₩2,524,331	12.84	12.86	₩4,293,862	66.06

1. 팀 측정요소 요소별 지수 차트

		1. 도면해석	2. 역무교육	3. 정리 정돈	4. 업무분담	5. 구성원과의 관계
1. 황동환	요소별 측정점수	40.00	15.00	40.00	15.00	20.00
4. 박영수	요소별 측정점수	-20.00	-15.00	-40.00	-30.00	-20.00

6. 품질관리	7. 자재관리	8. 작업스케치	9. 작업 일보	작업 능률	10. 불량한 작업	11. 재작업	12. 가동률
30.00	40.00	30.00	30.00	36.11	5.56	3.24	-3.33
-15.00	-40.00	-30.00	0.03	-29.16	-5.56	-3.24	8.89

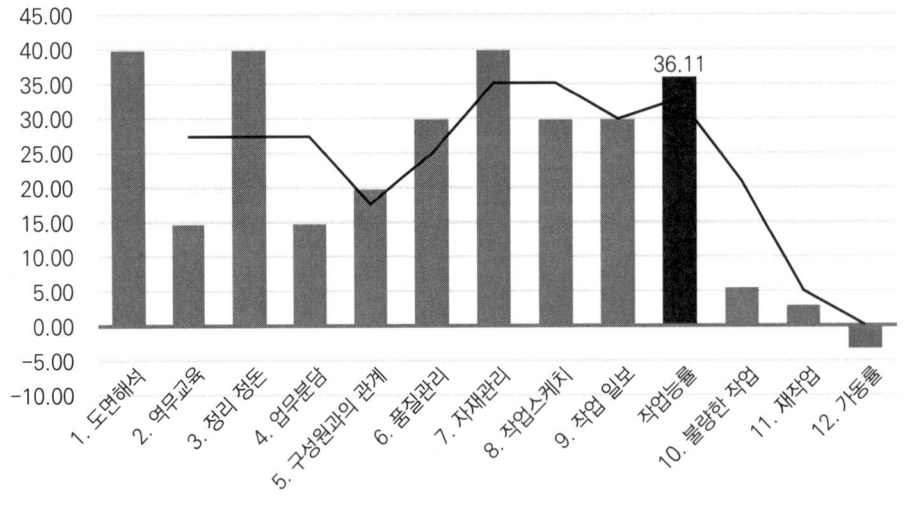

1. 황동환 요소별 평가 점수

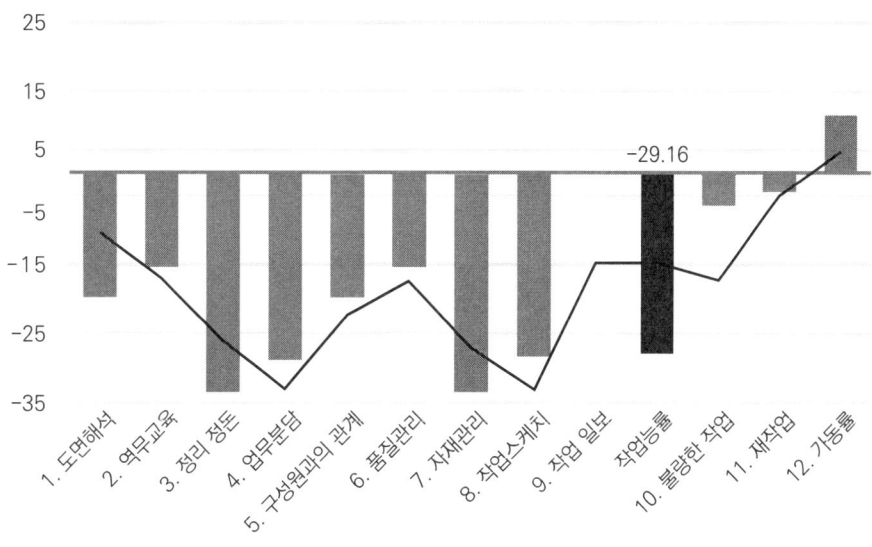

6-1. 팀별 생산성 3(연장+이직률)

팀	생산성
1. 황동환	134.19
4. 박영수	66.06

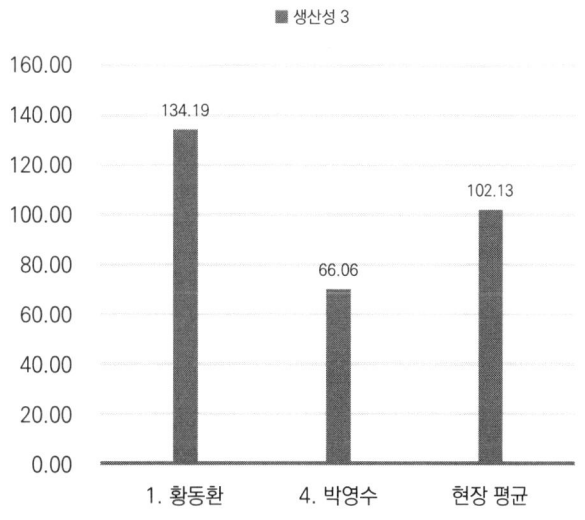

7-1. 팀별 월평균 생산량(이직률 포함)

팀	생산량	기본생산량	기본대비생산
1. 황동환	449,130,152	334,687,500	114,442,652
4. 박영수	196,526,769	297,500,000	-100,973,231

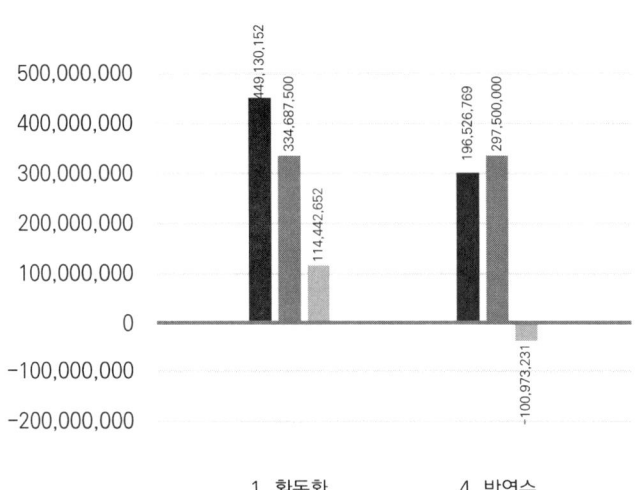

7-2. 팀별 생산 기여도

팀	기여도	1인당 생산기여도	1인당 생산성 비중
1. 황동환	69.56	67.01	67.01
4. 박영수	30.44	32.99	32.99
현장 평균	100.00	100.00	100.00

생산기여도 차트(%)

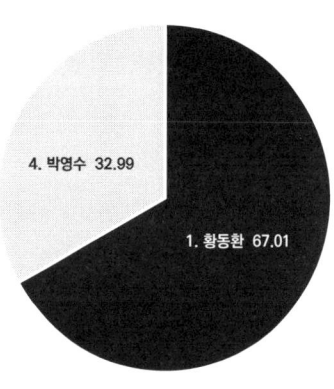

1인당 생산기여도 차트 (%)

8-1. 팀별 월평균 손익 차트(이직률 포함)

팀	월손익
1. 황동환	₩114,442,652
4. 박영수	-₩100,973,231

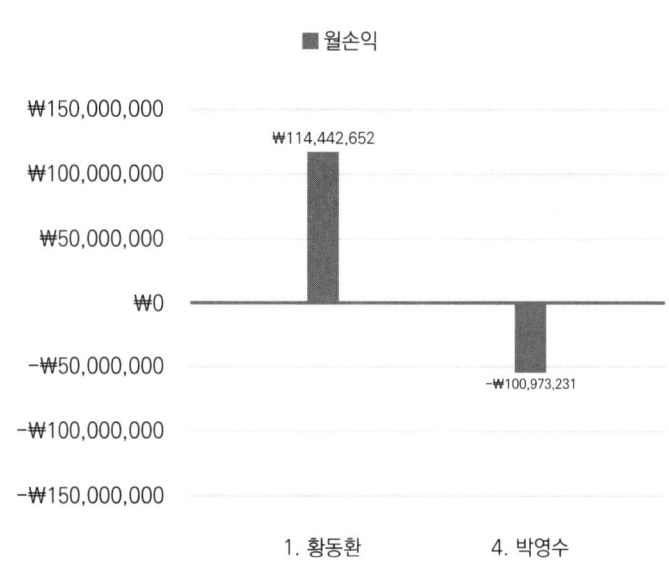

10-1. 팀별 1인당 부가가치 생산

팀	부가가치 생산
1. 황동환	₩8,722,602
4. 박영수	₩4,293,862

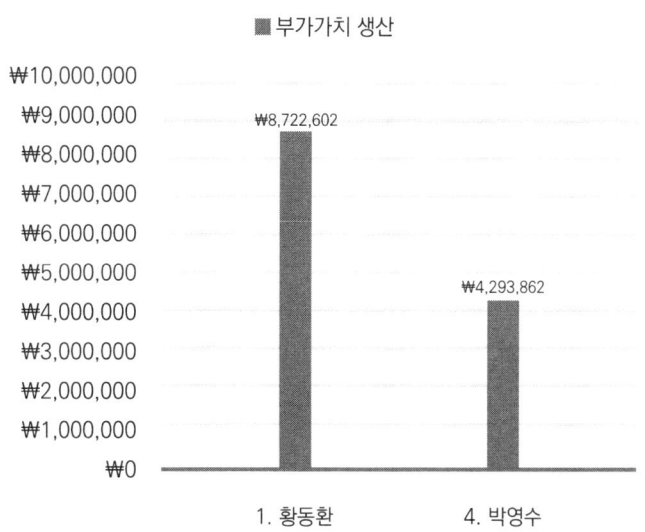

10-2. 가중치 포함 부가가치 생산성

팀	부가가치 생산성
1. 황동환	134.19
4. 박영수	66.06

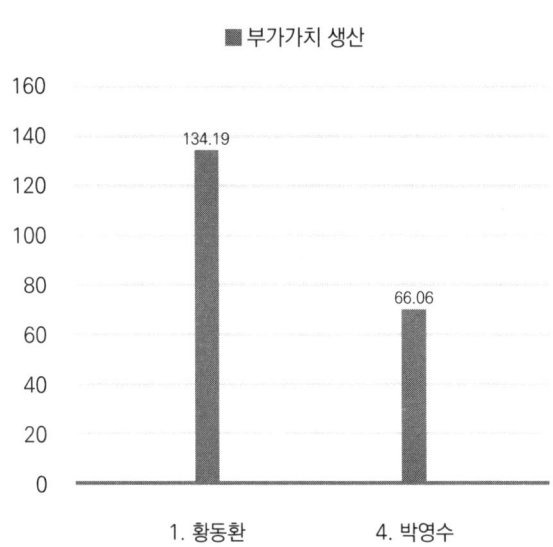

차트 결과

작업 물량을 결괏값으로 입력 후 팀 운영의 차이와 문제점을 조사한 것인데 순서를 바꾸어 운영의 차이와 문제점을 내용으로 결괏값을 예측하는 형식을 취한 것입니다.

먼저 두 팀의 생산성 측정요소 지수분석표를 보도록 하겠습니다.

차트6-1 연장작업 이직률을 포함한 생산성은 황동환팀이 134.19% 박영수팀이 66.06%이고,

차트8-1 황동환팀은 부가가치 생산이 449,130,152원 손익이 +114,442,652원 발생하였습니다. 박영수팀은 부가가치 생산이 196,526,769원 손익이 -100,973,231원 발생하였습니다.

차트7-2에서 1인당 생산을 비교하면 67%와 33%로 2배가 차이 나는 것을 볼 수 있습니다.

생산성 측정요소 요소별 차트1을 보면 황동환 팀장은 직무교육요소와 업무분담요소를 올려 주어야 합니다.

박영수 팀장은 전체적으로 정밀분석하고 정리 정돈 청결과 업무분담 자재관리 작업 일보 생성성 측정요소의 점수를 향상시킬 방법을 찾아야 합니다.

이러한 생산성 측정요소 중에 박영수팀의 정리, 정돈, 청결, 조도의 조사결과는 어떠했는지 다시 보겠습니다.

1. 자재를 찾기 어려워지는 상황이 되면, 정리 정돈 작업을 수행하였습니다.
2. 정돈 개념이 부족하여 어려움을 겪었습니다.
3. 청소시간과 역할 분담이 명확히 정해지지 않아 작업자들 사이에 불편함이 발생했습니다.

작업현장에서 정리, 정돈, 청결이 잘 수행되고 있는지를 측정하기 위한 체크항목(생산성 측정도구 P2)에서 박영수팀이 현장에서 실천이 쉽고 장기적으로 지속 가능한 행동을 선택하여야 합니다.

	작업현장에서 정리, 정돈, 청결이 잘 수행되고 있는지를 알아보기 위한 측정항목
1	계획과 조직: 정리, 정돈, 청결, 조도 관리를 위한 계획과 조직을 수립하는지 확인
2	작업장 청결도: 작업장 청결도를 유지하는지 확인
3	위생 유지: 작업 공간과 장비를 깨끗하게 유지하고 청결한 환경을 유지하는지 확인
4	정기적 청소: 주기적으로 청소 및 정돈 작업을 수행하여 먼지와 오염을 최소화하는 습관 확인
5	불필요한 물건 제거: 작업장에서 불필요한 장비, 자재, 도구 등을 정리하고 제거하는 정기적인 작업 확인
6	자재와 도구 보관: 자재와 도구가 정해진 위치에 잘 보관되고 작업 공간이 깔끔하고 정돈되어 있는지 확인
7	바닥 상태: 바닥이 청결하고 안전한 상태인지 측정
8	시간 관리: 작업 공간을 관리하고 유지하기 위한 시간을 효율적으로 배분하는 능력 확인
9	분류와 구분: 물품을 유형별로 분류하고 구분하여 레이블링되어 있는지 확인
10	폐기물 관리: 폐기물이 올바르게 분리 및 처리되고 있는지 확인
11	보관 체계: 물품들을 보관하는 체계를 설정하고 유지하는 능력 확인
12	책임감: 작업 공간과 환경을 관리하는데 필요한 책임을 느끼고 이행하는 능력
13	화학물질 관리: 화학물질을 안전하게 보관하고 레이블링하는지 확인
14	위험물 표시: 위험물을 적절하게 표시하고 보관하는지 확인
15	작업 공구 유지: 작업 공구가 정기적으로 유지 보수되고 교체되는지 측정
16	작업자 교육: 작업자들에게 정리, 정돈, 청결의 중요성을 교육하는지 확인

17	안전 보호구와 시설	안전 보호구와 시설이 깨끗하게 유지되고 있는지 확인
18	화재 안전	화재 대비 및 소화기, 비상 출구 등의 점검이 이루어지는지 확인
19	유해 물질 관리	유해 물질을 안전하게 보관하고 처리하는 절차를 준수하는지 확인
20	생산 시설 배치	작업 시설과 장비가 효율적으로 배치되어 있는지 확인
21	개인위생	작업자들의 개인위생 및 청결에 주의를 기울이는지 확인
22	재활용	재활용 가능한 자원을 적절하게 분리 및 관리하는지 확인
23	재고 관리	불필요한 재고를 최소화하고 효율적으로 관리하는지 확인
24	작업자 의식	작업자들 사이에서 정리, 정돈, 청결에 대한 의식이 높은지 확인
25	문서화 및 기록	정리, 정돈, 청결에 대한 정책 및 절차가 문서로 만들어져 있는지 확인
26	정기적인 감사	정리, 정돈, 청결 상태를 정기적으로 감사하고 측정하는 절차가 있는지 확인
27	문제 해결	정리, 정돈, 청결과 관련된 문제나 불규칙한 상황에 대한 처리 절차가 있는지 확인
28	작업 효율성	정리, 정돈, 청결이 작업 효율성에 어떤 영향을 미치는지를 인지하는지 확인
29	개인 책임	작업자가 개인적으로 청소와 정리에 대한 책임을 지고 실천하는지 측정
30	협업과 팀워크	작업자가 다른 팀원들과 협력하여 작업 공간의 정리와 정돈을 수행하는지 측정
31	작업을 서두르거나 빨리빨리 하려는 경향이 있는가?	
32	작업환경 개선	작업자가 작업환경을 개선하기 위해 제안하거나 실행하는 능력 측정
33	조명 설치	작업 공간에 적절한 조명을 설치하여 작업 시 시야를 개선하는 능력 측정
34	소지품 보관	개인 물품과 작업 도구가 분리되어 보관되는지 측정
35	작업표준 운용	정리, 정돈, 청결과 관련된 작업표준이 준수되고 있는지 확인
36	정리 정돈 청결 조도의 목표를 이해	위의 원칙들을 알고 준수하며 꾸준히 실천하는지 측정
37	작업자 의식	작업자들이 정리, 정돈, 청결을 책임지고 실천하고 있는지 측정
38	청소도구	청소도구가 지정된 위치에 보관되어 있는가 측정
39	작업장(샵장) 작업 현황 보드 구비	
40	역할분할	정리 정돈 청결을 위한 작업자의 역할이 분담되어 있는가 측정
41	휴식공간	작업장에 쉴 수 있는 공간이 정돈되어 있는지 측정
42	화장실	화장실이 작업에 영향을 미치는 정도 측정
43	작업 종료 전 정리 정돈 청결을 위한 시간이 주어지는가?	
44	작업 종료 전 정리 정돈 청결을 위한 업무분담이 되어 있는가?	
45	안전과 정리 정돈 청결의 관계	
46	품질과 정리 정돈 청결의 관계	
47	물량과 정리 정돈 청결의 관계	
48	정리 정돈 청결의 교육이 체계적으로 전달되는가?	

49	피드백과 개선: 작업 공간의 관리 방법을 지속해서 측정하고 개선하기 위해 피드백을 수렴하는 능력
50	현장순회를 매일 하는가?
51	정리 정돈 청결이 생산성에 미치는 영향을 작업자들이 간단히 설명하는 정도
52	자재 공도구 정리 정돈 담당자가 누구인지 확인
53	정리 정돈 청결에 대한 명확한 지침이나 규정이 있는가 확인
54	작업 일보에 자재 사용내역이 구체적이고 필요 예상 자재란에 기재되는지 확인
55	준비작업과 마무리 작업 시 업무분담이 이루어지는지 확인
56	정리 정돈 청결을 지속적으로 점검하고 지시
57	도면의 정리 정돈이 효율적으로 이루어지는가

차트7-1 이직률을 포함한 월평균 생산량을 살펴보면 박영수팀의 경우 40명이 평균 한 달 26일 동안 연장 20시간을 작업하여 이직률까지 포함하여 기본적으로 생산해야 할 생산량에서 부족분이 100,973,231단위 발생시킨 것입니다.

차트7-2를 보면 황동환팀은 팀원이 많음에도 불구하고 1인당 생산기여도가 두 배가량 많습니다. 이는 개인의 기량 차이가 크지 않더라도, 팀의 규모가 커지면서 리더의 역량에 따라 노동생산성에 큰 차이가 생긴다는 것을 보여 줍니다. 그러나 공사현장에서는 다양한 정서적 이유와 현장 여건을 탓하는 경우가 많습니다. 리더의 효과적인 현장관리와 전략이 생산성에 미치는 영향은 매우 큽니다.

여기서는 외적 요인을 모두 제외하고, 순수하게 작업현장의 생산성 측정요소와 현장관리 측정 자료를 기반으로 측정한 결과입니다.

차트10-1, 10-2는 팀별 1인당 부가가치 생산과 가중치를 포함한 부가가치 생산성을 나타냅니다.

모든 조건이 동일한데도 생산성 측정 결과에서 차이가 나타난다면, 이는 리더의 역량 차이로 판단할 수 있습니다. 분석 결과 팀 운영의 문제점이 드러났음에도 불구하고 변화하지 않는다면, 결국 손실이 증가하고 경쟁에서 뒤처지게 될 것입니다. 개선을 위한 적극적인 행동 변화가 필요합니다.

2. 조직도 관성을 가진다

조직은 마치 물리학에서 설명하는 물체의 관성과 유사한 특성이 있습니다. 즉, 조직은 변화에 대해 저항하며 원래의 상태를 유지하려는 성향이 있습니다. 이를 "조직도 관성을 가진다"라고 표현하는데, 이는 조직이 새로운 방향으로 나아가기 위해서는 큰 힘과 행동이 필요하다는 것을 의미합니다.

1) 구조적 안정성과 변화의 어려움

조직은 특정한 구조와 프로세스로 안정성을 유지하고 있습니다. 새로운 조직구조나 프로세스를 도입하기 위해서는 기존의 안정성을 깨고 새로운 방향으로 나아가려는 시도가 필요합니다. 이는 일종의 "조직구조의 관성"으로 이해할 수 있습니다.

2) 문화적 안정성과 변화의 저항

조직은 자체적인 문화를 형성하고 유지하려는 성향이 있습니다. 이러한 문화는 일종의 안전벨트처럼 작용하여 조직원들이 안정성을 느끼게 합니다. 따라서 새로운 가치관이나 문화의 수용은 어렵고, 변화를 위해서는 조직 문화의 변화와 관련된 강력한 움직임이 필요합니다.

3) 인적 안정성과 변화의 어려움

근로자는 익숙한 방식으로 작업을 수행하고 특정한 환경과 문화에 적응되어 있습니다. 새로운 방식이나 변화는 이들에게 일종의 부담으로 다가올 수 있습니다. 이는 조직원들의 개인적인 안정성을 나타내는 것이며, 이를 극복하기 위해서는 조직원의 교체와 충분한 교육 그리고 의사소통이 필요합니다.

4) 프로세스 및 시스템 안정성과 혁신의 필요

조직은 일정한 프로세스와 시스템을 갖추어 운영하고 있습니다. 이는 안정성을 제공하고자 하는 의도에서 비롯된 것이지만, 동시에 이것이 변화에 대한 어려움을 초래할 수 있습니다. 새로운 시스템이나 운영방법을 도입하기 위해서는 변화된 시스템을 적응시키고 학습하고 행동하는 과정이 필요합니다.

5) 적응과 혁신

조직도 관성이 존재한다면, 이를 극복하기 위해서는 적응과 혁신이 필수적입니다. 변화를 끌어내기 위해서는 모든 구성원이 변화에 참여하고 적극적으로 새로운 방향을 받아들여야 합니다. 조직 문화의 재설정, 적절한 리더십, 그리고 지속적인 교육 및 반복된 행동 등이 이러한 극복의 길을 열어 나갈 수 있습니다.

6) 조직의 성공적인 변화

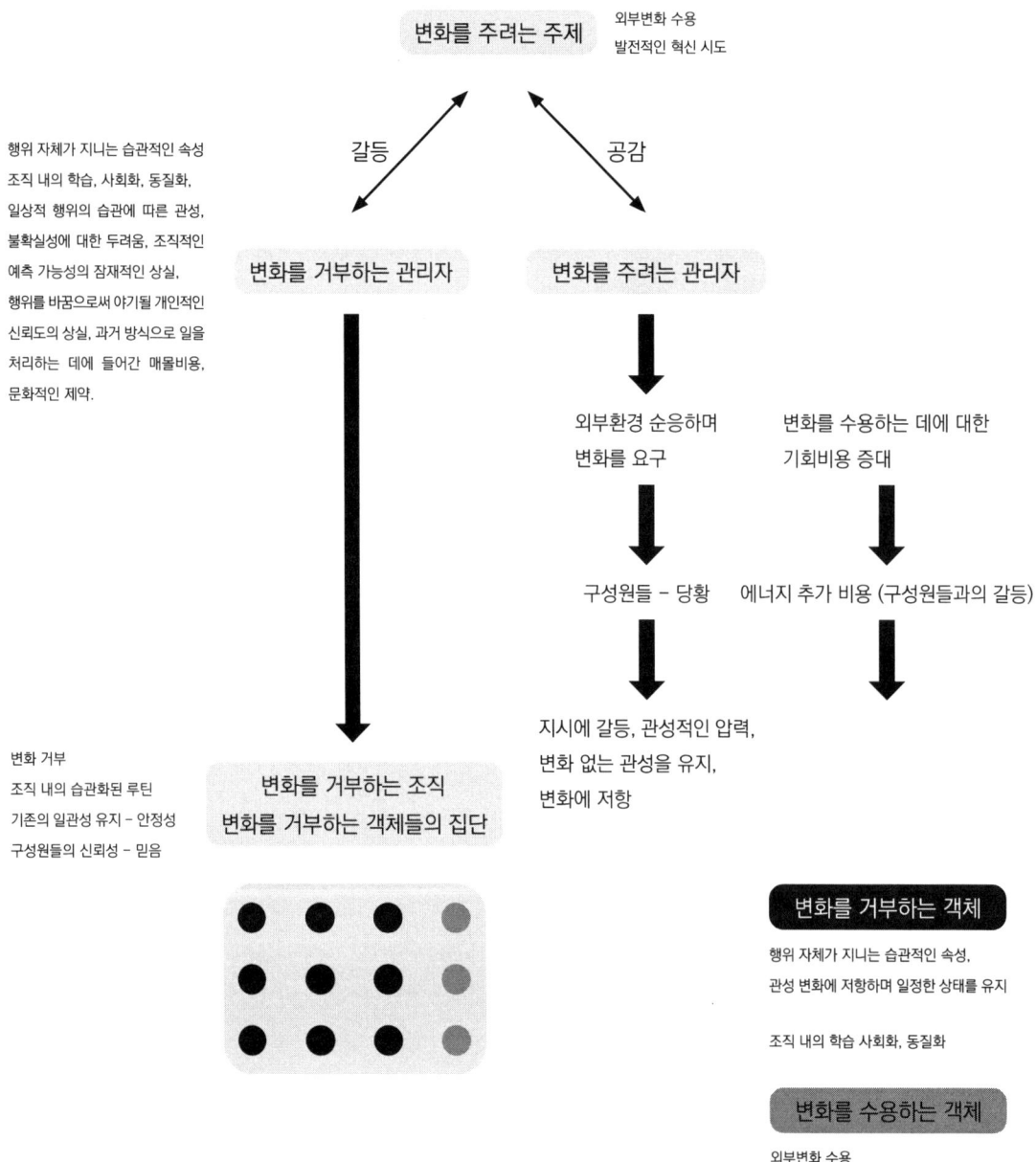

조직의 성공적인 변화를 위해서는 변화의 핵심 주체가 바로 최고 경영진에서 시작되어야 합니다. 이들이 변화를 이끌지 않는다면, 중간 관리자나 리더들이 시도한 변화는 위아래로의 반발과 기회비용 증가로 이어질 수 있습니다. 새로운 아이디어나 방향성이 상위에서부터 전해지면, 조직 구성원들은 변화에 대한 이해와 동참을 높일 수 있습니다.

새로운 변화를 시도하거나 교육을 통해 단기적인 행동 변화를 끌어내는 것도 중요합니다. 그러나 장기적인 성공을 위해서는 단순히 일부 행동만을 변화시키는 것에 그치지 않고 조직 전체의 동질성과 관성화에 대한 변화가 필요합니다. 이는 과거의 조직 형태와 습관을 근본적으로 개선하는 것을 의미합니다.

팀 리더와 구성원들을 집단으로 선발하거나 새롭게 조직을 형성하는 것은 이러한 변화를 촉진할 수 있는 중요한 수단 중 하나입니다. 새로운 인재와 리더십이 조직 내에서 새로운 동력과 에너지를 가져오면, 기존의 습관적인 행동과의 연결을 끊을 수 있습니다. 더불어 동질성과 관성화에 대한 저항력을 형성하여, 기존의 습관화된 루틴과 경쟁하게 됩니다. 이러한 집단적 변화가 일어나면, 조직은 과거의 형태에서 벗어나 새로운 비전과 가치에 기반을 둔 미래지향적인 모습을 갖출 수 있습니다. 이는 변화의 유연성을 확보하고, 조직의 경쟁력을 향상하는 중요한 역할을 합니다.

따라서 조직의 변화를 위해서는 리더의 지속적이고 효과적인 역할이 필요하며, 단순한 행동 변화를 넘어서 조직 전반에 대한 혁신이 이뤄져야 합니다.

3. 변화를 위한 실행 요령

1) 뇌는 변화를 힘들어합니다

리더는 조직의 문제를 해결하기 위해 다양한 시도를 합니다. 그런데도 원하는 변화가 이루어지지 않습니다. 이러한 상황이 발생하는 이유는 여러 가지가 있습니다:

- **기존 문화의 저항**: 변화에 저항하며 기존 문화를 유지하려는 경향이 있음
- **명확한 비전 부족**: 변화의 필요성과 방향이 명확하지 않을 때
- **의사소통 부족**: 리더와 구성원 간의 소통이 부족
- **리소스 부족**: 변화에 필요한 자원이나 지원이 부족
- **인적자원**: 구성원의 교체를 걱정하는 경우
- **리더십의 한계**: 리더의 역량이나 리더십 스타일이 변화 추진에 부적합
- **관심 부족**: 변화에 흥미를 갖지 않거나 그 목표에 관심을 두지 않을 때
- **지식 부족**: 변화의 목표나 방법에 대한 지식이 부족한 경우
- **편리함 우선**: 편한 상황을 선호하며, 불편한 변화를 피하려는 경향
- **의지 부족**: 변화를 실현하려는 의지가 강하지 않을 때
- **고집**: 자신이 원하는 방향만 고집하고 다른 아이디어나 방향을 거부할 때, 협력이 어려워짐
- **방법 미숙**: 변화를 이뤄 내기 위한 적절한 방법을 모르는 경우

조직에서 변화가 어려운 경우, 이러한 이유 중 하나 이상이 작용할 수 있습니다.

또한, 변화를 시도하려고 할 때, 사람의 뇌는 기본적으로 변화를 거부하고 변화하려는 행동에 저항합니다. 조직의 변화 과정도 이와 비슷한 어려움을 겪을 수 있습니다.

의지와 노력은 변화를 실현하기 위한 기본일 뿐이며, 이러한 요소는 우리의 마음과 연관이 있습니다. 변화를 원한다면, 그 변화를 이루기 위해서 실제로 행동을 취해야 합니다.

의지와 노력은 변화를 실현하기 위한 기본에 불과하며, 이 두 가지는 우리의 마음과 깊이 연관되어 있습니다. 변화를 원한다면, 그 변화를 이루기 위해 뇌가 실제로 행동을 취해야 합니다.

변화를 시도할 때, 확증 편향, 인지 편향, 그리고 잘못된 정보와 희망과 전망 등이 혼돈되는 상황을 인지하여야 합니다.

이러한 상황과 어려움을 인식하고, 한 단계씩 문제를 해결하는 방법을 논의하겠습니다.

2) 행동의 특징

1. 감정은 행동에 큰 영향을 줍니다. 많은 경우에는 감정이 이성보다 더 중요한 역할을 합니다.
2. 공개적으로 행동이 표현될 때, 행동할 가능성이 큽니다. 어떤 사람이 특정한 주제에 대해 공개적으로 이야기하거나 그와 관련된 행동을 보이는 경우, 그 행동을 실제로 수행할 가능성이 크다는 것을 의미합니다.
3. 관심 있는 사람을 따라 행동하는 경향이 있습니다. 우리는 관심 있는 사람들의 행동을 따라 하고 모방하는 경향이 있습니다.
4. 직접 경험을 통해 중추신경이 자극을 받을 때(예: 칭찬), 행동이 더 쉬워집니다. 우리의 행동은 직접적인 경험이나 자극에 의해 영향을 받습니다.
5. 자신의 이익과 관련된 상황에서 행동할 가능성이 큽니다. 우리는 자신의 이익과 관련된 상황에서 더 적극적으로 행동하려는 경향이 있습니다.
6. 특정 대상에 대한 지식이 많을 때, 그에 따른 태도와 행동이 일치할 가능성이 큽니다. 우리는 어떤 대상에 대해 더 다양한 지식을 갖게 되면, 그에 따른 태도와 행동이 일치하는 경향이 있습니다.
7. 자존감이 강할수록 태도와 행동이 일치합니다. 자신에 대한 자존감이 강할수록 우리의 태도와 행동이 일관성을 갖게 됩니다.
8. 행동을 취해야 할 시점이 가까울수록 행동이 쉬워집니다. 목표를 계획할 때는 멀리 잡지 말고, 행동을 취해야 할 시점을 가까이 잡는 것이 도움이 됩니다.
9. 행동은 습관적으로 이루어지는 경우가 많습니다. 우리는 일상적인 활동이나 특정 상황에서 자동으로 특정 행동을 반복하게 됩니다.
10. 행동은 외부 요인에 의해 영향을 받을 수 있습니다. 환경이나 사회적인 요인은 우리의 행동을 조절하거나 변화시킬 수 있습니다.
11. 행동은 동기부여에 의해 촉발될 수 있습니다. 우리가 특정 목표를 달성하고자 하는 동기가 강할수록 행동을 취하게 되는 경향이 있습니다.

12. 행동은 상황에 따라 유연하게 변화할 수 있습니다. 우리는 다양한 상황에서 필요에 따라 적절한 행동을 선택하고 조정할 수 있습니다.
13. 행동은 타인의 영향을 받을 수 있습니다. 주변 사람들의 행동이나 의견에 따라 우리의 행동이 변화할 수 있습니다.
14. 행동은 문맥에 따라 의미와 효과가 달라질 수 있습니다. 같은 행동이라도 발생하는 상황이나 배경에 따라 결과가 다를 수 있습니다.
15. 자기효능감은 행동에 영향을 줄 수 있는 중요한 요소입니다. 우리가 자신의 능력과 자신감을 가지고 특정 행동에 대해 믿음을 가질수록, 그 행동을 취할 가능성이 커집니다.
16. 행동은 유전적인 영향과 배움에 의해 형성됩니다. 유전적인 요소와 경험을 통해 우리는 특정한 행동 양식을 습득하게 됩니다.

3) 변화를 이루기 위한 원칙

이 원칙은 "뇌는 쉬운 일만 하려고 한다. 행동은 뇌가 시키는 반응이다"라는 관점에서 출발합니다.

변화를 이루지 못하는 이유는 의지력의 부족이나 절실함의 부재가 아니라, 변화를 위한 일관적인 행동이 부족하기 때문입니다. 의지, 노력, 절실함은 중요한 요소지만, 이는 단지 변화를 위한 기본이며 사고에 불과합니다. 실제로 행동을 하기 위해서는 뇌가 명령을 내려야 합니다.

타고난 성향과 형성된 습관을 바꾸는 것은 어려운 일이지만, 습관은 환경과 반복된 행동을 통해 변화시킬 수 있습니다. 처음부터 담배를 피우는 사람은 없습니다. 담배를 피우고 싶어도 구할 방법이 없다면 피울 수 없는 것입니다. 따라서 환경을 변화시켜야 합니다. 시간이 지나면 뇌는 피워야 하는 습관의 연결이 약해집니다. 이때 끊어야 한다는 의지를 갖게 되면 뇌의 거부반응이 약해져서 의지로도 통제할 수 있게 됩니다.

그러나 조직환경을 변화시키려는 데에는 저항이 더 크게 따릅니다.

이를 해결하기 위한 원칙들을 요약하면 다음과 같습니다:

1. 쉽고 단순하며 사소한 행동, 지속해서 반복 수행할 수 있는 쉬운 행동부터 시작해야 합니다.
2. 변화의 필요성과 목표를 명확히 제시하여 구성원들이 이해하고 동의할 수 있도록 합니다.

3. 우선순위를 정하는 것이 중요합니다.
4. 선택의 수가 적을 때 사람들은 실행하거나 행동하기가 쉽습니다. 선택지가 많으면 실행하기가 어려워집니다.
5. 계속적으로 발전적인 행동을 계속하는 것이 어렵다면, 환경을 바꾸어야 합니다.
6. 발전적인 행동을 적극적으로 칭찬하고 관심을 기울이는 것이 중요합니다.
7. 변화에 방해가 되는 구성원은 즉시 조치하여야 합니다.

4. 현장 리더가 시공 현장에서 부단히 생각해야 할 45가지

1) 변화는 작은 것들로부터 시작된다

의미: 변화나 전환은 작은 변화들의 단계적이고 적절한 연속으로부터 비롯된다는 의미입니다. 변화나 개선을 이루기 위해서는 대규모나 복잡한 변화를 한 번에 이루려는 것보다는 쉽게 할 수 있는, 지속해서 할 수 있는 작은 단계들로 접근하는 것이 더 효과적이라는 것입니다. 작은 변화들은 눈에 띄지 않을 수도 있지만, 더 나은 결과를 이루기 위해 작은 것들에 집중하고 지속해서 실천하여야 합니다.

요령

- 지속해서 일관성을 유지하는 것입니다.
- 접근하기 쉬운 주변부터 집중하는 것이 중요합니다.
- 교육 가능한 내용에 우선하여 집중해야 합니다.
- 작업현장 청소를 주기적으로 진행합니다.
- 예절교육(인사교육)을 합니다. (소통의 시작)
- 신규 작업자가 작업에 참여하기 전에 역할과 업무에 대한 교육을 시행합니다.
- 작업자의 호칭에 이름을 추가하여 친근하게 대화합니다.
- 생일날에는 작은 사탕 하나를 준비하여 기분 좋게 해 줍시다.
- 사무실에서 커피를 직접 현장작업자에게 제공합니다.
- TBM 시간에는 시공 관련 퀴즈를 하나씩 내 보아 흥미를 유발합니다.
- 작업을 작은 단위로 나누고, 각 단계가 완료될 때마다 체크해 나갑시다.
- 작업시간 동안은 휴대전화 사용을 중단합시다.
- 업무 시간 내에 정해진 시간 안에 일정량의 작업을 완료하도록 목표를 설정합시다.
- 미팅이나 회의 시에는 화이트보드를 활용하여 아이디어를 시각화하여 보여 줍시다.
- 행동할 수 있는 작은 일들을 꾸준히 개발합니다.

2) 예측할 수 있는 일관성이 있어야 한다

의미: '예측 가능한 일관성'은 공사현장에서 관리자가 작업과 운영을 일관되고 예측 가능한 방식으로 유지하는 것을 의미합니다. 이는 팀원들이 일정, 절차, 의사소통 등을 예측할 수 있고, 결과에 대한 예상이 가능하도록 하는 것을 말합니다.

1. 쉬는 시간과 근태는 일관성이 있어야 합니다. 팀원들은 쉬는 시간과 근태에 대해 일관된 정책을 경험하고 예측할 수 있어야 합니다. 이는 신뢰를 형성하는 데 도움이 됩니다.
2. 보상과 벌칙의 공정성과 일관성을 유지해야 합니다.
3. 보상과 벌칙은 공정하게 적용되어야 하며, 팀원들은 이에 대해 일관성을 느껴야 합니다. 이는 조직 내에서 신뢰를 구축하고 동기를 부여하는 데에 중요한 역할을 합니다.
4. 지시사항을 명확히 확인해야 합니다.
5. 현장 리더는 지시사항을 명확하게 제시하고 팀원들이 이를 예측할 수 있도록 해야 합니다. 일관된 지시사항은 혼동을 방지하고 작업의 효율성을 향상시킬 수 있습니다.
6. 예측 가능한 일정과 준수를 유지해야 합니다.
7. 작업일정은 예측할 수 있게 설정되어야 하며, 팀원들은 이를 따르고 준수해야 합니다. 일관된 업무 절차와 방법을 유지해야 합니다.

팀원들은 작업에 대한 일관된 절차와 방법을 알고 예측할 수 있어야 합니다. 이는 작업 품질의 일관성을 유지하고 생산성을 향상하는 데에 도움이 됩니다.

- 잘못된 일관성은 조직을 망가트립니다.
- 직관에 의해 행동하는 사람
- 생각보다 일단 "떠오르는 대로 해 보자"라는 사람

잘못된 일관성은 조직을 망가뜨릴 수 있습니다. 특히 직관에 의해 행동하는 사람이나 "떠오르는 대로 해 보자"라고 생각하는 사람은 예측 가능성과 일관성의 부재로 인해 조직 내부에서 혼돈을 초래할 수 있습니다.

직관에 의해 행동하는 사람은 때때로 감각에 의존하여 결정을 내리는 경향이 있습니다. 이는 주관적인 판단이나 개인적인 경험에 의존하기 때문에 일관성이 부족할 수 있습니다. 예를 들어, 같은 상황에서도 그들의 판단이 계속 바뀔 수 있으며, 다른 사람들과의 협력이 어려울 수 있습니다.

또한, "떠오르는 대로 해 보자"라고 생각하는 사람은 계획 없이 순간의 유혹에 따라 행동하는 경향이 있습니다. 이는 일관성을 잃고 일반적인 접근을 취할 수 없게 만들어 예측 불가능한 결과를 초래할 수 있습니다. 이러한 사람들은 상황에 따라 방향이 계속 변하기 때문에 조직 내부의 협업과 조정을 어렵게 만들 수 있습니다.

3) 작업시간 허비 요인

의미: "공사현장에서 작업시간을 허비한다" 또는 "공사현장에서 작업시간을 낭비한다"라는 것은 공사현장에서 작업에 소요되는 시간이 비효율적이거나 비생산적으로 사용된다는 의미가 있습니다.

1. **부적절한 작업계획**: 작업의 우선순위를 정하지 않거나 작업일정을 충분히 고려하지 않는 등 부적절한 작업계획은 작업시간을 낭비할 수 있습니다.
2. **인력 및 역량 관리의 부족**: 적절한 인력 배치와 역량 관리가 이루어지지 않으면 작업 효율성이 저하될 수 있습니다.
3. **효율적인 자재와 장비 관리 부재**: 자재 및 장비의 보급과 관리가 원활하지 않으면 작업의 원활한 진행이 어려울 수 있습니다.
4. **의사소통의 부족**: 작업 진행 중 팀원들 간의 의사소통이 원활하지 않으면 협력과 조정이 어려워지고 작업시간이 낭비될 수 있습니다.
5. **품질관리의 부족**: 작업의 품질관리가 제대로 이루어지지 않으면 결함이 발생할 가능성이 커지고, 이는 작업 재수행이나 수정에 따른 시간 낭비로 이어질 수 있습니다.
6. **안전 절차 및 규정준수 부족**: 안전 절차와 규정을 준수하지 않으면 작업 중 사고 발생 위험이 크게 증가하며, 이로 인해 작업 중단 및 안전 점검 시간이 늘어날 수 있습니다.
7. **재고 불충분 및 공급 지연**: 필요한 자재나 장비의 재고가 부족하거나 공급이 지연되면 작업 진행이 지연될 수 있습니다.
8. **작업 지침의 부재 또는 모호함**: 명확하고 상세한 작업 지침이 부재하거나 모호하게 작성되면 작업 진행이 어려워지고 시간 낭비가 발생할 수 있습니다.

이러한 요소들을 고려하여 전기공사 현장에서 작업시간을 효율적으로 활용하고, 작업계획, 인력 관리, 자재관리, 의사소통, 품질관리, 안전 준수, 재고 관리, 작업 지침 등에 주의를 기울여야 합니다.

작업을 진행하다 보면 잘못된 순서로 작업을 지속적으로 하는 작업자가 있을 수 있습니다. 그의 실수는 동료나 주변 작업자에게도 잘 보입니다. 문제는 그가 자신의 행동을 수정하지 않는다는 점입니다. 게다가 그는 자신의 불량한 작업을 당연한 것으로 생각하기까지 합니다.

이러한 사람의 특징은 다음과 같습니다:

1. **항상 바쁘고 급하다**: 그는 항상 바쁘게 일을 하지만, 실제로는 작업을 올바른 순서로 수행하지 않는 경향이 있습니다.
2. **대화 방법이 서툴다**: 작업과 관련된 대화는 서로가 이해가 되었는지 확인하여야 합니다. 서로가 눈을 보고 대화를 하여야 합니다.
3. **본인의 일이 아닌데 본인이 나서서 한다**: 그는 자기 일이 아님에도 참견하며 자발적으로 작업을 수행합니다.
4. **잘못을 얘기하면 절대 듣지 않는다**: 다른 사람들이 그의 잘못을 지적해도 인정하지 않고 무시합니다.
5. **함께 일하는 방법을 모른다**: 협력과 팀워크에 대한 이해가 부족하며, 다른 사람들과의 협업 방법을 알지 못합니다.
6. **중요하고 급한 일의 순서를 정하지 못한다**: 작업의 중요도와 긴급성을 제대로 판단하지 못하고 작업순서를 결정하는 데 어려움이 있습니다.

이러한 행동을 고치기는 쉽지 않지만, 작업시간 낭비 요소를 줄이기 위해 몇 가지 방법을 고려해 볼 수 있습니다.

4) 작업의욕 저하 요인과 이로 인한 손실의 계량화(만족이 없는 상태와 불만족)

의미: "작업의욕 저하 요인"은 작업자들의 동기를 감소시키거나 작업환경을 불만족스럽게 만드는 요인들을 의미합니다. 이로 인해 작업자들은 일에 대한 흥미와 열의를 잃고, 팀으로 일해야 하는 공사현장에서는 생산성이 크게 저하됩니다.

"작업의욕 저하 요인에 의한 손실의 계량화"는 작업의욕 저하로 인해 발생하는 손실을 양적인 측면에서 측정하는 것을 의미합니다. 즉, 작업의욕 저하로 인해 발생하는 생산성 감소, 품질 하락, 재작업 및 오류 발생 등을 정량적으로 측정하여 그에 따른 손실을 파악하는 것입니다.

공사현장에서는 이러한 데이터를 현실적으로 구하기 어렵습니다.

작업의욕 저하 요인은 너무나 많습니다.

생산성을 향상하기 위해서 만족도가 높은 작업현장에 치중하는 것은 올바른 접근이 아닙니다. 만족도를 높이려고 하는 것은 결국 끝이 없이 비용이 증가할 수 있습니다. 해법은 의욕 저하 요인을 제거하라고 주장하는 것입니다. 이는 불만족 상태가 아닌 만족이 없는 상태, 불만이 없는 상태를 유지하는 것입니다. 생산성을 높이기 위해 만족도를 향상하기 위한 비용의 50%를 불량한 작업 방지에 투자하는 것이 더 효과적입니다. (효용체감의 법칙)

몇몇 논문을 살펴보면 생산성 저해요인으로는 다음과 같은 요인들이 언급됩니다.

생리적 요인, 경제적 요인, 현장 요인, 심리적 요인, 사회적 요인 등입니다.

이러한 요인들을 세분화해 보면 사고 및 재해, 열악한 근무 시간, 고용의 보장 여부, 적은 임금, 안전과 보건 환경, 위험한 작업조건, 부실한 도구, 무리한 작업 지시, 사회적 무시와 차별, 저품질 식사 등이 있습니다. 이런 요인들을 열거하면 그 수는 끝이 없을 것입니다. 그리고 생산성 향상을 위하여 만족도를 높이라는 결과를 증명해 보입니다.

저는 이러한 논문 결과를 이해하고 있습니다. 그러나 이 연구 결과는 현장 일을 전혀 모르는 사람들이 설문조사 또는 인터뷰를 통해 얻은 결과라는 점을 고려해야 합니다. 그리고 100%는 아니지만 51% 이상은 잘못됐다고 볼 수 있습니다. 여기서 얘기하는 생산성 저해요인들을 모두 합쳐도 불량한 작업 및 재작업 비중이 생산성에 큰 비중을 차지합니다.

작업의욕 저하 요인은 다음과 같을 수 있습니다:

1. 일상적이고 반복적인 작업
2. 효과적인 의사소통 부재
3. 부적절한 리더십
4. 부족한 보상과 인정
5. 작업환경의 불편함
6. 현장작업자에 대한 사회적 편견

작업의욕 저하는 작업자들의 참여와 열정을 감소시키며, 생산성과 품질에 부정적인 영향을 미칠 수 있습니다. 따라서 조직은 작업자들의 동기를 유지하기 위해 작업의 다양성, 명확한 의사소통, 리더십, 공정한 보상 및 작업환경 개선 등에 주의를 기울여 불만이 없는 상태를 유지하도록 하여야 합니다.

만족이 없는 상태와 불만족은 서로 다른 의미가 있습니다.

1. **만족이 없는 상태(Dissatisfaction)**: 만족이 없는 상태는 기대한 만큼의 결과나 성과를 얻지 못해서 일어납니다. 즉, 원하는 것을 충족시키지 못해 만족하지 않는 상태를 의미합니다. 예를 들어, 어떤 제품을 구매하였지만, 기능이나 품질이 기대에 미치지 못하여 만족하지 못하는 것이 그 예입니다.
2. **불만족(Discontent)**: 불만족은 특정 상황이나 조건에 대해 불편하거나 불평하는 감정이나 태도를 나타냅니다. 불만족은 실제로 경험한 상황에서 불편함이나 불평을 표현하는 것으로, 일반적으로 좋지 않은 경험을 한 결과로 나타날 수 있습니다. 예를 들어, 서비스나 제품의 품질이 낮거나 부정확한 정보 제공으로 인해 불편함을 느끼는 경우 불만족이 발생할 수 있습니다.

요약하자면, 만족이 없는 상태는 원하는 결과를 얻지 못하여 만족하지 않는 상태를 의미하며, 불만족은 특정 상황이나 조건에 대해 불편하거나 불평하는 감정이나 태도를 나타냅니다.

5) 불만은 전염성이 강하다

"불만은 전염성이 강하다"라는 표현은 일반적으로 조직이나 집단 내에서 불만이나 불평이 한 사람에서 다른 사람으로 전파되어 더 많은 사람이 불만을 품게 되는 현상을 의미합니다. 이는 불만이 한 사람을 시작으로 빠르게 확산되어 전체적인 분위기나 작업환경에 영향을 미칠 수 있는 상황을 말합니다.

현장 생활에서는 불만이 자연스럽게 발생하는 것이 일반적입니다. 그러나 건전한 불만, 즉 합리적인 근거가 있고 적절하게 해결될 수 있는 비평은 현장의 발전을 도모하는 요인이 됩니다. 문제는 비합리적이거나 근거 없는 감정적인 불만이 더 강력한 호소력을 가지고 전염되기 쉽다는 점입니다. 때로는 심지어 없던 불만도 만들어 내어 활용하는 사람들도 있습니다. 주변에서 말하는 불만을 자주 듣다 보면 자기도 모르게 불만이 생길 수 있습니다.

인간은 편해지고자 하는 성향을 가지고 있는데, 이러한 특성으로 인해 불평과 비판은 공감대를 형성하기 쉽고, 비난과 불평은 현장 조직에 암적인 존재로 작용합니다. 이러한 암적인 존재를 해결하려면 불만이 왜 생기는지를 파악해야 합니다. 그렇지 않으면 문제가 해결되었다 하더라도 재발할 우려가 큽니다.

개인적인 경험을 바탕으로 보면, 비합리적인 불평불만을 자주 표현하는 사람들은 오히려 직장을 그만두지 않는 경향이 있습니다. 이들은 계속해서 불평불만을 전파하면서 자신은 그럭저럭 직장 생활을 하는 경우가 많습니다. 가끔 불평불만을 하는 성향이 있는 사람들이 별도로 존재한다는 생각을 하게 됩니다.

인간이 본능적으로 나쁜 소식에 민감한 이유

인류는 최초로 등장한 500만 년 전부터 동굴에서 생활했으며, 동굴을 떠나는 일은 1만 년 전에 이루어졌습니다. 이에 따라 인간의 본성은 동굴에서 살았을 때와 같다고 할 수 있습니다.

동굴에서 사는 원시인에게는 나쁜 소식 한 가지가 좋은 소식 백 가지보다 중요합니다. 왜냐하면, 생명을 위협하는 나쁜 소식 하나가, 없어도 되는 좋은 소식 백 가지보다 훨씬 중요하기 때문입니다.

이러한 이유로 인해서 인간은 본능적으로 나쁜 소식에 민감합니다. 특히 주변에서 들리는 불평불만은 우리가 의식하지 않아도 자동으로 듣게 됩니다. 비록 불평불만에 동조하지 않을지라도, 우리는 본능적으로 자기와 관련된 불평불만이 있는지를 알아차리려고 합니다.

6) 사고방지대책

사고 및 중대 재해로 인한 손실은 정도에 따라 다르지만, 발생하면 큰 비용이 발생합니다. 따라서 사고가 발생하지 않도록 예방하는 것이 매우 중요합니다. 작업 중에 발생할 수 있는 사고를 막을 방법은 있을 수 있지만, 절대적으로 100% 방지할 방법은 없습니다. 매일 반복되는 안전교육이 중요하지만, 현장에서는 다음과 같은 내용이 지켜져야 합니다.

1. 작업량에 압박을 주지 않습니다.
2. 서두르지 않고 작업순서를 숙지한 후 작업합니다.

3. 작업현장의 정리 정돈과 청결을 유지하며 조도를 확보합니다.

4. 안전교육은 외부 강사와 반장 중심으로 교육이 이루어져야 합니다. (책임소재)

5. 작업 시 안전한 작업 자세와 작업 공간을 확보합니다.

6. 작업 중 서로를 지켜 주는 안전문화를 만듭니다.

7) 작업업무분담(작업자 상호 간의 소통)

의미: 공사현장에서 업무분담은 작업을 효율적으로 수행하기 위해 작업 내용을 각각의 작업자 또는 팀에게 명확히 분배하는 것을 의미합니다.

공사현장에서 업무분담을 효율적으로 진행하기 위해 다음과 같은 역할과 담당을 고려합니다:

- 작업 시작 시: 자재 담당, 공도구 담당, 작업현장 준비 담당 등
- 작업 종료 시: 현장 정리 정돈 담당, 청소 담당, 작업마감 담당, 작업 일보 담당 등

이러한 역할과 담당을 통해 작업자들은 자신의 역할을 명확히 알고 업무에 집중할 수 있습니다. 작업반장은 특히 정리 정돈과 청결을 유지하는 시간을 충분히 담당자에게 제공해야 합니다.

공사현장에서 업무분담을 효율적으로 진행하기 위해서는 다음과 같은 방법을 고려할 수 있습니다:

1. **역할과 책임의 명확화**: 각 작업에 대해 역할과 책임을 명확히 정의합니다.
2. **작업자의 역량과 경험 고려**: 작업자들의 역량과 경험을 고려하여 작업을 분담합니다.
3. **협력과 팀워크 강화**: 작업자들 간의 협력과 팀워크를 강화합니다.
4. **작업 일정과 우선순위 고려**: 작업일정과 우선순위를 고려하여 작업을 분담합니다.
5. **자원과 장비의 최적 활용**: 작업에 필요한 자원과 장비를 최적으로 활용하여 작업을 분담합니다.

이러한 방법들을 종합적으로 고려하여 업무분담을 계획하면 공사현장에서 **효율**적인 작업 진행과 협력적인 팀워크를 구축할 수 있습니다.

8) 작업 일보는 나사까지 적어야 한다. 명일 필요 자재를 기재한다

"작업 일보에는 나사까지 적어야 한다"라는 말은 작업 일보 작성 시 세부적인 정보를 빠뜨리지 않고 정확하게 기록해야 한다는 의미입니다. 나사와 같은 세부 사항까지 기록되어야 합니다. 또한, 다음 작업 일에 필요한 자재를 작업 일보에 명확하게 기재해야 한다는 의미입니다. 이를 통해 자재의 준비와 공급이 원활하게 이루어지고, 작업일정이 지연되지 않도록 도와줍니다.

상황 A:

반장: 야, 제기랄~ 매일 같은 작업 일보 왜 적어? 시간만 잔뜩 걸려….

전공: 대충 적어요. 보지도 않는데 무슨 의미 있다고? 형식적이잖아요. 확인도 못 하는데.

반장: 이 양반은 나사까지 적으라는데 정신 나간 양반 아니야?

항상 투덜대면서 대충 작업량을 기재한다.

상황 B:

반장: ○○○ 씨, 오늘 22, 12봉, 28, 3봉 맞지? (재확인)

"○○○ 씨, 내일 사각박스 12개 매입, 스위치박스 3개 매입, 콘센트박스 6개 준비해 주시오. 직결피스 16mm 1봉, 접시머리볼트 30mm 1봉, 칼블럭 1봉 준비해 주시오."라고 메모해서 전공 A에게 준다.

반장: ○○○ 씨, 오늘 2.5 SQ 흑 50m, 적 50m, 녹 50m, 노 70m, 백 120m, 4 SQ 적 120m, 백 120m 맞지요?

전공: 반장님, 청색 70m, 적색 70m 들어갔습니다.

반장: 아, 맞다. 스위치 쪽 계산 안 했네. 지금 4 SQ 적색 흑색 1타 밖에 없네. 내일 아침에 1타씩 준비해야겠네. 사각박스도 내일 20개 준비해야 하고, 내일은 배관 작업을 해야겠다.

메모해서 전공 B에게 준다.

상황 A와 상황 B는 공사현장에서 업무분담과 자재준비에 대한 예시입니다. 상황 A에서는 업무분담의 부재와 작업 일보 작성의 중요성을 강조하고, 상황 B에서는 업무분담과 자재준비의 중요성을 강조하며 실제 현장에서 일어날 수 있는 상황을 표현한 것입니다.

작업 일보 작성 시 작업자들은 모두 물량에 신경을 쓰지 않을 수 없습니다. "나사까지 적으라"라는 뜻은 작업 준비 단계에서 자재를 미리 준비하는 능력을 키우고, 다음 날 작업내용을 미리 파악하여 불량한 작업과 재작업을 방지하는 효과가 있다는 의미입니다.

작업 일보 작성은 물량 산출과 기본 품셈과의 비교를 통해 작업 진행 상태를 파악하는 목적이 있습니다. 또한, 작업 진행 상태를 현장에서 확인하기 위해 필요합니다.

9) 현장에서 작업자의 도면을 보고 작업 상황을 확인한다

도면을 주기적으로 확인하는 것이 중요합니다. 최신 도면을 사용하여 작업을 진행해야 합니다. 또한, 같은 도면이라도 작업자 개개인의 손으로 표시되어 있어 자신에게 필요한 정보가 한눈에 들어올 수 있습니다. 이는 시간을 단축하고 작업의 정확도를 향상시킬 수 있습니다. 더 나아가, 도면을 통해 간섭사항을 파악하고 작업의 타이밍을 놓치지 않도록 할 수 있습니다.

작업자는 현장에서 도면과 이야기합니다.

작업자가 도면을 현장에서 확인하면서 도면에 표시된 내용으로 작업에 관하여 이야기하고 소통하는 것을 의미합니다. 작업자는 도면을 보면서 작업의 세부 내용을 이해하고, 필요한 정보를 확인하며 작업을 진행합니다. 도면과의 소통을 통해 작업자는 도면에 표시된 사항을 이해하고 필요한 작업 절차를 파악할 수 있습니다.

이는 작업자들의 소통을 강화하고 작업의 일관성과 정확성을 유지하는 데 도움을 줍니다. 작업자들은 도면을 참고하면서 작업에 필요한 정보나 의문점을 현장에서 다른 작업자나 관리자와 이야기하고 해결책을 찾을 수 있습니다.

10) 수확체감(한계생산력 체감)의 법칙, 규모의 경제법칙 효용체감의 법칙

한계생산력 체감의 법칙은 작업자 또는 작업팀이 작업량을 계속 증가시키는 경우, 초기에는 생산성이 향상되지만, 일정 수준 이후에는 추가적인 생산량이 증가하지 않거나 생산성 향상이 감소하는 현상을 말합니다. 이 법칙은 투입대비 생산량의 관계를 설명하는 데 사용됩니다.

연장작업 또는 야간작업을 최소화해야 하는 이유를 설명할 수 있습니다.

규모의 경제법칙은 생산 규모가 증가함에 따라 생산비용이 감소하는 경향을 말합니다. 이는 경제학에서 중요한 개념으로 사용되며, 조직이나 기업이 규모를 확대함으로써 생산성과 효율성을 향상하는 데 도움이 됩니다.

효용체감의 법칙은 경제학에서 사용되는 개념으로, 소비자가 추가적인 단위의 상품이나 서비스를 소비할 때 효용(만족감 또는 유틸리티)이 어떻게 변화하는지를 설명합니다. 변화의 순위를 정할 때 어디에 중점을 둘 것인지 알려 줍니다.

절대적 효용감소

만족감과 행복감은 효용의 체감에 있어서 다른 요소들보다 빨리 나타납니다. 이는 경제학에서 유틸리티(utility) 즉, 개인의 만족과 행복을 측정하는 개념과 관련이 있습니다.

"더 노력한다고 더 얻지 못한다" "필요 이상의 노력은 고생이고 손실이다"라는 이야기가 있습니다.

작업자들의 생산성을 향상하기 위해서는 단순히 노력이나 투자에 의존하는 것보다는 더 효율적인 방법과 전략을 고민하고 시행해야 한다는 것을 알려 줍니다.

다시 말해 작업자의 기량을 최대한 올려 주어야 합니다.

11) 시공에 대한 부담 어떻게 긴장감을 주어야 하는가?

현장작업자들에게 작업에 집중하고 책임감을 느끼도록 하기 위해 공사현장 작업자에게 긴장감을 주는 몇 가지 방법이 있습니다.

1. **작업 일보 작성**: 작업한 내용을 확인하고 형식적인 것이 아님을 인지시켜 줍니다.
2. **목표 설정**: 작업자에게 명확하고 현실적인 생산량 목표를 제시합니다.
3. **시간적 압박**: 작업일정을 명확히 설정하고(작업스케치) 작업자들에게 일정을 준수해야 하는 시간적 압박을 주는 방법입니다.
4. **명확한 성과 측정**: 생산량에 대한 명확한 성과 측정 체계를 도입하여 작업자들이 자신의 성과를 실시간으로 인지할 수 있도록 합니다.

5. **목표 설정과 추적**: 작업자들에게 명확하고 도전적인 생산량 목표를 제시하고 이를 추적하는 방법입니다.
6. **작업자 간 경쟁 도입**: 생산량을 증대시키기 위해 작업자 간의 경쟁 요소를 도입합니다.
7. **생산 과정 개선**: 작업자들과 함께 생산 과정을 분석하고 개선하는 노력을 합니다. 작업자들의 의견을 수렴하고 생산 과정에서의 병목현상이나 비효율성을 개선함으로써 생산량을 늘릴 수 있습니다.
8. **교육과 훈련**: 작업자들에게 필요한 기술과 지식을 제공하는 교육 및 훈련 프로그램을 제공합니다. 작업자들이 전문성과 역량을 향상하면 생산량을 늘리는 데에 도움이 될 수 있습니다.
9. **명확한 피드백 제공**: 작업자들에게 생산성에 대한 명확하고 정기적인 피드백을 제공합니다. 생산량에 대한 성과를 측정하고 개선 방향을 제시합니다.

12) 작업일정에 쫓기면 일어나는 문제점

케이블 입선작업, 케이블 포설작업, 트레이 시공, 스틸전선관 시공 등 현장작업은 몸과 힘과 기교를 사용하여 작업합니다. 필요 이상으로 말이 많고 서두르면 작업과정에 문제가 있다고 생각하면 됩니다. 보기에는 빠른 것 같은데 느린 경우가 더 많습니다.

게으름을 피우는 것, 천천히 일하는 것, 그리고 순서대로 일하는 것은 서로 다른 작업 스타일과 태도를 나타냅니다. 각각의 의미는 다음과 같습니다:

1. **게으름을 피우는 것**: 게으름을 피우는 것은 의욕이나 열정이 부족하거나 불필요한 지연과 태만을 보이는 행동입니다. 작업을 게을리하거나 노력을 최소화하며, 주어진 작업에 대한 열의가 없는 상태를 나타냅니다. 특징은 휴식 시간이 일정하지 않습니다.
2. **천천히 일하는 것**: 천천히 일하는 것은 작업을 느리게 진행하거나 속도가 느린 작업 방식을 말합니다. 이는 주어진 작업을 더 많은 시간을 투자하여 완료하려는 경향이 있으며, 결과적으로 생산성이 떨어질 수 있습니다.
3. **순서대로 일하는 것**: 순서대로 일하는 것은 작업을 계획적이고 체계적으로 진행하는 것을 의미합니다. 작업 단계나 작업의 우선순위를 명확하게 정하고, 순서에 맞게 진행하여 효율성을 높입니다. 이는 작업의 우선순위와 시간 관리에 중점을 두며, 작업의 흐름을 원활하게 유지합니다.

관리자가 작업을 빨리하라고 요구하면

1. **오류와 실수**: 작업자들은 일정에 쫓기면서 세심한 주의와 신중함을 잃을 수 있습니다. 이로 인해 실수가 발생할 가능성이 커지며, 불량한 작업이 발생하며, 작업의 품질이 저하될 수 있습니다.

2. **스트레스와 불만**: 작업자들은 지나치게 서두르고 강제로 빠른 작업을 하도록 요구받을 때 스트레스를 느끼고 불만을 품을 수 있습니다. 이는 작업자들의 직무만족도와 동기부여에 영향을 미칠 수 있으며, 조직 내 분위기에도 영향을 줄 수 있습니다.

3. **일관성과 효율성 저하**: 조급함으로 인해 작업자들은 작업의 일관성과 효율성을 잃을 수 있습니다. 이는 작업자들이 중요한 세부 사항을 간과하고, 작업의 흐름이 어긋나고 결과물의 품질이 저하될 수 있습니다.

4. **생산성 저하**: 일정에 쫓기는 작업자는 빠른 속도로 작업을 마무리하려고 하지만, 이는 작업의 효율성과 생산성을 저하할 수 있습니다. 서두르다 보면 중요한 세부 사항을 간과하거나 작업의 순서를 혼동할 수 있기 때문입니다.

5. **작업자 간 협력 부재**: 작업일정에 쫓기면서 작업자들은 자신의 일에 집중하기 위해 다른 작업자들과의 협력을 소홀히 할 수 있습니다. 이로 인해 업무 협업이 약해지고 팀의 효율성이 저하될 수 있습니다.

6. **실수와 사고 발생 가능성 증가**: 서두르는 상황에서는 실수가 발생할 가능성이 커집니다. 작업자가 조심스럽게 일하지 않고 서둘러서 작업하다 보면 사고가 발생할 수도 있습니다.

7. **우선순위 혼란**: 작업자들은 작업을 빨리해야 한다는 요구에 따라 우선순위를 바르게 정할 수 없게 됩니다.

'빨리 가려면 혼자 가고, 멀리 가려면 함께 가라'는 속담이 있습니다. 공사현장에서 혼자 하는 작업은 없다고 생각하여야 합니다. 둘 이상이 일하면 작업속도가 느린 작업자에게 호흡을 맞추고, 속도가 느린 작업자의 기량을 올려 주어야 합니다.

예를 들면

1. 급한 상황에서는 안전을 고려하지 않거나 불안정한 자세로 작업하게 됩니다. 자신도 불안하거나 불편함을 느끼지만, 마음이 바빠져서 안전과 편안한 자세는 뒷전이 됩니다. 이러한 작업 방식은 사고 발생 가능성이 커지고, 불량한 작업이 자주 발생하게 됩니다. 작업을 조금 더 빠르게 수행했

다고 해도 재작업과 한 번의 사고로 인한 손실은 더 크게 나타납니다.
2. 급한 상황에서는 너트를 과도하게 조이거나 정확한 값을 얻지 못하게 되며, 보이지 않는 구간은 대충 처리하게 됩니다. 이로 인해 작업 품질이 급격히 저하됩니다. 작업을 마친 후 돌아보면 간섭사항을 빠뜨리거나 작업순서가 바뀌어 불필요한 재작업이 발생할 수 있습니다.

13) 작업자의 문제점을 지적하지 말고 작업자가 잘하는 것을 세밀하게 살피고 찾아라

지적할 부분을 찾는 것보다 칭찬할 점을 찾기 위해 노력해야 합니다. 작업자의 이름을 적고, 그 작업자의 작업내용과 관련된 장점을 적어 보는 것도 좋은 방법입니다. 현장작업자들에게 여러 이유로 인해 잘못을 지적하면 얻는 것보다 잃는 것이 많습니다. 이는 현장작업자들이 감정적인 변화가 크기 때문입니다.

작업의 품질과 작업역량이 완벽하지는 않지만, 품질이 일정측정값 범위 안에 들어온다면 "잘했네. 이렇게 작업해도 되겠네" 또는 "이렇게 작업하면 더 좋겠다"라는 식으로 이야기를 하는 것이 좋습니다. 즉, 함께 일하기로 결정되었다면 작업자의 장점을 찾고 현장에 적용해야 합니다.

특히 공사장 현장작업자들에게는 사소한 지적(비판)조차도 비난으로 여겨질 수 있습니다. 조언이 간섭으로 발전하기도 합니다. 작업자들은 가끔 비판과 비난을 구분하기 어려울 때도 있습니다. 지적하는 순간 감정이 상해 소통에 불편함이 생길 수 있습니다. 따라서 현장 리더는 이러한 문제가 발생하지 않도록 연구하고 해결방법을 찾아 훈련해야 합니다. 만약 현장에서 지적할 일이 생기면 지적은 하되 해결방법은 작업자가 찾도록 유도하여야 합니다. 조언은 부가적인 의견이 되어야 하고 간섭이 되어서는 안 됩니다.

소통의 불편함을 줄이는 방법은 작업 전에 작업에 대한 요령, 작업순서, 유의사항, 역할을 작업자들에게 숙지시키는 것입니다. 이러한 교육을 반복적으로 실시함으로써 작업자들은 작업에 필요한 기능을 습득할 수 있습니다.

지속적인 교육과 학습을 통해 작업자들의 능력과 자신감을 키워 주는 것은 매우 중요합니다. 이를 통해 작업자들은 자체적으로 문제를 해결하고 개선할 수 있는 능력을 갖추게 됩니다. 또한, 작업자들이 자신의 업무를 책임지고 주도적으로 생각하며 작업을 수행할 수 있게 되면, 지적과 조언은 비난과 간섭으로 발전하는 것을 줄여 주고 교육의 효과를 높일 수 있습니다.

14) 필요한 인적 물적 그리고 시간을 지원해 주어야 한다

선택과 집중은 일에 있어서 중요한 요소입니다. 중요하고 급한 일의 순서를 결정하고 우선 처리해야 합니다. 이를 위해 작업의 우선순위를 정하고 업무를 계획하면 됩니다. 급한 일은 시간적인 제약이 있는 작업이나 긴급한 상황에 대응해야 하는 경우입니다. 중요성과 긴급성을 종합적으로 고려하여 우선순위를 정하고 작업에 집중해야 합니다.

작업현장에서 작업자의 혼란스러운 작업상황을 피하기 위해 관리를 해야 합니다. 각 작업자에게 주어진 역할과 책임이 결정되면, 작업자들은 그들이 맡은 일에만 집중할 수 있도록 해야 합니다. 이를 위해 몇 가지 관리 방법을 적용할 수 있습니다.

1. **작업 우선순위 결정**: 작업의 중요도와 긴급성을 고려하여 우선순위를 결정합니다. 주요 작업에 집중하고 완료한 후 다음 작업에 차례로 진행합니다.
2. **작업의 분리와 배정**: 작업을 분리하고 각 작업에 대해 담당자를 명확히 지정합니다. 각 작업에는 담당자가 있으므로 작업자들은 자신이 맡은 작업에만 집중할 수 있습니다.
3. **시간 관리**: 일정을 관리하고 충분한 시간을 할당합니다. 작업에 충분한 시간을 할당하면 작업자가 여러 작업을 동시에 처리하려는 유혹을 덜 수 있습니다.
4. **효율적인 의사소통**: 작업자들 간의 의사소통을 강화합니다. 작업자들은 자신의 업무 범위 내에서 협력하고 정보를 공유함으로써 작업의 효율성을 높일 수 있습니다.

바쁘다고 아랫돌을 빼 윗돌을 막는 오류를 범하지 말아야 합니다. 작업현장에서 새로운 일이 발생하면 새로운 인적 물적 자원을 할당하여 처리해야 합니다. 이를 통해 작업의 원활한 진행과 효율성을 유지할 수 있습니다.

다중작업은 여러 작업을 동시에 수행하는 것을 의미합니다. 하지만 작업현장에서 다중작업은 효율성과 안전성을 저해할 수 있습니다. 작업자가 동시에 여러 작업에 집중하려고 하면 실수가 발생할 수 있고, 작업 우선순위를 결정하기 어려워질 수 있습니다. 따라서 다중작업을 최소화하고 단일 작업에 집중하는 것이 바람직합니다.

15) 작업자의 생일을 알고 있는가?

작업현장에서 인사, 관심의 표현, 그리고 공감 의사 표현은 소통의 시작이 됩니다.

1. **인사**: 작업현장에 도착할 때 작업자들에게 인사하는 것은 소통의 기본이고 시작입니다. 웃으며 인사하고 작업자들의 이름을 부르는 것은 친밀감을 형성하고 원활한 작업환경 작업문화를 조성할 수 있습니다.
2. **관심 표현**: 작업자들에게 관심을 보이는 것은 팀워크와 협력을 증진하는 데 도움이 됩니다. 작업자들의 의견을 경청하고, 질문을 통해 관심을 표현하며 작업자들의 업무와 노력을 인정하는 것이 중요합니다.
3. **공감 의사 표현**: 작업자들의 어려움과 감정을 이해하고 공감하는 것은 소통과 협력을 강화하는 데 이바지합니다. 작업자들의 의견이나 문제에 대해 이해한다는 의사를 표현하고, 그들의 어려움에 공감하며 협력해 해결책을 모색하는 것이 중요합니다.

소통은 작업현장에서 핵심적인 역할을 합니다. 인사, 관심의 표현, 그리고 공감 의사 표현을 통해 작업자들과 소통을 개선하고 팀의 협력과 성과를 향상시킬 수 있습니다.

16) 작업에 병목현상이 발생하는 이유는?

작업 중 병목현상은 작업의 흐름이 원활하게 이루어지지 않고, 작업 진행 속도가 지체되거나 작업량이 제한되는 상황을 의미합니다. 이는 작업과정에서 특정한 단계나 요소가 작업의 전체적인 진행을 제한하는 현상을 말합니다.

병목현상은 다양한 요인에 의해 발생할 수 있으며, 일반적으로 다음과 같은 경우에 나타날 수 있습니다:

1. **자원 부족**: 작업에 필요한 자원(인력, 장비, 자재 등)이 충분하지 않거나 부적절한 경우, 해당 자원의 부족으로 인해 작업 진행 속도가 늦어지고 병목현상이 발생할 수 있습니다.
2. **작업순서의 불일치**: 일부 작업자들이 작업순서나 우선순위를 무시하고 작업에 집중하면 전체 작업의 흐름이 막힐 수 있습니다. 작업과정에서 작업순서나 우선순위가 제대로 설정되지 않거나, 특정 작업이 다른 작업에 비해 선행되어야 하는데 그렇지 않은 경우에도 병목현상이 발생할 수 있습니다.
3. **효율적인 소통의 부재**: 작업자들 간의 소통이 원활하지 않거나, 정보의 부재나 오해 등으로 인해 작업의 흐름이 막히고 병목현상이 발생할 수 있습니다.

4. **기술적 제한사항**: 작업에 사용되는 기술이나 장비의 한계로 인해 작업 진행이 제한되는 경우에도 병목현상이 나타날 수 있습니다.
5. **분업과 역할의 모호성**: 작업자들 사이에 명확한 분업과 역할이 없거나 모호한 경우, 각자가 자신의 업무에 집중하기 어려울 수 있습니다. 작업자들이 자신의 역할과 책임을 이해하지 못하면 작업이 중복되거나 조화롭게 진행되지 않을 수 있습니다.

17) 파레토법칙

파레토법칙은 "부의 절대적인 불균형"이라는 개념에 기반을 두고 있습니다. 이는 상대적으로 일부 원인이 전체 결과의 대다수를 생성한다는 원리를 나타냅니다. 주로 80:20 비율로 표현되며, 일반적으로는 전체 결과의 80%는 전체 원인 중 20%에 의해 발생한다는 의미로 사용됩니다. 파레토법칙은 현상의 패턴을 이해하고 우선순위를 설정하는 데 도움을 주는 도구로 사용될 수 있습니다. 이를 통해 주요한 원인 또는 영향력이 있는 핵심 요소에 집중하여 리소스를 효과적으로 활용하고 원하는 결과를 달성할 수 있습니다.

1. 통화한 사람 중 20%와의 통화시간이 총 통화시간의 80%를 차지한다.
2. 즐겨 입는 옷의 80%는 옷장에 걸린 옷의 20%에 불과하다.
3. 전체 주가 상승률의 80%는 상승 기간의 20%의 기간에서 발생한다.
4. 20%의 운전자가 전체 교통위반의 80% 정도를 차지한다.
5. 20%의 범죄자가 80%의 범죄를 저지른다.
6. 성과의 80%는 근무 시간 중 집중력을 발휘한 20%의 시간에 이뤄진다.
7. 우수한 20%의 인재가 80%의 문제를 해결한다.
8. 뇌의 20%만 사용하여 문제 해결에 필요한 80%를 해결한다.
9. 운동선수 중 20%가 전체 상금 80%를 싹쓸이한다.
10. 인터넷 사용자의 20%가 80%의 양질의 정보를 생산한다.

이러한 개념들은 흥미로운 관찰이나 규칙적인 경향성을 나타낼 수는 있지만, 일반적인 법칙으로서의 근거가 확립되지 않았습니다. 따라서 이러한 개념들은 단순한 경험적인 관찰에 기반을 둔 가설이며, 각각의 상황이나 분야에 따라 다를 수 있습니다. 이러한 개념들을 절대적인 법칙으로 받아들이기보다는 상대적인 경향성을 이해하는 데 도움을 줄 수 있습니다.

건설공사현장에서 생산량을 통계적으로 분석하기는 어렵지만, 상식적으로는 일정 비율의 능력자와 무능력자가 존재한다는 가정은 이해할 수 있는 접근입니다. 그러나 무능력자를 단순히 퇴출하는 것은 해결책이 되지 않습니다. 무능력자의 존재는 현장에서 일정 비율로 발생하기 때문입니다.

따라서, 일정 비율의 능력자와 무능력자가 함께 일하는 상황에서는 무능력자의 역량을 향상시키는 노력을 기울여야 합니다. 이를 위해 교육, 훈련, 지원, 적절한 업무분배 등의 방법을 활용하여 무능력자들의 성장과 개선을 도모해야 합니다. 이를 통해 전체적인 평균 생산성을 높일 수 있을 것입니다.

18) 현장에 필요한 비용 및 경비를 주저하면 점진적으로 손실이 발생한다

현장에서 필요한 비용과 경비를 주저하는 경우, 점진적으로 손실이 발생할 수 있습니다. 최근에는 공사현장의 인건비가 시간당 30,000원을 넘어가는 경우가 많이 있습니다. 작업자들에게 장갑을 아껴 사용하라는 현장도 있습니다. 이는 잘못된 말은 아니지만…. 소모성 공도구의 교체 시점이 늦어져 생산성이 떨어지는데도 작업할 수 있는 임계점까지 사용하라는 현장이 있습니다.

작업능력이 뛰어난 작업자를 채용하지 못한다고 하더라도, 일정한 수준의 작업자를 고용하려면 적절한 비용을 투자해야 합니다. 비용을 아끼려고 한다면 실력 있는 작업자를 고용하는 것은 물론이고, 정상적인 작업자를 고용하는 것도 어려워질 수 있습니다. 또한, 보편적인 현장 분위기와 복지 흐름을 따라가는 것이 이직을 막는 데 도움이 됩니다. 따라서, 적절한 비용을 투자하여 작업자들에게 적절한 조건과 환경을 제공하는 것이 중요합니다.

19) 돈보다 내적동기부여 효과가 작업에 영향을 준다는 것은 여러 실험 결과로 나타난다

여러 실험이 같은 경향성을 보여 주고 있으며, 이는 돈에 대한 동기부여보다 내적동기부여가 작업에 더 큰 영향을 미친다는 것을 의미합니다. 즉, 작업에 참여하는 개인들이 돈이나 외부적 보상에 의존하는 것보다 내부적인 동기와 만족감을 통해 작업에 더욱 효과적으로 참여하고 성과를 내는 경향이 있다는 것을 실험적으로 확인한 결과입니다.

내적동기부여는 개인의 내재적인 가치, 자기 성취감, 흥미, 도전 등과 관련되어 있습니다.

공사현장작업자들이 돈에 의해 동기부여를 받는 것은 현실적인 사실입니다. 돈은 기본적인 필요를 충족시키고 경제적 보상을 제공하며 생계를 유지하는 데 중요한 역할을 합니다. 그러나 생산성 향상을 위해서는 돈만으로 충분하지 않습니다.

돈은 단기적인 동기부여 요소로 작용할 수 있지만, 장기적인 동기부여와 생산성 향상을 위해서는 추가적인 요소들이 필요합니다. 작업자들은 자신의 작업에 의미를 느끼고, 성취감을 얻을 수 있는 환경이 필요합니다. 이는 작업의 중요성을 이해하고, 자기 계발과 성장을 위한 기회를 제공하는 것을 의미합니다. 또한, 작업자들이 조직에 대한 소속감과 참여도를 높일 수 있도록 지원해야 합니다.

성과급이 없는 현장 근로에서는 다른 형태의 보상이나 인센티브 체계를 도입하여 동기부여를 제공할 수 있습니다. 성과에 따라 인정과 보상을 주는 측정 체계를 구축하거나 개인이나 팀 성과에 대한 인센티브를 도입하는 등의 방법을 고려할 수 있습니다. 이는 작업자들이 더 나은 성과를 이루도록 격려하고, 생산성 향상을 도모할 수 있습니다.

칭찬, 만족 및 행복은 감정적인 요소이므로 뇌에 저장되지 않기에 자주 표현되어야 합니다. 감정 요소는 일시적으로 경험되는 것이기 때문에 자주 반복되어야 영구적인 효과를 가져올 수 있습니다. 작업자들에게 자주 칭찬을 해 주고 만족과 행복을 느낄 수 있도록 도움을 주는 것은 그들의 동기부여와 긍정적인 작업환경을 조성하는 데 도움이 됩니다.

20) 공정하고 정당한 보상이 있어야 한다

- **공정한 보상**: 보상 시스템이 공정한 기준과 절차를 가지고 있어야 한다는 것을 의미합니다. 주관적인 편견이나 차별을 배제하고 일관성 있는 기준으로 측정되어야 합니다.
- **정당한 보상**: 보상은 작업자들의 기여와 성과를 고려하여 정당하게 이루어져야 합니다. 작업자들은 자신의 노력과 업적에 상응하는 보상을 받을 권리가 있습니다.

공사현장 작업자들이 돈을 큰 동기로 여기는 경우가 많습니다. 돈은 경제적인 보상을 제공하고 생활비를 충당하는 데 중요한 역할을 합니다. 그리고 보상이 공정하게 이루어지지 않으면 작업자들은 불만족을 느낄 수 있으며, 이는 생산성 저하로 이어질 수 있습니다. 공정하지 않은 보상은 작업자들 간의 비교를 통해 불만을 일으킬 수 있습니다. 작업자들은 자신의 노력과 기여에 대한 보상이 다른 사람과 비교되기 때문에 공정성을 중요시하는 경향이 있습니다.

한 사람에게는 공정한 보상으로 느껴질 수 있는 것이 다른 사람에게는 공정하지 않을 수 있습니다. 이러한 상황은 작업자들 간의 갈등과 불만을 유발할 수 있으며, 생산성에도 영향을 미칠 수 있습니다.

따라서, 공사현장에서는 보상 시스템이 공정하게 설계되고 관리되어야 합니다. 개인의 기여와 성과를 고려하여 보상이 이루어지는 것이 중요하며, 작업자들이 공정한 보상을 받을 수 있는 환경을 조성해야 합니다. 이를 통해 불만과 비교에 의한 갈등을 최소화하고 작업자들의 만족도와 생산성을 높일 수 있습니다.

21) 선택의 기준과 만족의 기준은 다르다. 작업장을 옮기는 원인이 된다

작업자가 작업장을 선택하는 기준과 만족의 기준은 서로 다를 수 있습니다. 일을 선택할 때 작업자들은 보통 외적 보상이나 조건, 예를 들어 돈이나 복리후생과 같은 요소를 중요시하는 경우가 많습니다. 그러나 실제로 일을 진행하며 만족을 느끼기 위해서는 다른 요소들이 더욱 중요해집니다. 이는 보상 이상의 요소들을 포함하는 만족의 기준이 되는 것입니다.

따라서 작업자들은 작업환경이나 조건에 불만을 느끼게 되면 작업장을 옮기는 결정을 할 수 있습니다. 이는 작업자들이 선택한 작업장과 실제로 일하며 경험하는 환경 간의 차이로 인해 발생하는 것입니다.

현장관리자는 작업자들의 선택 기준과 만족 기준을 파악하고, 작업환경과 조건을 개선하여 불만족이 생기지 않도록 해야 합니다. 작업자들이 선택한 작업장과 실제로 일하는 환경이 최대한 일치하도록 조치를 하고, 작업자들의 요구와 필요에 부합하는 조건을 제공하여 작업자들이 불만이 없도록 해야 합니다.

현장작업자의 만족은 생산성에 매우 큰 영향을 미치는 요소입니다. 인건비 비중이 크고 이직률이 높은 작업환경에서는 특히 더욱 중요합니다. 비싼 인건비를 지급하고 있는데도 만족하지 못한 작업자들은 생산성 저하나 이직으로 인하여 회사의 손실을 초래할 수 있습니다.

현장에서는 작업자 상호 간에 무시하는 용어, 말투, 행동이 자주 나타날 수 있습니다. 이는 시대에 뒤떨어진 잘못된 생각과 무능의 결과로 볼 수 있습니다. 이러한 행동은 작업자의 동기와 참여를 떨어뜨리며, 회사에 손실을 초래할 수 있습니다.

22) 현장에서 의사소통은 어떻게 할 것인가?

일반적인 의사소통에서는 비언어적인 요소인 몸짓(신체 언어) 등이 중요한 역할을 합니다. 의도를 가지고 메시지를 전달하더라도 상대방은 전달자와 다르게 해석하거나 다른 내용으로 이해할 수 있습니다. 현장에서의 의사소통에서는 전달자가 정확한 의사전달을 중요시해야 하며, 상대방은 피드백이 필요합니다. 현장에서는 주위 환경으로 인해 말을 잘못 알아듣거나 잘못 해석하거나 이해할 수 있으므로 확실한 전달을 위해 피드백 과정이 필요합니다. 피드백은 상대방에게 "내가 너의 말을 어떻게 알아들었는지"를 표현해 주는 과정입니다. 이러한 피드백 과정을 거쳐야만 의사소통이 완전하다고 할 수 있습니다.

현장에서 작업할 때 저는 습관적으로 피드백을 하고 메모를 하는 것을 좋아합니다. 특히, 메모하면 재미있게도 상대방도 한 번 더 생각하고 의논하게 됩니다. 이렇게 하면 불량한 작업이나 재작업이 확실히 줄어들게 됩니다.

23) 작업자는 잘 바뀌지 않는다

일반적으로 공사현장 작업자의 행동 변화가 상대적으로 어려우며, 그들의 행동과 성향은 일정한 안정성을 가지고 있다는 의미입니다. 이러한 점을 고려하여 작업자들을 이해하는 것이 관리를 잘하기 위해 중요합니다.

우리의 행동은 주로 생각이 아닌 습성에 의해 이루어집니다. 습성은 반복되는 행동들이 자동화되어 우리가 의식하지 않고도 자연스럽게 이뤄지는 것을 의미합니다. 이러한 이유로 우리가 의사결정을 내릴 때 습성이 큰 영향을 미칩니다. 뇌는 반복된 습성에 익숙해지고 안정감을 느끼는 경향이 있습니다. 따라서 습성이 바뀌는 것은 뇌에 새로운 도전과 조정이 필요하며, 이러한 변화는 뇌에 어려움과 불편을 초래할 수 있습니다. 따라서 습성이 바뀌는 과정은 뇌에는 일종의 고통으로 다가올 수 있습니다.

　습관적인 행동을 변경하기 위해서는 주변환경과 반복된 노력이 필요합니다. 현장작업자에게 행동 변화를 원한다면, 필요한 환경과 여건을 조성하고, 반복적인 교육과 지속적인 지원을 제공하여 습관적인 행동의 변화를 도모해야 합니다.

　바뀌지 않는 작업자의 나쁜 작업습관을 어떻게 하여야 할까 생각해 봅시다.

- 작업자는 생각나는 대로 즉흥적인 행동을 하는 경향이 있습니다. 이는 외부환경에서 육체노동으로 인한 피로도가 크기 때문입니다.
- 작업자가 규정된 정해진 절차나 규칙을 무시하거나 절차를 건너뛰거나 단축하는 경향이 있습니다. (Bypassing)
- 작업자가 자재를 부주의하게 다루거나 남발하여 낭비하는 때도 있습니다.
- 작업자가 정확한 계획 없이 날조 작업을 하며, 필요한 품질 규정을 무시하고 진행합니다.
- 작업자가 작업현장에서 다른 작업자의 작업에 간섭하는 경우가 있습니다.
- 작업자가 작업 후에도 작업 장소를 정리하지 않고 그대로 두는 경우가 있습니다.
- 작업자가 작업 중 발생한 문제나 개선점에 대해 타인의 의견을 거부하거나 무시하는 때도 있습니다.
- 작업자가 보호장비를 착용하지 않거나 안전 기준을 준수하지 않고 전기 회로에 직접 접촉하는 등 작업의 안전성을 무시하는 습성이 있을 수 있습니다.
- 작업자가 작업에 대한 충분한 계획을 세우지 않고 즉흥적으로 작업을 진행하는 때도 있습니다.
- 작업자가 팀원들과의 소통과 커뮤니케이션을 소홀히 하는 경우가 있습니다.
- 작업자가 실수나 문제 발생 시 책임을 회피하거나 다른 사람에게 전가하는 경향이 있을 수가 있습니다.
- 작업에 필요한 도면이나 지시사항을 무시하고 자신의 판단에 따라 작업을 수행하는 때도 있습니다.
- 작업자가 작업 중에 휴대전화를 사용하거나 보는 경우가 있습니다.

24) 깨어진 유리창 법칙. 하인리히의 법칙

이 연구는 스탠퍼드 대학교의 심리학자로 알려진 필립 짐바르도 교수가 1969년에 수행한 현장 연구입니다. 이 연구에서 짐바르도 교수는 뉴욕주의 브롱크스와 캘리포니아주 팔로 알토의 두 지역에 차량을 주차하고 그 결과를 관찰했습니다.

짐바르도 교수는 중고차 두 대를 구매하여 보냅니다. 한 대는 브롱크스 지역에 주차하고 다른 한 대는 스탠퍼드 대학 인근 지역인 팔로 알토에 주차합니다. 두 차량은 보닛을 살짝 열어 둔 상태로 주차되었는데, 창문은 깨끗하게 닫아 둔 상태입니다.

결과적으로, 브롱크스에 주차된 차량은 단 10분 만에 배터리와 라디에이터가 도둑맞고 24시간 이내에는 거의 모든 부품이 사라진 상태가 되었습니다. 그에 반해 팔로 알토에 주차된 차량은 5일 동안 아무런 문제가 발생하지 않았습니다.

이후 짐바르도 교수가 차량을 치우려고 하자 주변 주민들은 경찰에 신고할 정도로 주차된 차량에 관한 관심과 보호에 대한 높은 의식을 보였습니다.

이 연구는 브롱크스와 팔로 알토라는 서로 다른 지역에서의 차량 보호 상황을 비교하여, 사회적 환경과 주변 사람들의 행동이 자동차에 대한 안전과 보호에 어떤 영향을 미치는지를 탐구한 것입니다. 이를 통해 사회적 문화와 지역적 특성이 범죄율과 보호에 영향을 미칠 수 있다는 인사이트를 제시하였습니다.

깨어진 유리창 법칙은 일반적으로 범죄와 사회적 무질서와 관련된 개념이지만, 일부 측면에서 건설공사 현장에도 적용될 수 있습니다. 이 법칙은 "무시된 작은 문제"가 서서히 큰 문제로 확대되는 현상을 설명합니다.

몇 차례의 Bypassing은 조직 체계에 혼란과 무질서를 초래하여 무책임성을 형성시킬 수 있습니다.

작업자가 안전모, 안전통로 등을 무시한다면 다른 중요한 안전 절차도 무시할 가능성이 커집니다.

작업자가 작업 시 사소한 세부 사항을 간과하고 도면이나 지침을 따르지 않는다면 작업과정에서 오류가 발생하고 결과물의 품질이 하락할 수 있습니다.

작업자가 작은 부품이나 재료를 대충 선택하거나 대체하는 경향이 있다면 전체 작업의 품질과 안전성에 영향을 줄 수 있습니다.

작업자가 작은 쓰레기나 오염물을 내버려두거나 정리하지 않는다면 작업장의 청결도가 저하되며, 이는 작업 효율과 안전에 영향을 미칠 수 있습니다.

자재를 마음대로 가져가고 정리하지 않으면 혼란과 혼동을 일으킬 수 있습니다. 작업자들은 필요한 자재를 찾기 어렵고 시간을 낭비하게 되며, 작업의 효율성과 생산성이 저하될 수 있습니다. 또한, 자재의 분실이나 오용이 발생할 수 있습니다.

정리 정돈 청결이 현장에 미치는 영향을 생각해 봅시다.

25) 어떤 작업자를 어떻게 뽑을 것인가?

현장 리더의 가장 중요한 임무는 일을 잘하는 작업자를 뽑는 것입니다.

현장 리더의 두 번째 중요한 임무는 현장에 적응을 못 할 사람에 대해 신속히 조치하는 것입니다.

1. **작업자의 기능, 숙련도, 경험**: 현장에서 요구되는 기능과 역할에 맞는 작업자를 선택해야 합니다. 숙련도와 경험은 작업자의 업무 수행 능력에 영향을 줍니다.
2. **팀원과의 협력 능력**: 작업자가 팀원들과 원활하게 협력하여 공동 작업을 수행할 수 있는 능력을 갖추었는지 확인해야 합니다.
3. **만족도와 불만도**: 작업자의 만족도와 불만도를 고려해야 합니다. 만족도가 높은 작업자는 일에 대한 열정과 동기부여를 가지며 팀의 성과에 긍정적인 영향을 줄 수 있습니다.
4. **긍정적인 태도**: 긍정적인 사람은 도전에 대한 긍정적인 태도와 해결능력을 갖추고 있어 현장의 에너지와 동기부여를 높일 수 있습니다.
5. **업무 책임감**: 작업자가 자신의 업무에 대한 책임감을 느끼고 작업을 수행할 수 있는지 확인해야 합니다.
6. **문제 해결 능력**: 작업자가 문제를 분석하고 해결할 수 있는 능력을 갖추었는지 확인해야 합니다.
7. **안전 기준 및 규정준수**: 작업자가 안전 절차와 규정을 준수할 수 있는 능력과 의지가 있는지 확인해야 합니다. 안전이 최우선 사항이므로 안전 규정을 따르지 않는 작업자는 현장에서의 위험을 증가시킬 수 있습니다.
8. **체력과 건강상태**: 작업자의 체력과 건강상태를 고려해야 합니다. 몸과 마음이 건강한 작업자는 장기적인 업무 수행과 효율성에 도움이 될 수 있습니다.
9. **의사소통 능력**: 작업자가 명확하고 효과적으로 의사소통할 수 있는 능력을 갖추었는지 확인해야 합니다.

10. **이전 작업경험**: 작업자가 이전에 수행한 작업경험이 있는지 확인해야 합니다. 이전 경험은 작업자의 전문성과 업무 이해도를 향상시킬 수 있습니다.

현장에서는 생산성이 최하인 그룹과 실력자 그룹 간에 생산성 차이가 2배 이상 나는 경우가 발생합니다. 다시 말해, 관리자와 작업자의 운영 방식과 팀 역량에 따라 현장에서의 손익 차이가 2배 이상 발생합니다.

따라서 다음과 같은 접근 방식을 통해 효과적으로 현장작업자를 채용할 수 있습니다:

1. 급한 상황에서 직원 채용을 서두르지 않도록 합니다.
2. 현장 시공 시작 단계에서 작업자를 20% 이상 여유 있게 채용합니다. 즉, 20%는 이직이나 교체를 고려해야 할 여유 인원으로 간주합니다.
3. 작업자를 채용할 때 비용을 아끼지 않습니다. 즉, 우수한 작업자를 확보하기 위해 적절한 보상을 제공합니다.
4. 작업자의 업무 수행을 살펴보고 현장에 적합하지 않으면 즉시 교체합니다.

26) 재작업은 특별 관리가 돼야 한다(작업 후 도면변경과 시공사의 요청)

공사현장에서 도면변경 또는 설계 변경이 필요한 경우 계약조건의 명확한 기재 등이 필요합니다.

1. **작업 전후 사진 및 문서 기록**: 작업 전과 후에 해당 작업의 상태를 사진으로 찍어서 목록을 만들어야 합니다. 작업내용, 변경 사항, 추가 비용 등을 명확하게 기록하여 시공사와의 협의 및 계약금 변경에 대한 근거로 활용할 수 있습니다.
2. **작업 변경 요청서 작성**: 작업 변경이 필요한 경우에는 작업 변경 요청서를 작성하여 변경 사유, 변경 내용, 예상 비용 등을 명시해야 합니다. 이를 통해 작업 변경에 대한 근거를 마련하고, 계약금 변경에 대한 협의를 원활하게 진행할 수 있습니다.
3. **계약 조항의 명확화**: 계약서에 초과 기성 및 설계 변경에 의한 계약금 변경에 관한 조항을 명확히 기재해야 합니다. 예를 들어, 추가 작업이 필요한 경우에는 작업 변경 요청서를 작성하여 계약금 변경 및 협의 절차를 정확히 규정할 수 있도록 합니다.
4. **협의 및 협력 강화**: 시공사와의 원활한 의사소통과 협력이 필요합니다. 작업 변경이나 추가 공사에

대한 협의를 적극적으로 진행하고, 관련 문제를 함께 해결하기 위한 협력 관계를 구축해야 합니다. 이를 통해 계약금 변경이나 추가 비용에 대한 협의를 원만하게 이루어 낼 수 있습니다.

5. **변경된 도면 확인**: 변경된 도면을 확인하고 확보해야 합니다. 이는 다음에 작업 변경에 대한 근거로 활용할 수 있습니다. 디지털 형식으로 사본을 보관하는 것이 좋으며, 필요한 경우에는 인쇄하여 종이 형태로도 보관할 수 있습니다.
6. **도면변경 목록 작성**: 변경된 도면의 목록을 작성합니다. 각 도면에 대해 변경된 내용과 해당 작업에 어떤 영향을 주는지를 기록합니다. 목록에는 도면 번호, 변경 내용, 작업 영향 등을 명시해야 합니다. 필요한 경우 사진이나 스캔 도면 이미지를 함께 첨부하여 목록을 구체화할 수 있습니다.
7. 작성한 변경 도면 목록을 중요한 문서로 간주하여 보관 및 관리해야 합니다. 변경된 도면의 목록을 만들면 현장작업자들과 시공사 간의 의사소통을 더욱 명확하게 하고, 작업 변경에 대한 비용 문제를 예방할 수 있습니다.

27) 현장 작업반장과 함께 작업 진행 상태를 도면에 표시하여야 한다

작업 진행 상태를 주기적으로 현장 작업반장과 함께 도면에 표시하는 것은 이를 통해 작업의 진행 상황을 실시간으로 파악하고 문제 또는 지연 사항을 조기에 파악하여 조치할 수 있습니다.

작업 일보와 작업 진행 상태를 도면과 상세공정표에 기록함으로써 중복 작업을 방지하고 물량관리와 관련하여 직간접적인 관심을 유도하는 목적을 달성할 수 있습니다. 이를 통해 작업자들은 자신의 작업이 전체 프로젝트와 어떤 관련이 있는지, 작업의 중요성과 시간적인 제약을 인지하게 됩니다.

또한, 작업 진행 상태를 시각적으로 표시함으로써 현장에서의 협업과 의사소통도 원활하게 이루어질 수 있습니다. 작업자들은 도면과 상세공정표를 통해 작업의 우선순위, 작업순서, 다른 작업자와의 의존 관계 등을 파악할 수 있으며, 이를 통해 작업계획을 조정하고 협력할 수 있습니다.

따라서 현장 작업반장과 함께 작업 진행 상태를 주기적으로 표시하고 도면과 상세공정표에 표기하는 것은 투명하고 효율적인 작업관리와 협업을 위한 필수적인 절차입니다.

28) 품질 불량은 현황판에 첨부해서 한눈에 들어오도록 한다

현황판에 품질 불량 정보를 첨부하는 것은 작업 현황 파악, 시각적 효과, 교육 효과, 문제 예방과 개선을 위해 중요한 의의가 있습니다.

1. **실시간 정보 제공**: 품질 불량이 발생한 경우, 현황판에 첨부하여 작업자들에게 실시간으로 문제를 알립니다. 이를 통해 작업자들은 작업 현황을 한눈에 파악할 수 있으며, 문제가 발생했음을 인지하여 대응할 수 있습니다.
2. **시각적 효과**: 품질 불량이 사진이나 자료를 현황판에 첨부함으로써 시각적으로 문제를 확인할 수 있습니다. 작업자들은 사진을 보고 문제의 심각성을 직관적으로 파악할 수 있고, 개선이 필요한 부분을 명확하게 인식할 수 있습니다.
3. **교육 효과**: 현황판에 품질 불량 관련 정보를 첨부함으로써 작업자들에게 교육 효과를 줄 수 있습니다. 작업자들은 문제의 사진이나 자료를 보면서 실제 상황을 시각적으로 인식하고, 문제 개선에 대한 이해와 의지를 높일 수 있습니다.
4. **문제 예방과 개선**: 현황판에 첨부된 품질 불량 정보를 통해 관리자나 작업자들은 문제의 원인을 분석하고 개선 방안을 모색할 수 있습니다. 이를 통해 품질 불량의 반복을 방지하고, 작업 품질과 생산성을 향상시킬 수 있습니다.

29) 조직도 행동에 관성을 가진다 (Part4-2. 도표 참조)

"조직도 행동에 관성을 가진다"라는 표현은 조직 내부의 동작과 의사결정이 일정한 경향성을 가지고 일어나며, 이러한 경향성은 변화하기 어렵다는 의미입니다.

일반적으로 조직은 특정한 방식으로 운영되고 구성원들은 그에 맞추어 행동합니다. 이러한 운영 방식과 행동 양식은 조직 문화, 규정, 절차, 체계 등으로 정해지며, 이로 인해 특정한 행동 방식이 자동화되고 새로운 방식이나 변화를 도입하기 어려운 상황을 만들 수 있습니다.

30) 지나친 경쟁 집단의 특징

공정한 경쟁이 존재하지 않을 때보다 적절한 수준으로 존재할 때 더 큰 효과를 얻는다는 데는 별다른 이견이 없습니다.

경쟁으로 인해 조직 내에서 상호 협조가 이루어지지 않으면 손실이 발생할 수 있습니다. 이러한 개념은 자본주의 사회와 공산주의 사회를 비교하며 설명하기도 합니다. 개인적으로는 공정하지 못한 체제와 불공정한 분배가 공산주의 경제의 몰락으로 이어진다고 생각합니다.

플랜트 현장에서 작업하다 보면 경쟁을 유발하는 관리자도 있지만, 일반적으로는 스스로 경쟁심을 갖는 환경이 형성됩니다. 경쟁으로 인해 얻어지는 이익보다는 경쟁으로 인해 발생하는 부차적 비용이 더 커질 수가 있습니다. 구태여 경쟁을 강조하지 않아도, 경쟁의 유전자는 우리 모두에게 내재되어 있습니다. 경쟁이 지나치게 심해지면 오히려 협력이 중요한 부문에서 소통이 어려워질 수 있습니다. 성과를 얻기 위해 노력하고 노력의 결과로 칭찬받는 것과 1등을 하여 칭찬받는 것은 전체 생산성에서 다른 결과를 가져올 수 있습니다.

31) 현장에 적합한 작업순서 표준화 후 숙지

꼭 피해야 할 작업방법, 꼭 이루어져야 할 작업방법은 현장 투입 전에 교육 및 숙지하여야 합니다. 작업을 순서대로 하지 않으면 여러 문제가 발생합니다.

1. **불량한 작업 증가**: 작업을 순서에 따라 진행하지 않으면 필요한 작업이 빠지거나 잘못된 순서로 진행될 수 있습니다. 이로 인해 제품 또는 시설의 품질이 저하되어 불량한 작업이 증가할 수 있습니다.
2. **시간 낭비**: 작업을 순서에 맞게 진행하지 않으면 필요한 자원이나 장비가 준비되지 않은 상태에서 작업을 시작해야 할 수 있습니다. 이는 작업 중단과 재조정을 유발하여 시간을 낭비하게 됩니다.
3. **혼란과 혼동**: 작업순서가 정해져 있지 않으면 현장에서 혼란과 혼동이 발생할 수 있습니다. 작업자들이 서로 다른 작업을 동시에 수행하거나 작업의 우선순위를 정하지 못하면 협력과 협조가 저하될 수 있습니다.
4. **안전 위험 증가**: 작업순서에 따라 안전 절차가 정해져 있는 경우, 이를 무시하고 작업을 진행하면 안전 위험이 증가할 수 있습니다. 필요한 안전장비 또는 절차를 따르지 않으면 작업자들의 안전

이 위협받을 수 있습니다.
5. **비용 증가**: 작업을 순서에 따라 계획적으로 진행하지 않으면 자원의 비효율적인 사용으로 인해 비용이 증가할 수 있습니다. 예를 들어, 작업순서에 맞게 자재를 공급하지 않으면 자재의 낭비가 발생하거나 긴급 조달이 필요해지는 등 비용 증가 요인이 될 수 있습니다.

32) 현장에서 필요한 공도구는 특히 소모성 도구는 즉시 교체를 해 준다

작업자들은 작업의 효율과 안전성을 유지하기 위해 소모성 도구의 상태를 주시하고 필요한 경우 교체하는 것이 중요합니다.

드릴 비트를 예로 들어 보겠습니다. 하나의 드릴 비트는 10,000원이며, 계속해서 1시간 동안 사용을 한다고 가정합니다. 그러나 비트의 상태가 좋지 않을 경우, 작업에 소요되는 힘과 시간이 2배 이상으로 증가하게 됩니다. 시간당 인건비는 35,000원입니다. 정상적인 상태의 드릴 비트를 사용하여 작업을 한다면, 1공정에는 1시간이 소요되므로 총비용은 35,000원 × 1시간 × 2인 = 70,000원이 들어갑니다. 그러나 일정 수명이 다한 비트를 사용한다면, 35,000원 × 2시간 × 2인 = 140,000원이 발생하게 됩니다. 이에 에너지 소비까지 고려한다면 손실은 더욱 커지게 됩니다.

이는 비트의 상태가 좋지 않아서 작업에 필요한 힘과 시간이 증가하며, 결과적으로 비용과 에너지 손실이 발생한다는 것을 의미합니다. 따라서, 공구는 양호한 상태로 유지하고 현장에서 요구하는 도구는 즉시 교체를 해 줍니다.

33) 가용성의 오류 및 확증 편향

가용성 오류는 자기나 속한 집단을 객관적으로 바라보지 못하고, 처음에 떠오르는 것이나 자극적인 것, 그리고 자신의 신념에만 집중하는 현상을 말합니다. 이로 인해 눈앞에 있는 것이나 주변 사람들의 의견에만 집중하며 객관적인 상황을 제대로 이해하지 못하는 경우가 발생합니다. 또한, 남을 탓하고 자신을 스스로 돌아보지 못하는 것도 가용성 오류의 대표적인 예입니다.

인지 부조화는 사람들이 가진 지식, 신념 또는 태도가 서로 충돌하거나 일치하지 않는 상황을 말합니다. 인지 부조화는 모순이나 새로운 정보로 인해 기존의 생각이 불편해지는 경우, 공격적이거나 합리화, 퇴행, 고착, 체념과 같은 반응을 보입니다. 이를 해소하기 위해 자신의 인식을 변화시켜 편안한 상태를 유지하려고 합니다. 뇌는 생각을 바꾸는 것을 피하고자 하므로 이러한 행동이 나타납니다.

확증 편향은 생각과 상황이 충돌하여 내적 갈등이 생겼을 때, 인지 부조화와 마찬가지로 자기 생각을 바꾸고 자기 합리화를 시도하지만, 때에 따라 사실 여부와 관계없이 자기 생각에 맞는 정보나 근거만을 찾으려고 합니다. 자신의 견해를 뒷받침해 주는 정보를 선택적으로 취하고, 자신이 믿기 싫은 정보는 무시하려는 경향이 있습니다.

확증 편향으로 인해 공사현장에서는 새로운 아이디어나 개선점이 제시되어도 이전의 방법을 고수하고, 새로운 방법을 거부하는 경향이 있을 수 있습니다.

확증 편향은 작업자들 간의 의사소통에도 영향을 미칠 수 있습니다. 작업자들은 서로의 의견을 무시하거나 거부하는 경향이 생길 수 있으며, 이로 인해 협력과 협업의 효율성이 저하될 수 있습니다.

따라서, 결정을 내리거나 행동해야 할 때는 가용성 오류에 빠지지 않았는지, 인지 부조화가 없었는지, 확증 편향이 없었는지를 확인해야 합니다. 이러한 점들을 고려하여 과학적이고 합리적인 판단을 할 수 있도록 노력해야 합니다.

이를 인지하고 피하기 위해 다음의 방법을 고려할 수 있습니다.

- 이해관계가 없는 사람을 만나 이야기를 나눠 보는 방법
- 내 생각과 다른 의견에 합당한 증거를 찾아볼 것
- 검증된 것 외에는 신뢰하지 말 것
- 신중히 천천히 생각할 것

34) 계량화가 되지 않으면 비교 분석이 주관적으로 되고 오류가 발생한다

비교 분석을 주관적으로 하거나 오류가 발생할 가능성이 있는 상황을 피하기 위해서는 계량화가 필요합니다. 계량화는 어떤 상태나 상황을 구체적이고 객관적으로 파악하기 위해 기준을 정하고 수치화하는 과정을 말합니다. 이렇게 수치화된 데이터를 통해 통계를 내고 변화에 따른 예상과 전망을 할 수 있게 됩니다.

수치화를 통해 데이터를 분석하면 현상을 보다 정확하게 이해할 수 있으며, 문제점을 명확하게 파악하고 객관성을 유지할 수 있습니다. 수치화가 어려운 상황이라도 측정하고 수치화하여 분석함으로써 발전적인 결과를 얻을 수 있습니다. 이를 통해 비교 분석이 객관적이고 신뢰할 수 있는 방향으로 진행될 수 있습니다.

따라서, 문제를 해결하거나 상황을 개선하기 위해서는 필요한 요소를 계량화하고 수치화하여 분석하는 것이 중요합니다. 이를 통해 정확한 판단과 효과적인 결과 도출을 끌어낼 수 있습니다.

35) 보고, 전달체계는 분명하고 명확하게 이루어져야 한다

1. **소통 전달체계의 명확성**: 조직 내에서 정보 및 지시 전달을 위한 체계가 분명하게 구성되어야 합니다. 이는 어떤 경로를 통해 정보가 전달되어야 하는지, 각 담당자의 역할과 책임은 무엇인지를 명확하게 정의하는 것을 의미합니다.
2. **명확한 지시와 정보 전달**: 지시나 정보 전달은 모호하지 않고 명확하게 이루어져야 합니다. 수신자가 전달된 내용을 정확히 이해하고 필요한 조치를 할 수 있도록 지시는 명확하게 전달되어야 합니다.
3. **Bypassing, 회피의 방지**: 중간에 정보가 누락되거나 우회되는 것을 피해야 합니다. 정보 전달 과정에서 생략되거나 우회되는 부분이 없도록 철저히 확인하고 전달해야 합니다.
4. **즉각적인 전달**: 불가피한 경우를 제외하고 보고나 지시사항은 즉시 전달되어야 합니다. 지체 없이 필요한 정보를 공유하고, 지시에 따라 행동할 수 있도록 해야 합니다.
5. **전달 후 확인**: 전달된 내용은 수신자가 정확히 이해하고 수행할 수 있는지 확인해야 합니다. 수신자의 의견을 확인하고 의사소통의 정확성을 확보하기 위해 상호작용하고 대화해야 합니다.
6. **전달사고에 따른 책임 소재의 명확화**: 전달 과정에서 발생한 오류나 오해에 따른 책임 소재가 명확해야 합니다. 이를 통해 문제 발생 시 신속하고 적절한 조치를 할 수 있습니다.
7. **정보의 공유 커뮤니케이션 유지**: 개인이 정보를 단독으로 보유하고 다른 구성원들과의 커뮤니케이션을 단절시키거나 왜곡하는 것은 피해야 합니다.

소통 전달체계가 분명하지 않게 될 때는 다음과 같은 상황이 발생할 수 있습니다.

1. **정보 손실**: 보고나 지시사항이 전달되지 않거나 중간에 누락되는 경우, 필요한 정보가 손실될 수 있습니다. 이로 인해 업무의 중요한 부분이 간과되거나 불량한 작업이 발생할 수 있습니다.

2. 오해와 혼란: 정보가 모호하게 전달되거나 잘못 이해되는 경우, 수신자들 사이에 오해와 혼란이 생길 수 있습니다. 이로 인해 잘못된 결정이 내려지거나 작업의 일관성과 일치성이 훼손될 수 있습니다.

3. 작업 지연과 효율성 저하: 보고나 지시사항이 지체되거나 불분명하게 전달되는 경우, 작업의 진행이 지연되고 효율성이 저하될 수 있습니다. 작업의 우선순위나 중요성 파악이 어려워지며, 협업과 조정이 어려워질 수 있습니다.

4. 잘못된 결정과 실수: 명확한 정보 전달이 이루어지지 않으면 잘못된 결정이 내려질 가능성이 커집니다. 이는 잘못된 방향으로 작업이 진행되거나 실수가 발생할 수 있는 원인이 됩니다.

5. 책임 회피와 혼란: 보고 전달 과정이 명확하지 않거나 책임 소재가 분명하지 않은 경우, 문제 발생 시 책임 회피와 혼란이 발생할 수 있습니다. 책임을 명확히 추적하고 처리하지 못하면 문제 해결이 지연되고 조직 내의 신뢰와 협업에 악영향을 미칠 수 있습니다.

6. 정보 왜곡과 손실: 개인이 정보를 단독으로 가지고 있거나 의도적으로 커뮤니케이션을 왜곡하는 경우, 조직 내에서 정보의 왜곡과 손실이 발생할 수 있습니다. 이는 신뢰성과 협력을 저하하고, 결정의 정확성과 효과성을 감소시킬 수 있습니다.

7. 커뮤니케이션의 단절과 협업 문제: 보고 전달체계가 분명하지 않으면 팀 내에서 커뮤니케이션의 단절이 발생하고 협업이 어려워집니다. 정보의 공유와 업무의 조정이 원활하지 않아 업무 협업과 팀의 성과에 부정적인 영향을 미칠 수 있습니다.

36) 작업자는 질문을 잘 하지 않습니다

작업자들이 궁금한 점이나 이해해야 할 사항이 있어도, 자신들이 직면한 문제 또는 상황에 대해 충분한 질문을 하지 않는다는 의미입니다. 질문을 통해 작업자들은 더 많은 정보를 얻을 수 있고, 부족한 부분을 보완하고, 작업에 대한 이해도를 높일 수 있습니다. 또한, 질문을 통해 의사소통과 협력이 원활하게 이루어질 수 있습니다. 따라서 조직이나 팀에서는 작업자들이 질문하기를 장려하고, 질문에 대해 긍정적이고 개방적으로 대응함으로써 작업자들이 더욱 적극적으로 질문할 수 있도록 도와주어야 합니다.

1. 일부 공사현장에서는 상·하위 간의 의사소통이 제한적일 수 있습니다. 현장작업자들은 상급자에

게 질문하기보다는 스스로 문제를 해결하려는 경향이 있을 수 있습니다.
2. 현장작업자들은 자신의 전문 분야에서 경험과 기술을 갖추고 있기 때문에 질문을 하기보다는 자신의 능력을 강조하거나 자신이 문제를 해결할 수 있다는 자신감을 가질 수 있습니다.
3. 작업자 중에서는 자신의 부족함을 드러내기 싫어하거나, 부담을 느낄 때는 아는 체하며 질문을 하지 않는 경우가 있습니다.
4. 현장작업자들이 질문을 주저하는 이유 중 하나는 모르는 것에 대한 불안과 무시당할 수도 있다는 우려입니다. 일부 상급자나 동료들은 모르는 것을 물어보는 것을 부정적으로 받아들일 수 있으며, 때로는 잔소리를 하거나 실력이 부족하다는 평가를 받을 수도 있습니다.
5. 상사나 동료와의 관계가 좋지 않아 질문하기가 어렵거나 불편하다고 느낄 수도 있습니다.

공사현장 작업자가 질문을 자주 하고 부담을 느끼지 않도록 하는 구체적인 행동 방법

1. **열린 소통 환경 조성**: 작업자들이 질문하기 쉽도록 열린 소통 환경을 조성해야 합니다. 작업자들이 자신의 의견과 질문을 자유롭게 제기할 수 있는 공간을 마련하고, 상사나 관리자와의 대화를 격려해야 합니다. 소통 문화는 상급자부터 시작하여 조직 전반에 이어져야 합니다.

2. **질문에 대한 긍정적인 대응**: 작업자들이 질문할 때 부정적인 반응이나 비난을 받지 않도록 합니다. 질문에 대해 긍정적인 태도로 대응하고, 작업자의 호기심과 학습 의지를 존중해야 합니다. 직원들에게 질문을 환영하고 격려하는 메시지를 전달합니다. 직원들에게 자신들이 궁금해하는 것을 물어보고, 답변을 제공하는 것을 적극적으로 장려합니다.

3. **지식 공유를 위한 플랫폼 제공하기**: 이메일, 내부 커뮤니케이션 도구, 업무 협업 도구 등을 활용하여 직원들이 손쉽게 질문하고 의견을 공유할 수 있는 공간을 마련합니다.

4. **질문에 대한 신속한 응답**: 작업자가 질문하면 신속하게 응답해야 합니다. 작업자가 바로 필요한 정보나 도움을 받을 수 있다는 확신을 갖게 하여, 질문하기에 부담을 느끼지 않도록 해야 합니다. 질문에 관해 관심을 가지고 응답하는 것은 직원들에게 자신들의 질문에 대한 가치를 느끼게 하고, 다른 직원들도 질문을 쉽게 하도록 격려합니다.

5. **지시와 설명의 명확성**: 작업 지시나 설명은 명확하고 이해하기 쉽게 전달되어야 합니다. 작업자들이 질문할 필요 없이 지시나 정보를 명확히 이해할 수 있도록 구체적이고 명확한 지시를 제공해야 합니다.

6. **피드백과 인정**: 작업자들의 질문에 대한 피드백과 인정을 제공합니다. 작업자들이 질문하고 의견을 나누는 것을 긍정적으로 측정하고, 그들의 참여와 기여를 인정하는 것이 중요합니다.

37) 연장작업을 해야 할 것인지 작업자를 채용할 것인지 정확하게 계산을 해야 한다

연장작업지수 =

[(일 투입인건비 × 작업 일수 × 생산성) + (일 투입인건비 × 연장작업 시간/8 × 생산성)] / [(일 투입인건비 × 일수 × 생산성) + (일 투입인건비 × 1.5 × 연장작업 시간/8 × 생산성)] × 100

연장작업은 일반작업보다 1.5배의 인건비가 들어간다는 사실을 알고 있습니다. 즉 연장작업의 시간이 길어질수록 연장작업요소 측정지수는 낮아집니다. 연장작업 시간이 늘어날수록 생산성이 저하됩니다. 따라서 얼마나 오랫동안 연장작업을 진행해야 하는지, 그로 인해 얼마만큼의 비용이 소요되며 생산량이 얼마만큼 증가하는지, 그리고 새로운 작업자를 투입하는 것이 얼마나 비용이 들며 생산량이 얼마나 증가하는지를 비교해야 합니다.

물론 최적의 경우에는 처음부터 정확한 계획을 세워 갑작스러운 작업계획 변경이 없도록 하는 것이 가장 좋습니다. 하지만 만약 공사 기간을 단축해야 할 상황이라면 인원을 조절하는 것이 바람직한 방법입니다. 이렇게 하면 생산성이 떨어지는 것을 막을 수 있습니다. 따라서 상황에 따라 적절한 대응이 필요하며 비용과 생산량에 대한 분석이 중요합니다.

38) 소통의 시작은 인사에서부터

소통은 단순히 말로 하는 것뿐만 아니라 비언어적인 요소인 몸짓, 표정, 태도 등을 포함합니다. 인사는 상대방에게 친근함과 존중을 표현하는 첫 번째 단계로, 상호 간의 긍정적인 인상을 심어주고 원활한 의사소통의 기반을 마련합니다.

작업자들이 인사를 잘하지 않는 경우는 여러 가지 이유가 있을 수 있습니다. 일반적으로 다음과 같은 이유로 인사가 부족하거나 이루어지지 않을 수 있습니다.

1. **부주의 또는 기억력 부족**: 일상적으로 인사를 놓치는 경우는 부주의나 기억력 부족 때문일 수 있습니다.
2. **의사소통 부족**: 작업자들 간의 의사소통이 원활하지 않거나 커뮤니케이션 도구와 방법이 부적절한 경우, 인사의 기회를 놓칠 수 있습니다.

3. **인식 부족**: 작업자들이 인사의 중요성을 인식하지 못하거나 감사와 인사의 효과에 대한 이해가 부족한 경우, 인사의 행위 자체가 미흡해질 수 있습니다.

4. **조직 문화**: 조직 내에서 인사 문화가 부족하거나 인사가 강조되지 않는 경우, 작업자들은 인사를 자연스럽게 이루어지지 않는 것으로 인식할 수 있습니다.

5. **개인적 특성**: 작업자들의 성격이나 개인적 특성에 따라 인사를 표현하는 스타일과 빈도가 다를 수 있습니다. 어떤 사람들은 인사를 표현하는 것을 주저하는 경향이 있을 수 있습니다.

6. **사회 능력 부족**: 인사는 사회적인 상호작용의 일부로, 사회 능력과 관련이 있습니다. 어떤 사람들은 사회적인 상호작용에 민감하지 않거나, 사회적 규범과 예절을 잘 알지 못해서 인사를 놓칠 수 있습니다.

7. **개인적인 성향**: 개인적인 성향도 인사에 영향을 줄 수 있습니다. 어떤 사람들은 외향적이고 사교적인 성향으로 인사를 적극적으로 나누는 경향이 있지만, 다른 사람들은 내성적이거나 소극적인 성향으로 인사를 자주 하지 않을 수 있습니다.

8. **인지적인 요소**: 어떤 사람들은 인지적인 요소로 인사를 놓칠 수 있습니다. 예를 들어, 집중하고 있는 작업에 몰두해 있거나, 혼잡한 상황에서 인지적인 부하로 인해 인사를 놓칠 수 있습니다.

9. **태도 문제**: 일부 사람들은 인사를 하지 않는 것에 대해 의도적인 태도 문제를 가질 수 있습니다. 이는 개인의 가치관이나 태도 등에 따라 다양한 이유로 인사를 하지 않거나 인사에 대해 무관심한 태도를 보일 수 있습니다.

현장에서 서로 인사를 하지 않을 경우, 상대방은 다음과 같은 생각을 할 수 있습니다.

1. **무관심이나 냉담함**: 인사를 하지 않는 행동은 상대방에 관한 관심이 없거나 냉담한 태도를 보인다는 인상을 줄 수 있습니다. 이는 원만한 대인관계 형성과 소통의 원활함에 부정적인 영향을 미칠 수 있습니다.

2. **당혹**: 상대방이 인사를 하지 않으면, 당혹스러움을 느낄 수 있습니다. 이는 상대방과의 관계에 대한 불확실성을 일으키고, 예의나 존중을 갖추지 않는 행동으로 인식될 수 있습니다.

3. **불쾌감, 갈등의 원인**: 인사는 상호 간의 소통과 사회적인 상호작용의 일부로, 서로를 인정하고 존중하는 표현입니다. 인사를 하지 않는 행위는 무관심함이나 존중하지 않는 태도로 받아들여질 수 있으며, 이는 상대방에게 불쾌한 감정을 일으킬 수 있습니다. 이는 갈등의 원인이 될 수 있습니다.

4. **소통의 어려움**: 인사는 원활한 소통을 위한 기본 요소 중 하나입니다. 인사는 원활한 상호작용을 위한 출발점입니다. 따라서 상대방이 인사를 하지 않으면 원활한 대화나 소통이 어려워질 수 있으

며, 상호 간의 관계 형성이 제한될 수 있습니다.

5. **협력의 감소**: 인사는 상호 간의 관계를 개선하고 협력을 촉진하는 역할을 합니다. 따라서 인사를 하지 않는 행동은 협력과 팀워크에 부정적인 영향을 미칠 수 있으며, 상호 간의 신뢰와 동료애를 형성하기 어렵게 할 수 있습니다.
6. **상대의 의도 파악**: 상대방이 인사를 하지 않을 때, 그 이유를 파악하려고 시도할 수 있습니다. 상대방이 바빠서 인사를 놓친 것인지, 의도적으로 인사를 하지 않는 것인지 등을 추측하게 됩니다.
7. **상대의 태도 측정**: 인사를 하지 않는 행동은 상대방의 태도를 측정하는 요소로 작용할 수 있습니다. 상대방이 인사를 하지 않으면 무관심하거나 예의를 갖추지 않는다는 인상을 받을 수 있습니다. 이러한 이유로 일반적으로 현장에서 상대방이 인사를 하지 않을 때는 불편함을 느끼거나 상대방의 태도를 의심하는 경향이 있습니다.

인사가 잘 이루어지지 않으면 조직 내에서의 팀워크와 협력이 저하될 수 있으며, 작업자들의 동기와 만족도에도 영향을 미칠 수 있습니다. 따라서 조직은 인사의 중요성을 강조하고, 적절한 인사 문화를 조성하기 위해 노력해야 합니다.

39) 게으르고 좋지 않은 요령을 피우면 1번의 경고로 족하다

현장 리더의 가장 중요한 임무는 역량이 높은 작업자를 선발하는 것입니다. 이는 작업의 효율성과 품질을 보장하기 위해 필수적입니다.

두 번째로 중요한 임무는 현장에 적응하지 못하는 사람들에 대해 신속하게 대응하는 것입니다. 이는 문제 상황을 조기에 해결하고 생산성을 유지하는 데 필요합니다.

불필요한 비난과 불평을 지속적으로 하는 작업자는 조직 내에서 부정적인 영향력을 행사하는 해로운 요소입니다. 이에 대해 즉각적인 조치를 해야 합니다.

규칙을 어기고 무책임하게 행동하는 작업자, 선을 넘어 게으르게 행동하는 작업자, 타인의 시간을 존중하지 않고 태업하는 작업자, 그리고 팀의 일에 무관심하게 느긋하게 행동하는 작업자는 조직 내부를 해치는 요소로 작용합니다.

조직 내에서는 이기심, 심술궂음, 게으름 등의 파괴적인 행동이 건설적인 행동보다 훨씬 더 큰 영향을 미칩니다. 앤드루 마이너에 따르면, 상사나 동료들과의 부정적인 상호작용은 긍정적인 상호작용보다 5배나 강력한 영향을 미친다고 합니다. 따라서 우수한 조직을 만들기 위해선 작업자의 역량을 향상하는 것도 중요하지만, 나쁜 행동을 줄이는 데 집중해야 합니다.

이러한 행동에 대해서는 경고 후에도 변화가 없다면 퇴출하는 것이 필요합니다.

현장 리더가 현장에 적응하지 못하는 사람에 대해 조치를 하지 못하면 무능한 리더로 평가될 수 있습니다. 기질이나 오래된 습관은 거의 개선되지 않는 경우가 많습니다. 시간이 지나면 나쁜 습관은 주변에 빠르게 전염되며, 이는 생산성 저하로 이어질 수 있습니다. 따라서, 리더는 적응을 못하는 사람들의 조치를 소홀히 하지 않아야 합니다.

40) 주의사항 및 작업의 순서는 작업 전 알려 주어야 효과적이다

적절한 방법과 타이밍으로 전달되어야 함을 의미합니다.

잔소리형 리더는 문제가 발생한 후에야 비난과 비판을 하며 문제만 해결하려고 합니다. 꾸짖거나 일방적으로 말을 하면 이런 식의 충고나 이야기는 비난과 간섭으로 발전하고 잔소리가 됩니다.

이는 작업자들에게 부정적인 영향을 미치고, 일할 때 불안감을 느끼게 합니다. 또한, 작업 중에 주의사항이나 올바른 작업 지시를 제공할 때에도 잔소리로 인식될 우려가 큽니다.

반면, **미션 부여형 리더**는 미리 업무지시를 명확히 하여 문제를 예방하는 경향을 보입니다. 이들은 작업자들에게 주의사항이나 작업의 순서, 방법, 요령, 표준, 안전 작업 등을 작업 전에 반복적으로 전달하고, 일부 질문을 통해 작업자들이 숙지하도록 합니다. 이러한 방식으로 작업자들은 작업에 대한 명확한 지침을 받고, 일관성 있는 결과를 얻을 수 있습니다.

따라서, 잔소리를 최소화하고 주의사항과 작업 지시를 명확히 전달하는 미션 부여형 리더는 문제를 예방하고 작업자들의 안정감과 효율성을 높일 수 있습니다.

41) 작업자에게 최악의 현장은 실력이 없는 선임이 부지런한 경우이다

현장 선임의 능력과 실력이 부족한 경우, 그들의 부지런함은 실질적인 개선이 이루어지지 않고 작업현장에 불필요한 혼란을 일으킬 수 있습니다. 부지런함과 일을 잘하는 것은 구분되어야 합니다.

현장 전공 또는 현장 리더를 4가지 유형으로 나누어 보면 다음과 같습니다:

1. 공사현장 운영 방법을 알고 부지런한 리더
2. 공사현장 운영 방법을 알고 게으른 리더
3. 공사현장 운영 방법을 모르고 부지런한 관리자
4. 공사현장 운영 방법을 모르고 게으른 관리자

저는 이 4가지 현장 리더 유형을 모두 경험해 보았습니다. 실제로 공사현장운영을 모르는 관리자가 현장 리더 역할을 맡는 경우, 회사 입장에서 손해가 발생하는 경우가 많습니다. 그런데도 현장경험이 많다는 이유로 부지런하다는 이유로 현장 리더가 되는 경우가 흔하며, 이로 인해 손실이 발생하더라도 자신 스스로는 최선을 다한 것으로 착각하는 경우가 많이 있습니다. 리더의 잘못된 선택에도 불구하고 실수를 절대적으로 인정하지 않는 경우가 있습니다. 이는 가용성 오류 또는 인지 부조화로 인한 합리화 중 하나일 수 있습니다.

현장 운영을 모르고 게으른 사람을 "멍게"라고 부릅니다. 현장작업자들에게는 편하고 사람이 좋은, 성격이 좋은 현장 리더로 여겨집니다.

문제는 현장 운영을 모르는데 부지런한 리더인 경우입니다. 이들은 "멍부"라고도 불리며, 작업자들도 괴로워하고 생산성도 낮아지는데 의외로 많은 현장 리더가 이 유형에 속합니다. 이들은 작업순서와 작업 방향을, 생산성을 제대로 가늠하지도 못한 채 '이렇게 해라' '저렇게 해라' 지시하며 많은 오류를 범합니다. 불량한 작업과 재작업이 늘어나고 현장 운영에 에너지 손실이 심한데 현장 리더까지 "멍부"이면 정확한 현장 상황파악을 못 합니다.

회사는 각각의 현장 상황을 현장 리더 또는 현장관리자를 통하여 전달받습니다.

그러나 결과와 과정에 대한 믿을 만한 계량화된 자료가 부족하여 현장경험과 부지런함을 인정받고 실제 현장가동률을 높여 현장 운영을 잘하는 것처럼 보입니다. 이러한 멍부는 결과에 대한 포장도 잘하고 실제로 자신이 리더로서 현장관리를 잘한다고 믿는 경우가 많습니다.

요약하면, 부지런함과 현장 시공 운영능력은 별개의 요소로서 고려되어야 합니다. 현장 리더로서 적합한 사람을 선택할 때는 현장 운영능력이 중요하며, 리더 자신이 현장 운영을 이해하지 못하는 경우 회사에 손해를 초래할 수 있습니다. 회사는 좋은 결과를 내는 사람을 선택해야 하는데, 많은 경우에 그러지 못하는 이유는 좋은 결과를 내는 사람에 대한 기준과 표준화된 생산성 측정 도구가 없기 때문입니다.

42) 팔로워십이 안되는 작업자

팔로워십은 현장작업자와 현장 리더 간의 원활한 소통과 협력을 이루기 위한 중요한 개념입니다. 이는 상호 간의 신뢰와 존중을 기반으로 하며, 작업자와 작업 리더가 서로를 이해하고 지원하는 관계를 구축하는 것을 의미합니다. 팔로워십이 제대로 이루어지지 않으면 효율적인 작업을 수행하는 것이 어려워지고, 팀원들 간의 신뢰와 협력이 약해지며 작업 진행에 불화, 불평, 불만이 발생할 수 있습니다.

또한, 팔로워십이 부족한 상황에서 리더십을 효과적으로 발휘하는 것도 어려워집니다. 리더가 팀원들의 신뢰와 존중을 얻기 어렵고, 목표 달성을 위한 지시나 조언이 효과적으로 전달되지 않을 수 있습니다. 그뿐만 아니라, 권한의 부재도 리더십을 효과적으로 발휘하는 데 큰 제약을 가합니다. 권한은 리더가 의사결정을 내리고 행동을 끌어내는 데 필요한 권력과 자유를 의미합니다. 리더가 필요한 조치를 하거나 팀원들을 지원하기 위해서는 필요한 권한과 자유가 필수적입니다. 그러나 권한의 부재는 의사결정의 지연이나 업무 진행의 제약을 가져오며, 이는 리더의 효과적인 업무 수행을 어렵게 만듭니다.

따라서, 팔로워십 부족과 권한의 부재는 리더가 직면하는 큰 도전입니다. 이를 극복하기 위해서는 팔로워십 교육을 강화하고 팀원들과의 소통과 협력을 촉진하는 노력이 필요합니다. 또한, 조직에서 적절한 권한을 부여하여 리더가 효과적인 의사결정을 할 수 있도록 지원해야 합니다.

팔로워십이 잘 이루어지는 작업자는 다음과 같은 특징을 갖습니다.

1. 업무에 대한 책임감과 성실성이 높으며, 주어진 일에 대해 적극적으로 참여하고 최선을 다합니다.
2. 소통과 협력을 중요시하며, 의견을 나누고 피드백을 주고받을 준비가 되어 있습니다.
3. 동료들과의 관계를 존중하고 서로를 도우며 협력합니다.
4. 변화에 적극적으로 대처하고 자기 계발에 노력하며 성장하는 자세를 갖추고 있습니다.

그러나 모든 작업자가 팔로워십을 잘 이루지는 못합니다. 팔로워십이 안되는 작업자는 다음과 같은 특징을 보일 수 있습니다.

1. 의사소통이 부족하거나 불명확하게 전달되는 경우가 많습니다.
2. 협력보다는 개인적인 이익을 우선시하거나 타인을 배려하지 않는 경향이 있습니다.
3. 작업에 대한 책임감이 부족하거나 작업에 소홀한 경우가 종종 있습니다.
4. 변화에 저항하는 자세를 갖고 있으며, 개인적인 성장에 관심이 없는 경우도 있습니다.

5. 교육에 저항하고 리더와 동료를 비난하는 경향이 있습니다.

팔로워십이 안되는 작업자는 다음과 같은 행동을 보일 수 있습니다:

1. 팔로워십이 안되는 작업자는 협력과 팀워크에 소홀할 수 있습니다. 팀원들과의 협력을 거부하거나 자신의 이익만을 우선시하여 협업을 방해할 수 있습니다.
2. 팔로워십이 안되는 작업자는 리더의 지시에 딴전을 부리거나 반항적으로 대응할 수 있습니다. 명령을 무시하거나 자신의 판단에 따라 행동하려고 하며, 리더와의 협조를 거부할 수 있습니다.
3. 팔로워십이 안되는 작업자는 책임 회피에 나서거나 자신의 잘못을 인정하지 않으려고 할 수 있습니다. 업무에 대한 책임을 회피하거나 자신의 실수나 부족함을 타인에게 돌릴 수 있습니다.
4. 팔로워십이 안되는 작업자는 의사소통이 부족할 수 있습니다. 다른 팀원들과 원활한 의사소통을 지양하거나 정보를 제공하지 않는 등, 정보의 흐름을 방해할 수 있습니다.
5. 팔로워십이 안되는 작업자는 자기중심적인 행동을 보일 수 있습니다. 자신의 이익과 욕구만을 우선시하며, 팀의 목표나 협업을 고려하지 않는 행동을 할 수 있습니다.

팔로워십이 안되는 작업자들은 리더와 팀원들과의 관계에서 갈등과 불화를 일으킬 수 있습니다. 이러한 갈등은 업무 협업에 지장을 주며, 팀원들의 협력과 조화를 저해할 수 있습니다. 또한, 이들이 작업에 대한 책임감이 부족하거나 작업에 소홀한 태도를 보인다면, 전체 팀의 작업 효율성과 성과에도 부정적인 영향을 미칠 수 있습니다.

팔로워십이 안되는 작업자와의 대응은 다양한 방법이 있습니다.

1. 명확하고 투명한 의사소통을 통해 작업자에게 업무의 중요성과 목표를 설명해 줄 필요가 있습니다.
2. 작업자의 업무 수행을 지속적으로 모니터링하고 피드백을 제공하여 개선할 점을 도출해야 합니다.
3. 작업자와의 개별 면담을 통해 동기부여와 업무에 대한 이해를 도모하는 시간을 가져야 합니다.
4. 작업자의 역량 향상을 위한 교육이나 훈련 기회를 제공하여 성장할 수 있도록 도움을 줄 수 있습니다.
5. 적절한 권한을 사용하여 목표와 직무에 충실하도록 바꾸어야 합니다.

팔로워십이 안되는 작업자와의 관계 개선은 시간과 노력이 필요합니다. 중요한 점은 비판이나 비난보다는 상호 간의 이해와 협력을 강조하는 접근을 취하는 것입니다.

43) 배회와 순회

배회란 목적 없이 여기저기 돌아다니는 행위를 의미합니다. 배회는 일종의 정신병이며, 정신이상자나 성격이상자 등에서 나타날 수 있는 증상으로, 이러한 증상을 보이는 환자를 배회증 환자라고 합니다. 현장 리더가 계획 없이 뚜렷한 목적 없이 눈과 기억만을 의존하여 현장 이곳저곳을 돌아다니며 두리번거리다가 눈에 거슬리는 것을 발견하게 되면, 그 자리에서 앞뒤를 따져 보지 않고 습관과 직관에 의존하여 판단하고 행동합니다. 이러한 갑작스러운 행동으로 인해 작업자들은 당황할 수 있습니다. 배회증을 가진 관리자와 함께 일하는 작업자는 언제 어떤 문제로 어느 정도의 고통을 받게 될지 예측하기 어려우므로 항상 긴장하고 불안하며 초조한 상태에 처하게 됩니다. 또한, 눈에 띄지 않으면 지적을 면할 수 있다고 생각하여 보이지 않는 곳으로 피신하거나 아예 상급자를 무시하는 행동을 할 수도 있습니다.

순회는 목적을 가지고 차례대로 돌아다니는 행위를 의미합니다. 순회는 시간대별로 수행해야 할 일과 확인해야 할 사항을 표준화한 후에 양측이 숙지한 상황에서 이루어지므로 불화, 불평, 불만이 발생하지 않습니다. 작업자는 정해진 시간에 정해진 업무를 수행함으로써 어떠한 부담도 없게 됩니다. 작업자가 규칙이나 약속을 어기게 되면 조언을 통해 바로잡도록 하며, 현장 리더는 순회 점검표의 순서에 따라 정해진 시간마다 작업현장을 순회하며 현장 상황을 점검합니다. 이를 통해 짧은 시간 내에 많은 확인 작업을 할 수 있습니다. 게다가, 간혹 놓치기 쉬운 사안들도 짧은 주기로 확인함으로써 빠르게 발견되고 즉시 조치하여 정상으로 복원될 수 있습니다. 순회를 효율적으로 수행하기 위해서는 시간대별로 수행해야 할 업무가 정리된 일과표를 표준화하고, 이를 철저히 준수하는 것이 중요합니다.

44) 기회비용, 매몰비용 개념이 없는 직관적인 결정

기회비용과 매몰비용은 의사결정과정에서 중요한 요소입니다. 하지만 이러한 개념을 모르거나 간과하는 결정은 문제를 일으킬 수 있습니다. 더 큰 문제는 자신이 모른다는 사실을 모르고 있다는 것입니다.

첫째로, 기회비용은 어떤 선택을 하게 되면 그 선택을 위해 포기한 대안들의 가치를 말합니다. 어떤 상황에서는 감각적으로 계산되는 명시적 비용만을 고려하고, 암묵적 비용을 고려하지 않는

다면 합리적인 의사결정이 어려워질 수 있습니다.

둘째로, 매몰비용은 이미 발생한 비용으로, 이를 고려하여 의사결정을 하는 것은 합리적이지 않을 수 있습니다. 경제적인 선택을 하기 위해서는 미래의 비용과 혜택을 기반으로 해야 합니다. 이미 발생한 매몰비용에 집착하여 새로운 결정을 내리면, 합리적인 선택을 방해할 수 있습니다.

따라서, 현장 리더는 경제적인 의사결정을 위해 기회비용과 매몰비용의 개념을 이해하고, 의사결정에 반영하는 능력이 필요합니다. 명시적 비용뿐만 아니라 암묵적 비용을 고려하며, 이미 발생한 매몰비용에 과도하게 집착하지 않고 미래의 이익과 비용을 고려하는 효과적인 의사결정이 필요합니다. 이를 통해 공사현장을 효율적으로 운영하고 경제적인 선택을 할 수 있는 능력 있는 리더가 될 수 있습니다.

45) 빨리빨리 작업을 재촉하면 작업이 빨라지나?

'빨리빨리' 작업을 재촉한다고 해서 작업이 항상 더 빨라지는 것은 아닙니다.

도표를 보면, 가동률과 생산성은 반드시 일치하지 않으며, 가동률을 높이기보다 작업 효율을 높이는 것이 더 효과적이라는 것을 알 수 있습니다.

오히려 '빨리빨리' 문화는 여러 가지 부작용을 초래할 수 있습니다.

1. 도면 관리와 정리가 어려워집니다.
2. 급하게 작업하면 안전 절차를 무시하게 되어 사고 위험이 높아집니다.
3. 정리 정돈과 청결 작업이 제대로 이루어지지 않습니다.
4. 급하게 일하다 보면 팀워크가 깨질 수 있고, 이는 전체 작업의 효율성을 저하시킵니다.
5. 업무분담이 제대로 이루어지지 않습니다.
6. 급하게 작업을 진행하다 보면 충분한 커뮤니케이션이 이루어지지 않아 오해와 갈등이 생길 수 있습니다.
7. 재촉하는 과정에서 지시가 명확하게 전달되지 않아 작업 오류를 초래할 수 있습니다.
8. 급하게 작업하면 세부 사항이 소홀히 다루어져 품질이 떨어질 수 있습니다.
9. 급하게 작업하다 발생한 실수를 수정하기 위해 재작업이 필요할 수 있으며, 이는 오히려 시간을 더 소모하게 됩니다.

10. 자재 관리가 어려워질 수 있습니다.

11. 업무일지 작성이 부실해질 수 있습니다.

12. 에너지 손실이 발생하고, 일에 더 많은 힘이 들어가게 됩니다.

13. 지속적인 재촉은 작업자들의 스트레스를 증가시키고 사기를 저하시킬 수 있습니다.

14. 높은 압박감 속에서 일하는 것은 작업자들의 업무 만족도를 낮추며, 장기적으로 생산성에 부정적인 영향을 미칩니다.

15. 작업순서가 혼란스러워지거나 계획이 어지러워지면 오히려 작업이 지연될 수 있습니다.

많은 사람들은 '빨리빨리' 작업하면 더 많은 일을 할 수 있고 생산성이 높아진다고 착각합니다. 이는 단기 성과를 중시하거나 기존 습관을 고수하려는 태도에서 비롯되지만, 실제로는 불량한 작업과 재작업을 늘려 비효율적입니다. 결국, 생산성, 안전, 품질에 부정적인 영향을 미칠 수 있습니다.

5. 현장, 이것만은 꼭 행동하자

인력이나 자원이 부족한 상황에서 생산성은 마음처럼 원하는 대로 나오지 않으며, 여러 가지 시도를 해도 변화가 없습니다. 올바른 작업방법을 설명해도 변화하지 않고, 불량한 작업과 재작업은 꾸준히 발생합니다. 작업자를 교체해도 큰 차이가 없습니다. 생산량을 늘리기 위해 인원을 추가하면 손실이 증가하고, 작업시간을 늘리면 생산성이 떨어집니다. 연장작업을 하면 할수록 손실이 커집니다. 만약 여러 가지 노력에도 불구하고 상당한 손실이 발생하며 상황이 호전되지 않는다면, 시공사와 손실 보전 등을 협의하는 것도 한 방법일 수 있습니다. 하지만 기업의 장기적인 성장과 생산성 향상을 위해서는 근본적인 원인에 대한 파악과 대응이 필요합니다.

1. 작업자의 행동은 대부분 쉽게 변화하지 않습니다. 그들의 기능과 기술은 교육만으로는 쉽게 향상되지 않음을 알아야 합니다. 잘못된 점을 지적하고 수정하려 해도 그들은 즉시 변화하지 않을 수 있습니다. 작업자들은 단지 바뀐 환경에 서서히 적응하거나 그렇지 못할 뿐입니다.

2. 누구나 최소의 비용으로 최대의 효과를 얻으려고 경제적인 행동을 합니다. 유능한 관리자는 생산성을 측정하고 기회비용을 고려해야 합니다. 필요한 비용이라 계산되면 주저하지 말고 투자를 진행해야 합니다. 투자를 통해 더 큰 이익을 얻을 수 있습니다. 주저하는 동안 손실이 발생할 수 있습니다. 매몰비용을 고려해야 합니다. 많은 회사는 비용을 아끼는 관리자를 선호하며, 5억의 이익을 창출하는 것을 만족으로 여깁니다. 그들은 5억을 잃었다는 생각을 하지 않습니다. **(Part 3. 현장에서의 문제점 참고)** 이는 현장이 변화하지 못하는 원인 중 하나입니다.

3. 작업자는 도면과 지시사항을 이해해야 합니다. 작업자는 도면과 대화합니다. 현장 리더는 불량이 발생하지 않고 일정한 물량이 달성될 수 있도록 도움을 주는 것이 중요합니다. 현장은 작업자가 작업에만 집중할 수 있는 환경을 조성해야 합니다. 특히 단위노동비용이 높은 경우 부가가치 노동생산성 향상에 집중해야 합니다.

4. 작업자들 대부분은 시공에서 좋은 결과를 얻고 인정받기를 바라는 강한 욕구가 있습니다. 그러나 일부 리더들에 의해 일일 물량을 강요받는 경우가 종종 있습니다. 작업자들이 작업에 집중할 때 순서대로 정상작업이 이루어지고, 불량한 작업과 재작업이 줄어들며, 품질과 생산성이 양호해집니다. 적절한 생산성이 나오지 않는 경우, 현장 리더는 작업을 어렵게 만든 요소를 살피고 개선해야

합니다. 그것이 문제 해결에 도움이 됩니다.

저는 현장사무실을 신체의 뇌, 현장작업자를 손과 발이라고 생각합니다.

뇌는 외부의 물리적인 자극뿐만 아니라 추상적인 자극, 감각 신호, 내부에서 오는 신호까지 받아들여 신체의 다양한 기능을 효율적으로 조절하는 역할을 수행합니다. 그러나 뇌의 회로가 손상되거나 기능이 떨어지거나, 뇌의 수초 손상으로 인해 신경세포들이 신호를 올바르게 전달하지 못하게 되는 등 어떤 경우이든 뇌의 전달 신호에 이상이 생기면 손과 발이 고통을 겪고 몸이 망가지게 됩니다. 그 결과로 일상적인 생활이 어려워지게 됩니다.

현장사무실은 현장작업자들로부터 다양한 정보와 자료를 받아들이고 이를 조율하여 원활한 현장작업을 끌어내야 합니다. 또한, 현장작업자들 역시 현장사무실과 원활한 소통과 협업을 통해 생산성과 안전성을 높일 수 있습니다.

이것만은 꼭 생각합시다

1. 노력은 기본입니다.
2. 문제를 계량화하여야 합니다.

    "측정할 수 없으면 관리할 수 없다." 미국의 작가이자 경영학자인 피터 드러커의 말입니다. 측정이 어렵다면 분석도 어려워지며 분석이 되지 않으면 비교도 개선도 관리도 어려워집니다. 다시 말해 문제가 있는 줄 알지만 어디에 얼마나 큰 문제가 있는지 정확히 파악하기 어려워집니다. 이로써 잘못된 판단으로 잘못된 결정을 할 수 있습니다.

3. 공사현장에서 싸고 좋은 작업자는 없습니다. 싸고 무능한 작업자만 있을 뿐입니다.
4. 개선할 의지와 행동이 함께하지 않거나 개선할 능력과 자신이 없다면 시작하지 않는 것이 능률적입니다.
5. 측정요소 분석 결과 문제 해결방안 토의 시에는 확증 편향과 주관적인 오류에 주의해야 합니다.
6. 목표 설정 시 전망과 희망을 혼동해서는 안 됩니다.
7. 무엇을 어떻게 개선할 것인지 구체적이어야 하고 지속해서 할 수 있는 행동부터 시작합니다.
8. 가르치려 하지 말고 변화하기 위한 환경을 만들어야 합니다.
9. 인사(예절)는 소통의 첫걸음입니다.
10. 현장의 정리 정돈과 청결은 시공의 기본이며 안전과 품질, 물량의 기본 요소입니다.
11. 자재와 공구의 정리 정돈 청결은 생산량을 높이는 기본 요소입니다.

12. 작업자는 쉽게 행동이 바뀌지 않습니다. 기능공을 뽑을 때는 신중하여야 합니다.
13. 작업 일보는 구체적으로 작성하도록 합니다.
14. 작업자는 도면과 대화합니다
15. 현장순회 시 작업 일보와 현장작업을 비교하고 확인하여야 합니다.
16. 개인의 업무 진단표를 만들고(시각화와 명확성) 개선책은 일관성을 갖도록 매일 점검합니다.
17. 빨리빨리는 불량한 작업과 재작업을 늘려 비효율적입니다. 작업 일정표를 사용하여 모든 작업의 시작과 완료 시점을 명확하게 설정하고, 이를 엄격히 준수하는 효율적인 스케줄 관리를 합니다. 작업을 더 작은 단계로 나누어 명확한 목표를 설정하고, 각 단계에 필요한 시간과 자원을 현실적으로 배정합니다

이것만은 매일 체크합시다

1. 조회 리스트
2. 현장순회 체크리스트
3. 현장관리자 일상 관리 체크리스트

1. 미국 오하이오주 얼티엄셀 배터리공장 건설현장(Subcontractor) / 미국 테네시주 얼티엄셀 배터리공장 건설현장(Supervising) / 한국 화력발전소 건설현장 / UAE 원자력 건설현장 / 우즈베키스탄 가스 플랜트 건설현장(현대엔지니어링) 비교
2. 노동가중치 입력 후 한국 건설현장과 비교
3. 미국 건설공사현장과 한국 건설공사현장 비교
4. 미국에서의 건설현장 공사 전 주의사항
5. 미국 공사현장은 톱니바퀴이다
6. 공사현장에서 시공업체가 수익을 극대화하는 방법

Part 5

미국 공사현장

1. 미국 오하이오주 얼티엄셀 배터리공장 건설현장 (Subcontractor) / 미국 테네시주 얼티엄셀 배터리공장 건설현장(Supervising) / 한국 화력발전소 건설현장 / UAE 원자력 건설현장 / 우즈베키스탄 가스 플랜트 건설현장(현대엔지니어링) 비교

- 미국 업체는 기본적으로 연장작업이 없으므로 0시간을 주었고 나머지 업체는 20시간을 주었음
- 현장운영결과를 비교하기 위해 작업자 수를 40명으로 통일함
- 국가별 시간당 노동생산성을 비교하기 위해 단위노동비용이 동일하다는 조건으로 작업
- 국가별 인건비나 생산된 재화의 단위 가치가 같다고 가정하고 시간당 노동생산성만 고려함
- 투입비용을 Manpower day 250,000원으로 통일
- 작업자들의 다양한 특성과 문화적인 요소는 무시함
- 국가별 투입(인건비)가 차이가 나는 경우 부가가치 노동생산성은 달라지고 이는 다음 Part에서 정리함

1. 오하이오 현장은 미국 업체가 Subcontractor
2. 테네시 현장은 한국 업체가 Supervising
3. 한국 현장은 화력발전소 건설현장 측정값
4. UAE 원자력 건설현장은 평균에 가까운 이민호팀 측정값
5. 우즈베키스탄 가스 플랜트 건설현장(김철수)

P-1

| | | | | | | | | | 이직 손실 | 2000000 |

현장명	비용 가중치	직급	대표 사진	팀원	일 투입	작업 일수	1. 도면 해석	2. 역무 교육	3. 정리 정돈
미국(오하이오)	100%	팀장	0	40	250000	26	하	상	상
미국(테네시)	100%	팀장	0	40	250000	26	상	상	상
한국(협력업체)	100%	팀장	0	40	250000	26	중하	중하	중하
UAE 이민호팀	100%	팀장	0	40	250000	26	중	중하	중상
우즈벡	100%	팀장	0	40	250000	26	중	중	중하

기본 이직률	15	능률 가중치	30%	40%	지연작업 범위	2%~20%	재작업 범위	2%~10%	이직률	2%~30%
4. 업무 분담	5. 구성원과의 관계	6. 품질 관리	7. 자재 관리	8. 작업 스케치	9. 작업 일보	10. 불량한 작업	11. 재작업	12. 가동률	13. 연장 작업	팀별 이직률
중상	중	중	중	중하	중	20	10	90	0	12.5
상	상	상	상	중상	중	5	2	90	0	12.5
중	하	중하	중하	중하	중하	15	7	85	20	12.5
중	중상	중	중상	중	중	10	5	90	20	6.66
중하	중하	중하	중하	중하	하	20	10	80	20	7.5

P 1

										능률 가중치	0.30	0.40		재작업 범위	2%~10%
										지연작업 범위	2%~20%			이직률	2%~30%

	현장명	가중치	직급	대표 사진	팀원	일 투입	작업 일수	1. 도면 해석	2. 역무 교육	3. 정리 정돈	4. 업무 분담	5. 구성원과 의 관계	6. 품질 관리	7. 자재 관리
기준값								0.00	0.00	0.00	0.00	0.00	0.00	0.00
	미국 (오하이오)	1.00	팀장		40	250000	26	하	상	상	중상	중	중	중
측정								-10.00	10.00	10.00	5.00	0.01	0.01	0.01
측정(%)								60.00	130.00	140.00	115.00	100.03	100.03	100.04
	미국 (테네시)	1.00	팀장		40	250000	26	상	상	상	상	상	상	상
측정								10.00	10.00	10.00	10.00	10.00	10.00	10.00
측정(%)								140.00	130.00	140.00	130.00	130.00	130.00	140.00
	한국 (협력업체)	1.00	팀장		40	250000	26	중하	중하	중하	중	하	중하	중하
측정								-5.00	-5.00	-5.00	0.01	-10.00	-5.00	-5.00
측정(%)								80.00	85.00	80.00	100.03	70.00	85.00	80.00
	UAE 이민호팀	1.00	팀장		40	250000	26	중	중하	중상	중	중상	중	중상
측정								0.01	-5.00	5.00	0.01	5.00	0.01	5.00
측정(%)								100.04	85.00	120.00	100.03	115.00	100.03	120.00
	우즈벡	1.00	팀장		40	250000	26	중	중	중하	중하	중하	중하	중하
측정								0.01	0.01	-5.00	-5.00	-5.00	-5.00	-5.00
측정(%)								100.04	100.03	80.00	85.00	85.00	85.00	80.00
측정평균	현장 평균		5.00		200			96.02	106.01	112.00	106.01	100.01	100.01	104.01
측정합계(%)														

8. 작업 스케치	9. 작업 일보	10. 불량한 작업	11. 재작업	작업 능률	작업 효율	12. 가동률	생산성 1	팀 생산량 1	팀 월손익 1	생산 기여도 1	13. 연장 작업
0.00	0.00	10.00	5.00	100.00	100.00	90.00	100.00	0	0	100.00	
중하	중	20.00	10.00	103.35	84.97	90.00	84.97	220,910,308	-₩39,089,692	18.53	0.00
-5.00	0.01	20.00	10.00			90.00					0.00
85.00	100.03	88.89	91.89	104.18		100.00					0.00
중상	중	5.00	2.00	128.34	145.84	90.00	145.84	379,187,260	₩119,187,260	31.80	0.00
5.00	0.01	5.00	2.00			90.00					0.00
115.00	100.03	105.56	104.86	135.42		100.00					0.00
중하	중하	15.00	7.00	83.34	70.37	85.00	66.46	172,802,440	-₩87,197,560	14.49	20.00
-5.00	-5.00	15.00	7.00			85.00					800.00
85.00	85.00	94.44	96.76	79.17		94.44					95.80
중	중	10.00	5.00	104.46	105.58	90.00	105.58	274,502,222	₩14,502,222	23.02	20.00
0.01	0.01	10.00	5.00			90.00					800.00
100.03	100.03	100.00	100.00	105.58		100.00					95.80
중하	하	20.00	10.00	85.56	62.73	80.00	55.76	144,987,434	-₩115,012,566	12.16	20.00
-5.00	-10.00	20.00	10.00			80.00					800.00
85.00	70.00	88.89	91.89	81.95		88.89					95.80
94.01	91.02	95.56	97.08	101.26	93.90	96.67	91.72	1,192,389,664	-₩107,610,336		2400.00
											12.00

생산성 2 (연장작업 포함)	팀별 기본 부가가치	팀 생산량 2	팀 월손익 2	연장작업으로 인한 생산증대	연장작업으로 인한 손익변동	1인당 월 생산량	1인당 월손익	생산기여도 2
100.00						0		100.00
84.97	260,000,000	220,910,308	-₩39,089,692	0	₩0	5,522,758	-₩977,242	17.68
145.84	260,000,000	379,187,260	₩119,187,260	0	₩0	9,479,681	₩2,979,681	30.35
63.67	297,500,000	189,418,060	-₩108,081,940	16,615,619	-₩20,884,381	4,735,451	-₩2,702,049	15.16
101.14	297,500,000	300,896,667	₩3,396,667	26,394,444	-₩11,105,556	7,522,417	₩84,917	24.08
53.42	297,500,000	158,928,534	-₩138,571,466	13,941,099	-₩23,558,901	3,973,213	-₩3,464,287	12.72
89.81	1,412,500,000	1,249,340,827	-₩163,159,173	56,951,163	-₩55,548,837	6,246,704	-₩815,796	20.00

팀별 이직률	이직으로 인한 월손익	생산성 3 (연장 +이직률)	생산성 4 (이직률 포함)	팀 생산량 3 (연장 + 이직률)	팀 월손익 3 (연장 +이직률)	1인당 생산량 2 (연장 +이직률)	1인당 월손익 2 (연당 +이직률)	생산기여도 3 (이직률 포함)	1인당 생산기여도 (이직률 포함)	1인당 부가가치	가중치 포함 부가가치 생산성
15.00	2000000	100.00	100.00			0		100.00	100.00		100
12.50	₩2,000,000	85.73	85.73	222,910,308	-₩37,089,692	5,572,758	-₩927,242	17.58	17.58	₩5,572,758	85.73
2.50											
0.77											
12.50	₩2,000,000	146.61	146.61	381,187,260	₩121,187,260	9,529,681	₩3,029,681	30.06	30.06	₩9,529,681	146.61
2.50											
0.77											
12.50	₩2,000,000	64.34	67.13	191,418,060	-₩106,081,940	4,785,451	-₩2,652,049	15.10	15.10	₩4,182,243	64.34
2.50											
0.67											
6.66	₩6,672,000	103.38	107.82	307,568,667	₩10,068,667	7,689,217	₩251,717	24.26	24.26	₩6,719,988	103.38
8.34											
2.24											
7.50	₩6,000,000	55.44	57.78	164,928,534	-₩132,571,466	4,123,213	-₩3,314,287	13.01	13.01	₩3,603,481	55.44
7.50											
2.02											
10.33	₩18,672,000	91.10	93.02	1,268,012,827	-₩144,487,173	6,340,064	-₩722,436	20.00	100.00	-	91.10
						31,700,321					

1. 팀 측정요소 요소별 지수 차트

		1. 도면 해석	2. 역무 교육	3. 정리 정돈	4. 업무 분담	5. 구성원과의 관계
미국(오하이오)	요소별 측정점수	-40.00	30.00	40.00	15.00	0.03
미국(테네시)	요소별 측정점수	40.00	30.00	40.00	30.00	30.00
한국(협력업체)	요소별 측정점수	-20.00	-15.00	-20.00	0.03	-30.00
UAE 이민호팀	요소별 측정점수	0.04	-15.00	20.00	0.03	15.00
우즈벡	요소별 측정점수	0.04	0.03	-20.00	-15.00	-15.00
현장 평균	요소별 측정점수	-3.98	6.01	12.00	6.01	0.01

6. 품질 관리	7. 자재 관리	8. 작업 스케치	9. 작업 일보	작업 능률	10. 불량한 작업	11. 재작업	12. 가동률
0.03	0.04	-15.00	0.03	4.18	-11.11	-8.11	0.00
30.00	40.00	15.00	0.03	35.42	5.56	4.86	0.00
-15.00	-20.00	-15.00	-15.00	-20.83	-5.56	-3.24	-5.56
0.03	20.00	0.03	0.03	5.58	0.00	0.00	0.00
-15.00	-20.00	-15.00	-30.00	-18.05	-11.11	-8.11	-11.11
0.01	4.01	-5.99	-8.98	1.26	-4.44	-2.92	-3.33

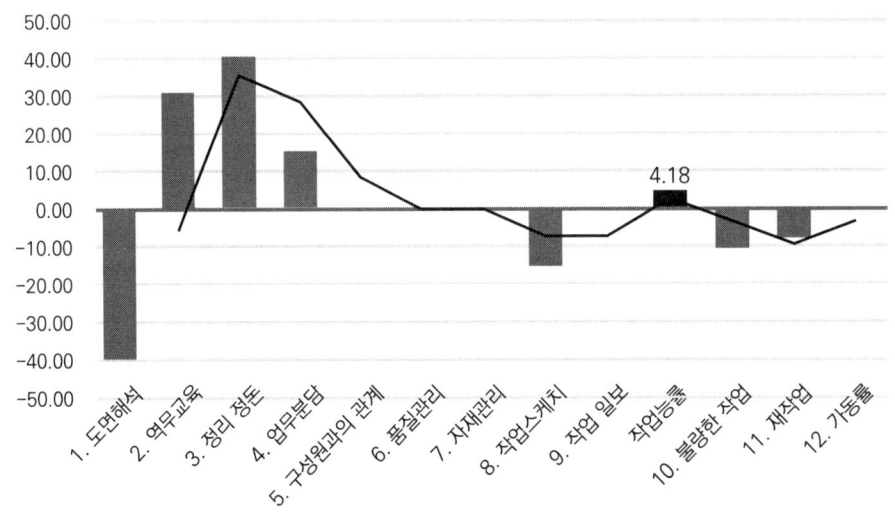

미국(오하이오) 요소별 평가 점수

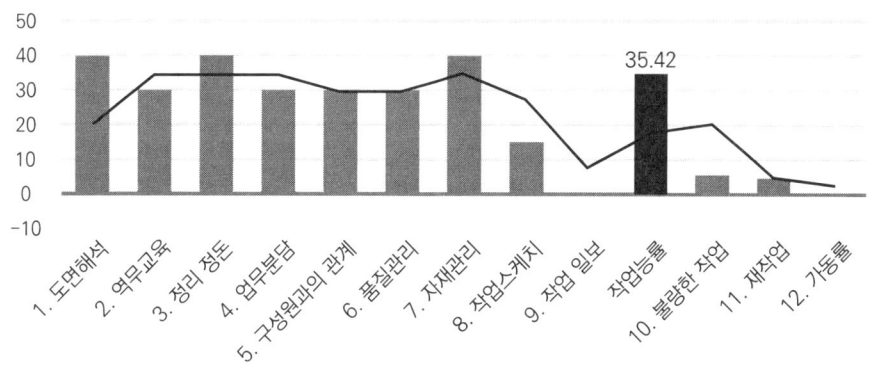

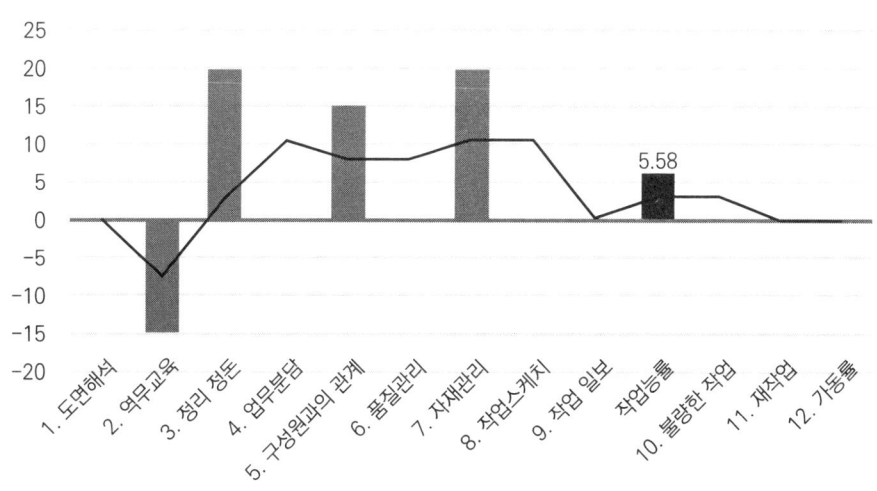

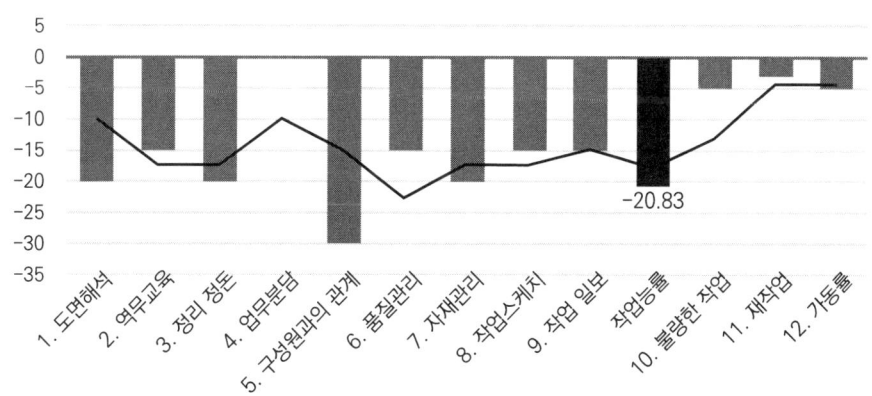

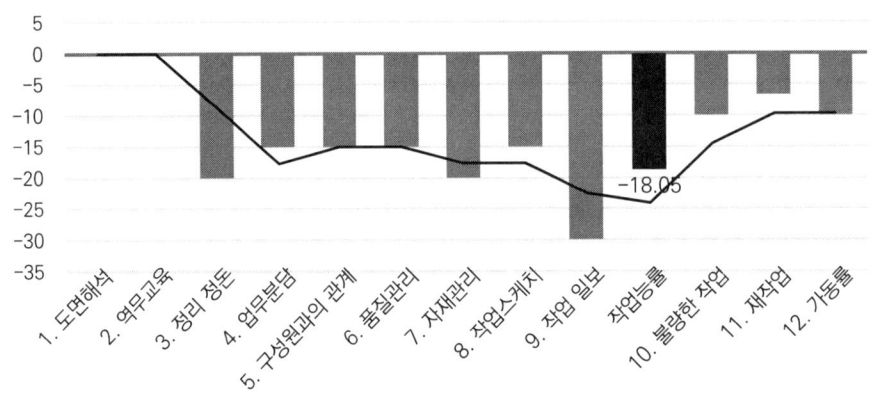

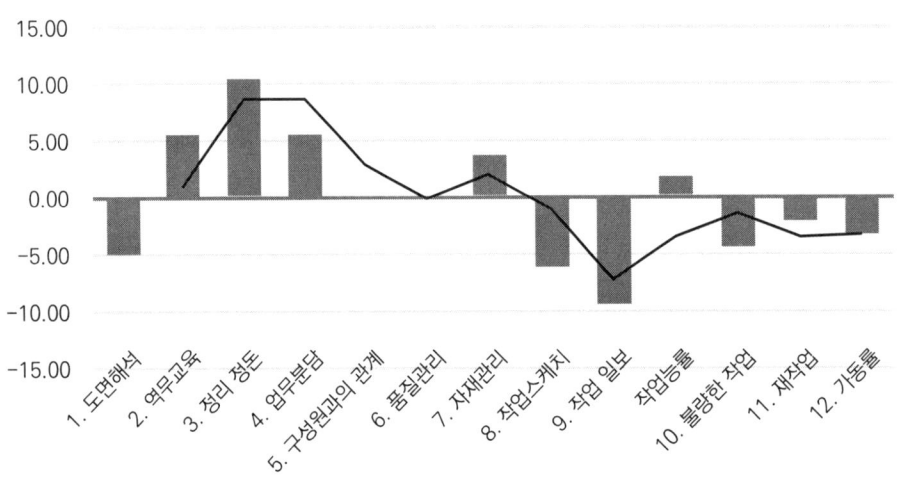

3-1. 팀 생산성

팀	기본 요소 생산성	연장작업	생산성 2(연장 포함)
미국(오하이오)	84.97	0.00	84.97
미국(테네시)	145.84	0.00	145.84
한국(협력업체)	66.46	20.00	63.67
UAE 이민호팀	105.58	20.00	101.14
우즈벡	55.76	20.00	53.42
현장 평균	91.72	12.00	89.81

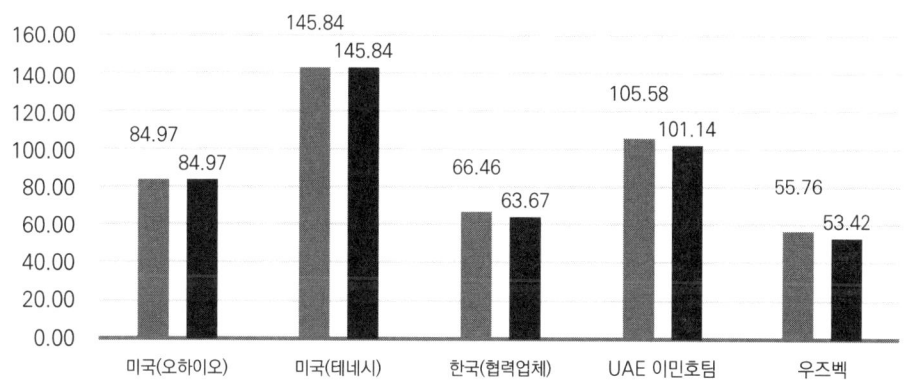

팀별 월평균 생산성 차트

3-2. 팀별 월평균 생산량

팀	생산량	기본생산량	생산량(연장 포함)	연장작업으로 인한 생산량 증대
미국(오하이오)	220,910,308	260,000,000	220,910,308	
미국(테네시)	379,187,260	260,000,000	379,187,260	
한국(협력업체)	172,802,440	297,500,000	189,418,060	16,615,619
UAE 이민호팀	274,502,222	297,500,000	300,896,667	26,394,444
우즈벡	144,987,434	297,500,000	158,928,534	13,941,099
총생산량	1,192,389,664	1,412,500,000	1,249,340,827	56,951,163

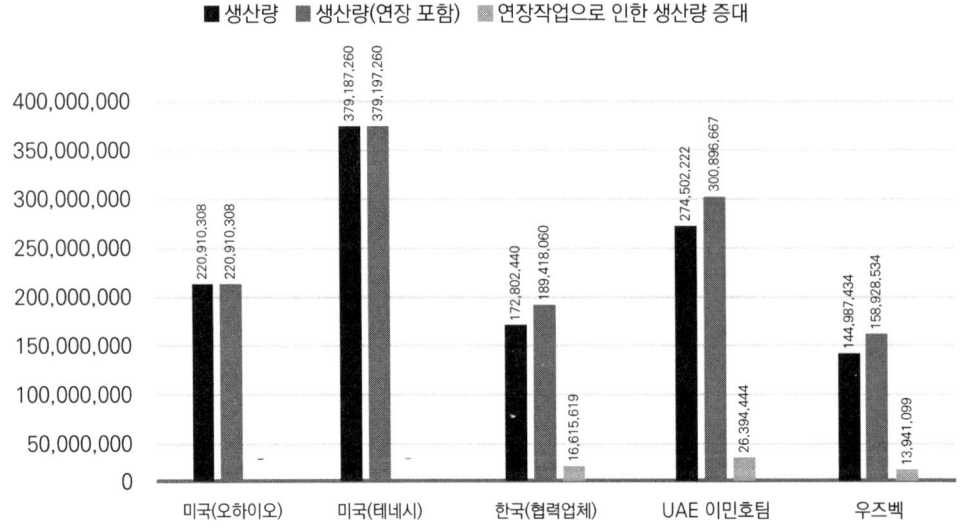

팀별 월평균 생산성 차트

4-1. 팀별 월평균 손익 차트

팀	월손익	연장작업	월손익(연장 포함)	연장작업으로 인한 팀 손실
미국(오하이오)	-₩39,089,692	0.00	-₩39,089,692	₩0
미국(테네시)	₩119,187,260	0.00	₩119,187,260	₩0
한국(협력업체)	-₩87,197,560	20.00	-₩108,081,940	-₩20,884,381
UAE 이민호팀	₩14,502,222	20.00	₩3,396,667	-₩11,105,556
우즈벡	-₩115,012,566	20.00	-₩138,571,466	-₩23,558,901
현장 평균	-₩107,610,336	12.00	-₩163,159,173	-₩55,548,837

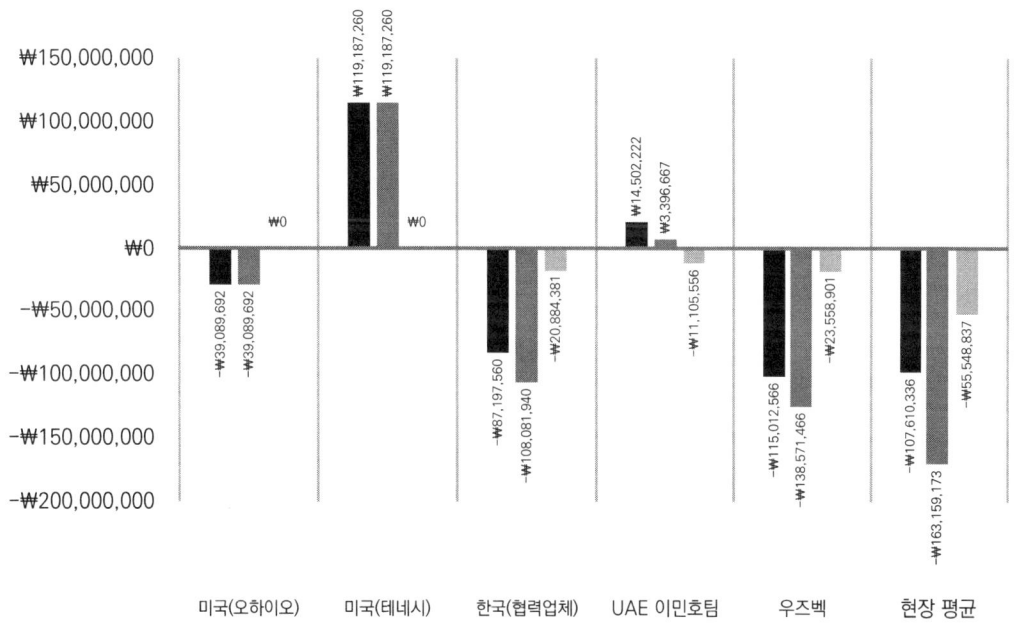

팀별 월평균 손익 차트

4-2. 팀별 생산기여도 차트

팀	생산기여도 (이직률 포함 전)	팀 생산기여도	1인당 생산기여도
미국(오하이오)	18.53	17.58	17.58
미국(테네시)	31.80	30.06	30.06
한국(협력업체)	14.49	15.10	15.10
UAE 이민호팀	23.02	24.26	24.26
우즈벡	12.16	13.01	13.01
현장 평균	100.00	100.00	100.00

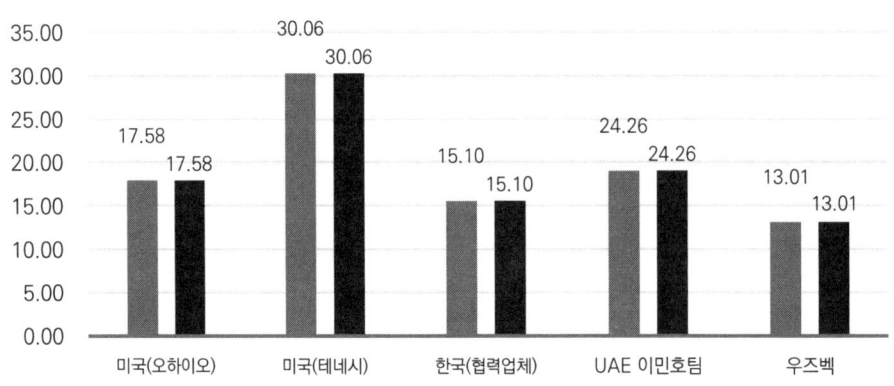

차트로 알 수 있는 내용

지수분석표를 보면

1. 오하이오 현장의 그래프가 기존 그래프와 차이가 납니다. 즉, 생산성 측정지표 지수의 크기와 방향성이 일정하지 않게 나타나며, 안정성과 일관성이 조화가 이루어지지 않는 것으로 나타납니다. 운영에 일관성이 없는 경우라고 해석됩니다. 실제 측정항목분석을 보면 미국 업체는 한국 업체의 SUBCONTRATOR 형식으로 현장이 운영 관리되고 있습니다. 도면관리에 문제가 나타난 것을 볼 수 있습니다. 도면을 제대로 만들지 못하고 물류도 관리하지 못하는 한국 업체가 경험이 많다는 이

유로 한 번도 시공 경험이 없는 미국 중견 업체를 관리하는 형태입니다. 작업능률은 104.18% 작업 효율은 84.97%가 됩니다.

2. 테네시 B팀 현장차트를 보면 전체적인 측정지표 지수가 높게 나왔습니다. 크기와 방향성도 일정합니다. 이는 작업의 일관성과 조화가 유지되고 있다고 해석할 수 있습니다. 한국 업체가 Supervisor 역할만 하였습니다. 작업능률이 135.42%이면 UAE 바라카 원전 건설공사현장의 황동환 전선관팀과 함께 작업능률이 높게 나온 것입니다. 작업 효율을 보면 145.84%가 나오는데 이는 재작업과 불량한 작업이 거의 없다는 뜻입니다.

3. 한국 화력발전소현장 협력업체 차트를 보면 모든 생산성 측정지표지수가 마이너스(-)를 보입니다. 작업능률도 79.17%이고 작업 효율도 70.37%로 낮게 나온 것을 볼 수 있습니다.

4. UAE A팀 현장차트를 보면 전체적인 측정지표 지수가 플러스(+)로 나왔습니다. 작업능률은 105.58%이고 작업 효율 또한 105.58%입니다. 재작업과 불량한 작업이 평균이 나온 것입니다.

5. 우즈베키스탄 가스 플랜트 현장 차트를 보면 모든 측정지표지수가 마이너스(-)를 보입니다. 작업능률이 81.95%이고 작업 효율이 62.73%입니다. 이 점수도 한국 업체가 직접 관리함으로써 나온 생산성 수치이고 한국 업체가 관리하지 않으면 30% 이하가 예측됩니다.

3-1 팀 생산성 차트를 보면

- 팀 생산성 차트를 비교해 보면 미국 테네시 현장이 월등하게 높은 생산성을 나타내고 있습니다.
- 미국 테네시 현장의 차트1을 보면 작업 일보와 작업스케치가 낮게 나오고 재작업과 불량한 작업이 평균보다 낮게 나온다는 것을 알 수 있습니다.

3-2 팀 생산량 차트를 보면

- 테네시 현장의 생산량이 연장작업을 하는 다른 현장보다도 높은 것을 볼 수 있습니다.
- 오하이오 현장 특징을 보면 한국 업체로 인한 생산 병목현상이 나타난 것이라 분석할 수 있습니다.

4-1 팀별 월평균 손익차트를 살펴보면

- 테네시 현장은 부가가치 379,187,260원 발생시기고 투입비용 260,000,000원을 가감하고 원평균 이익이 119,187,260원 발생하였습니다.
- 한국 협력업체는 부가가치 189,418,060원 발생시키고 투입비용 297,500,000원을 가감하고 월평균 손실이 108,081,940원입니다.

- 우즈벡은 부가가치 158,928,534원 발생시키고 투입비용 297,500,000원을 가감하고 월평균 손실이 138,571,466원 발생한 것입니다.

미국이 시간당 노동생산성이 높은 이유와 왜 이러한 특징이 나타나는지 생각해 봐야 할 것입니다.

2. 노동가중치 입력 후 한국 건설현장과 비교

P-1

									이직손실	2000000
현장명	비용 가중치	직급	대표 사진	팀원	일 투입	작업 일수	1. 도면 해석	2. 역무 교육	3. 정리 정돈	
미국(테네시) 현장	100%	팀장	0	40	250000	26	상	상	상	
미국(테네시) 현장 가중치 200	200%	팀장	0	40	250000	26	상	상	상	
한국(협력업체)	100%	팀장	0	40	250000	26	중하	중하	중하	
우즈벡 가스 플랜트 현장	100%	팀장	0	40	250000	26	중	중	중하	
우즈벡 현장 가중치 50	50%	팀장	0	40	250000	26	중	중	중하	

기본 이직률	15	능률 가중치	30%	40%	작업 범위	2%~20%	재작업 범위	2%~10%	이직률	2%~30%
4. 업무 분담	5. 구성원과의 관계	6. 품질 관리	7. 자재 관리	8. 작업 스케치	9. 작업 일보	10. 불량한 작업	11. 재작업	12. 가동률	13. 연장 작업	팀별 이직률
상	상	상	상	중상	중	5	2	90	0	12.5
상	상	상	상	중상	중	5	2	90	0	12.5
중	하	중하	중하	중하	중하	15	7	85	20	12.5
중하	중하	중하	중하	중하	하	20	10	80	20	12.5
중하	중하	중하	중하	중하	하	20	10	80	20	12.5

P 1

| | | | | | | | | | | | 능률 가중치 | 0.30 | 0.40 | 재작업 범위 | 2%~10% |
| | | | | | | | | | | | 지연작업 범위 | 2%~20% | | 이직률 | 2%~30% |

	현장명	가중치	직급	대표 사진	팀원	일 투입	작업 일수	1. 도면 해석	2. 역무 교육	3. 정리 정돈	4. 업무 분담	5. 구성원과의 관계	6. 품질 관리	7. 자재 관리
기준값								0.00	0.00	0.00	0.00	0.00	0.00	0.00
	미국 (테네시) 현장	1.00	팀장		40	250000	26	상	상	상	상	상	상	상
측정								10.00	10.00	10.00	10.00	10.00	10.00	10.00
측정(%)								140.00	130.00	140.00	130.00	130.00	130.00	140.00
	미국(테네시) 현장 가중치 200	2.00	팀장		40	250000	26	상	상	상	상	상	상	상
측정								10.00	10.00	10.00	10.00	10.00	10.00	10.00
측정(%)								140.00	130.00	140.00	130.00	130.00	130.00	140.00
	한국 (협력업체)	1.00	팀장		40	250000	26	중하	중하	중하	중	하	중하	중하
측정								-5.00	-5.00	-5.00	0.01	-10.00	-5.00	-5.00
측정(%)								80.00	85.00	80.00	100.03	70.00	85.00	80.00
	우즈벡 가스 플랜트 현장	1.00	팀장		40	250000	26	중	중	중하	중하	중하	중하	중하
측정								0.01	0.01	-5.00	-5.00	-5.00	-5.00	-5.00
측정(%)								100.04	100.03	80.00	85.00	85.00	85.00	80.00
	우즈벡 현장 가중치 50	0.50	팀장		40	250000	26	중	중	중하	중하	중하	중하	중하
측정								0.01	0.01	-5.00	-5.00	-5.00	-5.00	-5.00
측정(%)								100.04	100.03	80.00	85.00	85.00	85.00	80.00
측정 평균	현장 평균		5.00		200			112.02	109.01	104.00	106.01	100.00	103.00	104.00
측정합계(%)														

8. 작업 스케치	9. 작업 일보	10. 불량한 작업	11. 재작업	작업 능률	작업 효율	12. 가동률	생산성 1	팀 생산량 1	팀 월손익 1	생산 기여도 1	13. 연장 작업
0.00	0.00	10.00	5.00	100.00	100.00	90.00	100.00	0	0	100.00	
중상	중	5.00	2.00	128.34	145.84	90.00	145.84	379,187,260	₩119,187,260	31.05	0.00
5.00	0.01	5.00	2.00			90.00					0.00
115.00	100.03	105.56	104.86	135.42		100.00					0.00
중상	중	5.00	2.00	128.34	145.84	90.00	145.84	379,187,260	-₩140,812,740	31.05	0.00
5.00	0.01	5.00	2.00			90.00					0.00
115.00	100.03	105.56	104.86	135.42		100.00					0.00
중하	중하	15.00	7.00	83.34	70.37	85.00	66.46	172,802,440	-₩87,197,560	14.15	20.00
-5.00	-5.00	15.00	7.00			85.00					800.00
85.00	85.00	94.44	96.76	79.17		94.44					95.80
중하	하	20.00	10.00	85.56	62.73	80.00	55.76	144,987,434	-₩115,012,566	11.87	20.00
-5.00	-10.00	20.00	10.00			80.00					800.00
85.00	70.00	88.89	91.89	81.95		88.89					95.80
중하	하	20.00	10.00	85.56	62.73	80.00	55.76	144,987,434	₩14,987,434	11.87	20.00
-5.00	-10.00	20.00	10.00			80.00					800.00
85.00	70.00	88.89	91.89	81.95		88.89					95.80
97.00	85.01	96.67	98.05	102.78	97.50	94.44	93.93	1,221,151,828	-₩208,848,172		2400.00
											12.00

생산성 2 (연장작업 포함)	팀별 기본 부가가치	팀 생산량 2	팀 월손익 2	연장작업으로 인한 생산증대	연장작업으로 인한 손익변동	1인당 월생산량	1인당 월손익	생산 기여도 2	팀별 이직률
100.00						0		100.00	15.00
145.84	260,000,000	379,187,260	₩119,187,260	0	₩	9,479,681	₩2,979,681	29.96	12.50
									2.50
									0.77
145.84	520,000,000	379,187,260	-₩140,812,740	0	₩	9,479,681	-₩3,520,319	29.96	12.50
									2.50
									0.77
63.67	297,500,000	189,418,060	-₩108,081,940	16,615,619	-₩20,884,381	4,735,451	-₩2,702,049	14.97	12.50
									2.50
									0.67
53.42	297,500,000	158,928,534	-₩138,571,466	13,941,099	-₩23,558,901	3,973,213	-₩3,464,287	12.56	12.50
									2.50
									0.67
53.42	148,750,000	158,928,534	₩10,178,534	13,941,099	-₩4,808,901	3,973,213	₩254,463	12.56	12.50
									2.50
									0.67
92.44	1,523,750,000	1,265,649,646	-₩258,100,354	44,497,818	-₩49,252,182	6,328,248	-₩1,290,502	20.00	12.50

이직으로 인한 월손익	생산성 3 (연장+이직률)	생산성 4 (이직률 포함)	팀 생산량 3 (연장+이직률)	팀 월손익 3 (연장+이직률)	1인당 생산량 2 (연장+이직률)	1인당 월손익 2 (연장+이직률)	생산기여도 3 (이직률 포함)	1인당 생산기여도 (이직률 포함)	1인당 부가가치	가중치 포함 부가가치 생산성
2000000	100.00	100.00			0		100.00	100.00		100
₩2,000,000	146.61	146.61	381,187,260	₩121,187,260	9,529,681	₩3,029,681	29.88	29.88	₩9,529,681	146.61
₩2,000,000	146.61	146.61	381,187,260	-₩138,812,740	9,529,681	-₩3,470,319	29.88	29.88	₩4,764,841	73.31
₩2,000,000	64.34	67.13	191,418,060	-₩106,081,940	4,785,451	-₩2,652,049	15.01	15.01	₩4,182,243	64.34
₩2,000,000	54.09	56.44	160,928,534	-₩136,571,466	4,023,213	-₩3,414,287	12.62	12.62	₩3,516,086	54.09
₩2,000,000	54.09	56.44	160,928,534	₩12,178,534	4,023,213	₩304,463	12.62	12.62	₩7,032,171	108.19
₩10,000,000	93.15	94.65	1,275,649,646	-₩248,100,354	6,378,248 / 31,891,241	-₩1,240,502	20.00	100.00	-	89.31

1. 팀 측정요소 요소별 지수 차트

		1. 도면 해석	2. 역무 교육	3. 정리 정돈	4. 업무 분담	5. 구성원과의 관계
미국(테네시) 현장	요소별 측정점수	40.00	30.00	40.00	30.00	30.00
미국(테네시) 현장 가중치 200	요소별 측정점수	40.00	30.00	40.00	30.00	30.00
한국(협력업체)	요소별 측정점수	-20.00	-15.00	-20.00	0.03	-30.00
우즈벡 가스 플랜트 현장	요소별 측정점수	0.04	0.03	-20.00	-15.00	-15.00
우즈벡 현장 가중치 50	요소별 측정점수	0.04	0.03	-20.00	-15.00	-15.00
현장 평균	요소별 측정점수	12.02	9.01	4.00	6.01	0.00

6. 품질 관리	7. 자재 관리	8. 작업 스케치	9. 작업 일보	작업 능률	10. 불량한 작업	11. 재작업	12. 가동률
30.00	40.00	15.00	0.03	35.42	5.56	4.86	0.00
30.00	40.00	15.00	0.03	35.42	5.56	4.86	0.00
-15.00	-20.00	-15.00	-15.00	-20.83	-5.56	-3.24	-5.56
-15.00	-20.00	-15.00	-30.00	-18.05	-11.11	-8.11	-11.11
-15.00	-20.00	-15.00	-30.00	-18.05	-11.11	-8.11	-11.11
3.00	4.00	-3.00	-14.99	2.78	-3.33	-1.95	-5.56

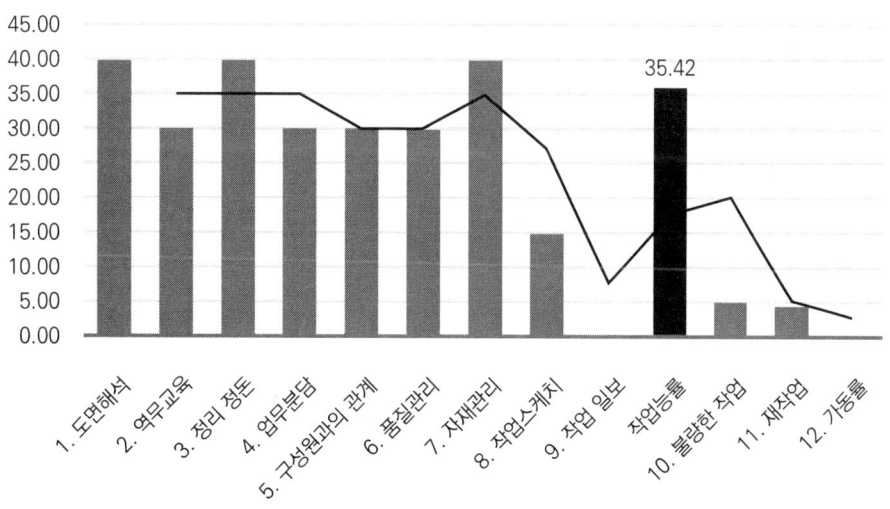

미국(테네시) 현장 요소별 평가 점수

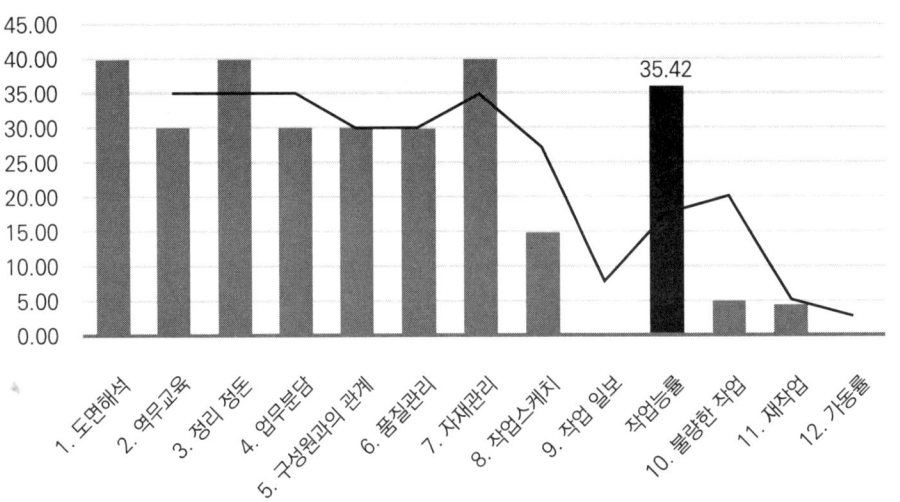

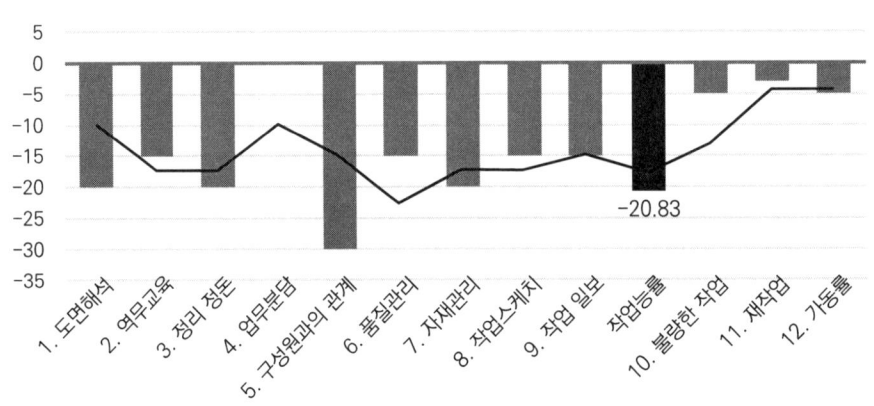

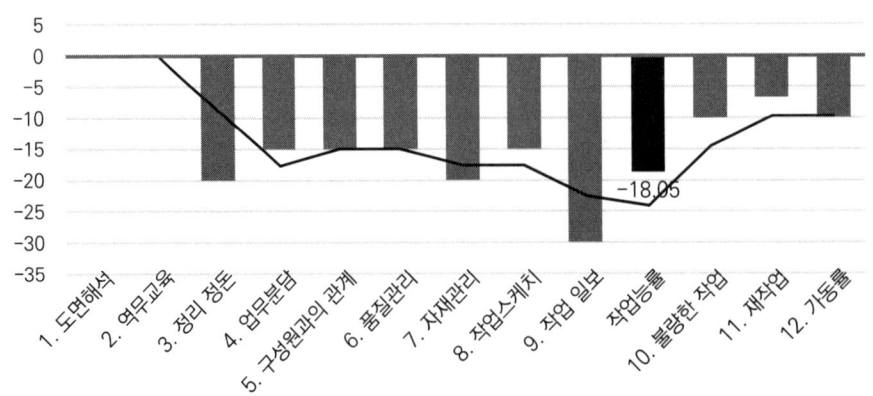

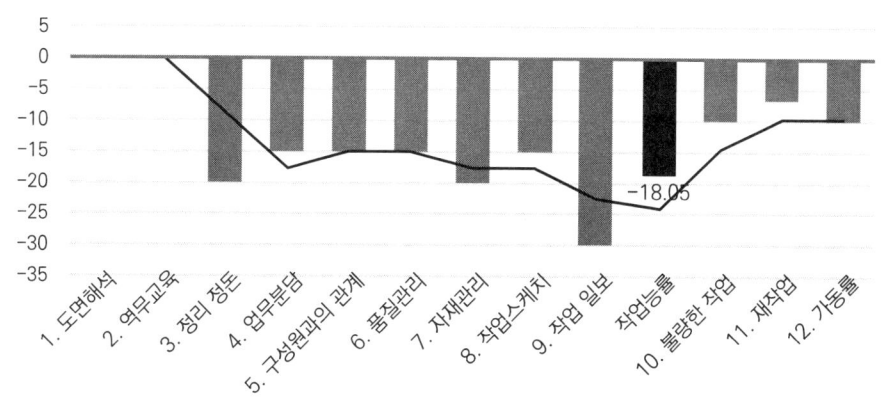

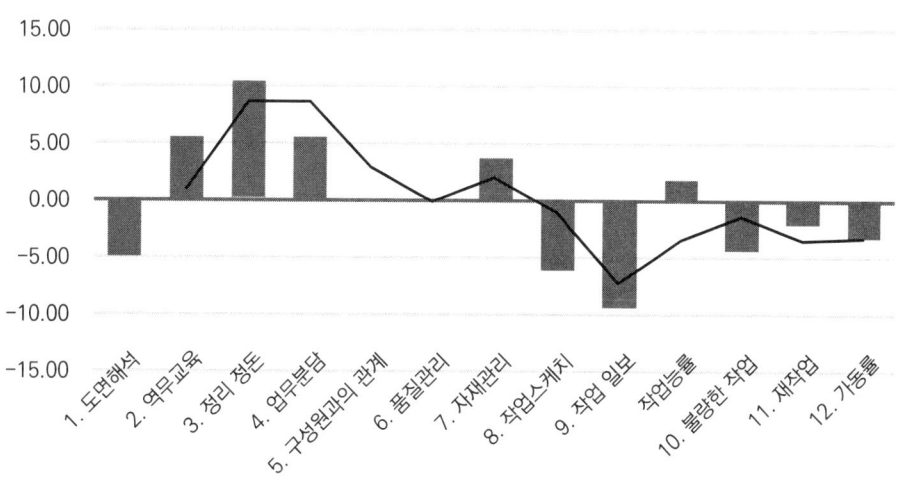

3-1. 팀 생산성

팀	기본 요소 생산성	연장작업	생산성 2(연장 포함)
미국(테네시) 현장	145.84	0.00	145.84
미국(테네시) 현장 가중치 200	145.84	0.00	145.84
한국(협력업체)	66.46	20.00	63.67
우즈벡 가스 플랜트 현장	55.76	20.00	53.42
우즈벡 현장 가중치 50	55.76	20.00	53.42
현장 평균	93.93	12.00	92.44

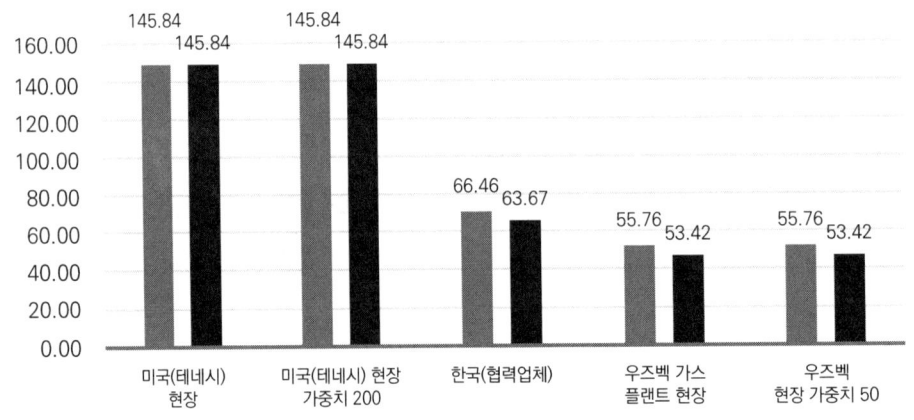

팀별 월평균 생산성 차트

3-2. 팀별 월평균 생산량

팀	생산량	기본생산량	생산량 (연장 포함)	연장작업으로 인한 생산량 증대
미국(테네시) 현장	379,187,260	260,000,000	379,187,260	-
미국(테네시) 현장 가중치 200	379,187,260	520,000,000	379,187,260	-
한국(협력업체)	172,802,440	297,500,000	189,418,060	16,615,619
우즈벡 가스 플랜트 현장	144,987,434	297,500,000	158,928,534	13,941,099
우즈벡 현장 가중치 50	144,987,434	148,750,000	158,928,534	13,941,099
총생산량	1,221,151,828	1,523,750,000	1,265,649,646	44,497,818

팀별 월평균 생산성 차트

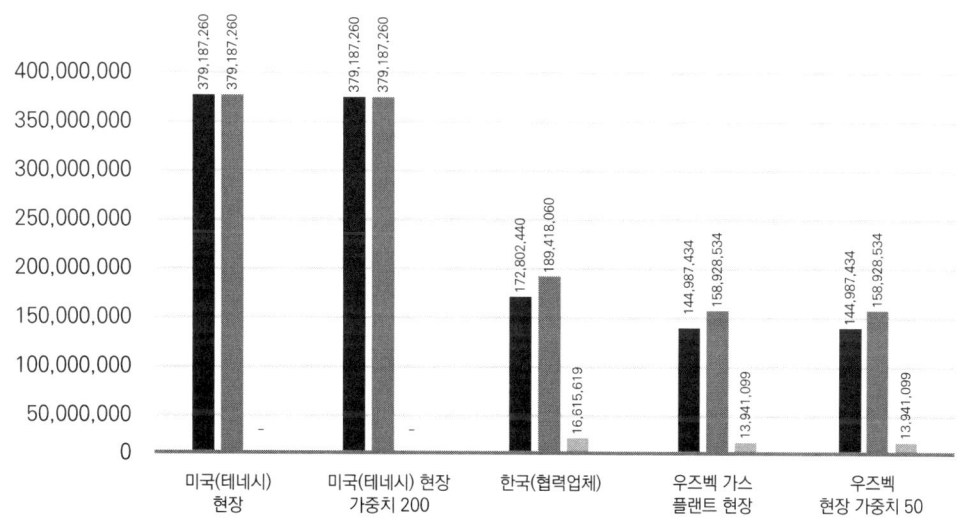

4-1. 팀별 월평균 손익 차트

팀	월손익	연장작업	월손익(연장 포함)	연장작업으로 인한 팀 손실
미국(테네시) 현장	₩119,187,260	0.00	₩119,187,260	0₩
미국(테네시) 현장 가중치 200	-₩140,812,740	0.00	-₩140,812,740	0₩
한국(협력업체)	-₩87,197,560	20.00	-₩108,081,940	-₩20,884,381
우즈벡 가스 플랜트 현장	-₩115,012,566	20.00	-₩138,571,466	-₩23,558,901
우즈벡 현장 가중치 50	₩14,987,434	20.00	₩10,178,534	-₩4,808,901
현장 평균	-₩208,848,172	12.00	-₩258,100,354	-₩49,252,182

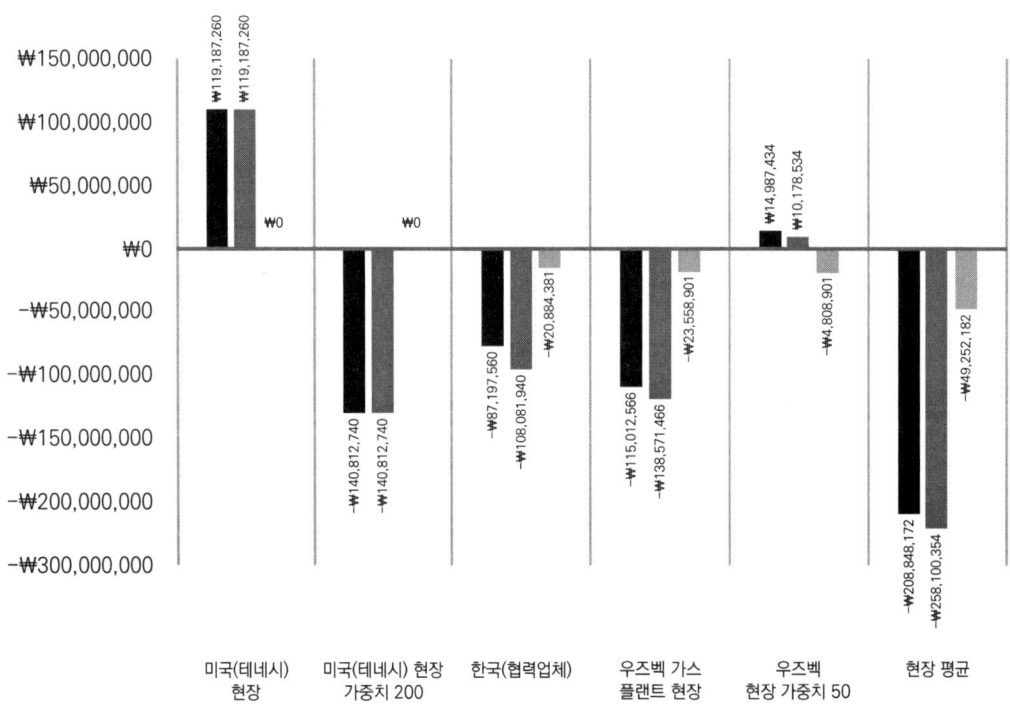

팀별 월평균 손익 차트

6-1. 팀별 생산성 3(연장+이직률)

팀	생산성 3	생산성(가중치)
미국(테네시) 현장	146.61	146.61
미국(테네시) 현장 가중치 200	146.61	73.31
한국(협력업체)	64.34	64.34
우즈벡 가스 플랜트 현장	54.09	54.09
우즈벡 현장 가중치 50	54.09	108.19
현장 평균	93.15	89.31

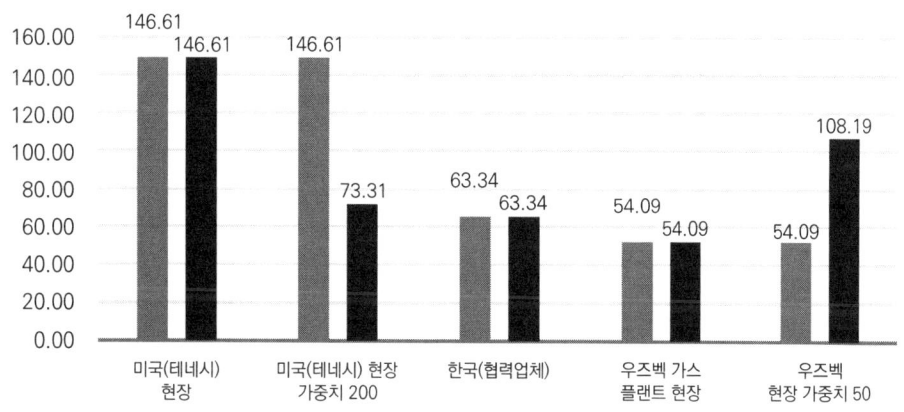

팀별 월 생산성 차트

6-2. 팀별 생산성 3 100점 기준(연장+이직률)

팀	생산성 3	생산성(가중치)
미국(테네시) 현장	46.61	46.61
미국(테네시) 현장 가중치 200	46.61	-26.69
한국(협력업체)	-35.66	-35.66
우즈벡 가스 플랜트 현장	-45.91	-45.91
우즈벡 현장 가중치 50	-45.91	8.19
현장 평균	-6.85	-10.69

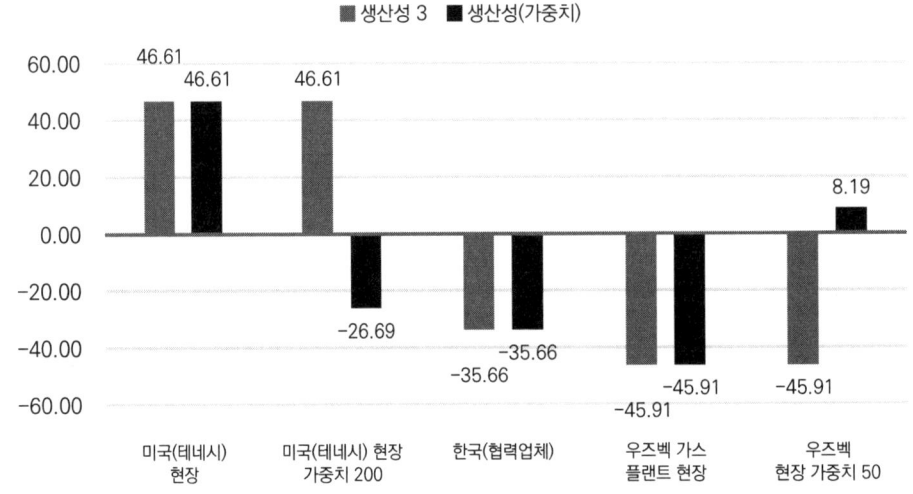

7-1. 팀별 월평균 생산량(이직률 포함)

팀	생산량	기본생산량	기본대비생산
미국(테네시) 현장	381,187,260	260,000,000	121,187,260
미국(테네시) 현장 가중치 200	381,187,260	520,000,000	-138,812,740
한국(협력업체)	191,418,060	297,500,000	-106,081,940
우즈벡 가스 플랜트 현장	160,928,534	297,500,000	-136,571,466
우즈벡 현장 가중치 50	160,928,534	148,750,000	12,178,534
총생산량	1,275,649,646	1,523,750,000	-248,100,354

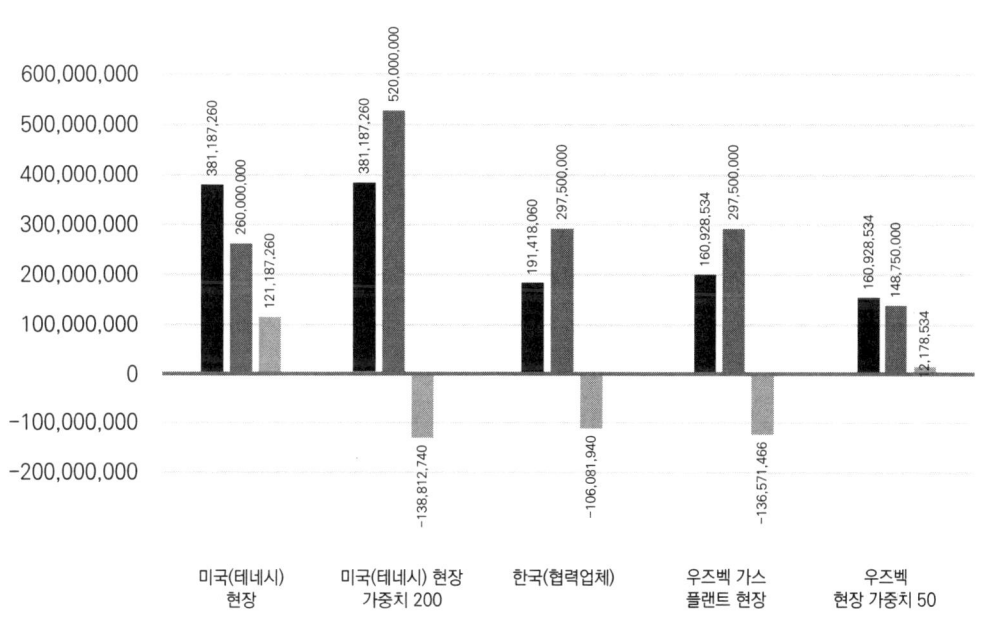

8-1. 팀별 월평균 손익 차트(이직률 포함)

팀	월손익
미국(테네시) 현장	₩121,187,260
미국(테네시) 현장 가중치 200	-₩138,812,740
한국(협력업체)	-₩106,081,940
우즈벡 가스 플랜트 현장	-₩136,571,466
우즈벡 현장 가중치 50	₩12,178,534
현장 평균	-₩248,100,354

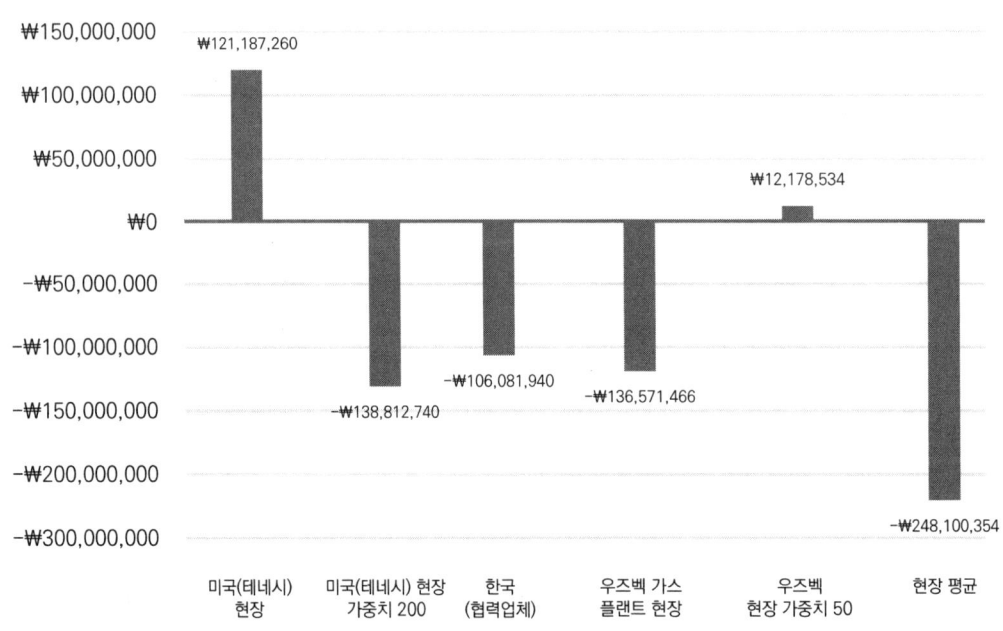

10-1. 팀별 1인당 부가가치 생산

팀	부가가치 생산
미국(테네시) 현장	₩9,529,681
미국(테네시) 현장 가중치 200	₩4,764,841
한국(협력업체)	₩4,182,243
우즈벡 가스 플랜트 현장	₩3,516,086
우즈벡 현장 가중치 50	₩7,032,171

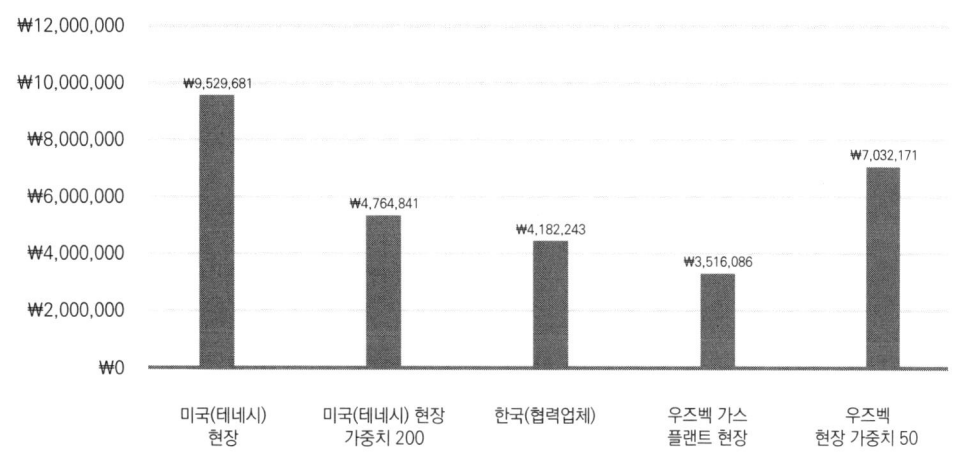

팀별 1인당 부가가치 생산 차트

10-2. 가중치 포함 부가가치 생산성

팀	부가가치 생산성
미국(테네시) 현장	146.61
미국(테네시) 현장 가중치 200	73.31
한국(협력업체)	64.34
우즈벡 가스 플랜트 현장	54.09
우즈벡 현장 가중치 50	108.19

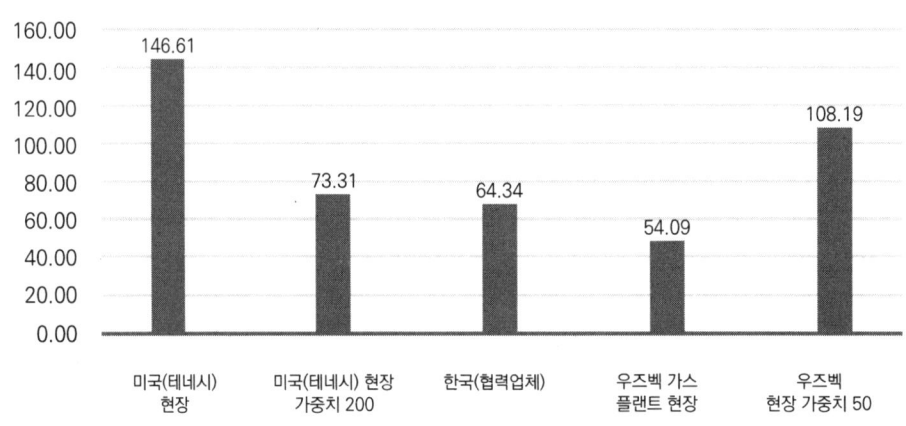

차트로 알 수 있는 내용

국가마다 작업자의 투입비용(노동비용)이 다르므로 이로 인하여 부가가치 노동생산성 변화가 있게 됩니다. 이러한 변화를 비교하기 위해 각각의 국가별 임금 차이에 가중치(기준의 되는 투입비용에 대해 비교하고자 하는 투입비용)를 입력하여 부가가치 노동생산성을 살펴보면 국가별 단위노동비용 및 노동 경쟁력을 짐작할 수 있습니다. 노동 가치에 있어서 비교 우위를 파악할 수 있습니다.

예를 들어, 미국의 경우 국가별 가중치를 200으로 설정하면 생산 원가가 증가하여 투자 대비 경쟁력이 저하될 수 있습니다. 반면, 우즈벡의 경우 국가별 가중치를 50으로 설정하면 생산비용이 감소하여 투자 대비 경쟁력이 상승할 수 있습니다.

국가별 가중치를 입력하면 미국이 노동시간당 생산성과 품질이 높은 이유를 발견할 수 있습니다. 또한, 생산성이 높다고 이득이 높은 것은 아니라는 것을 차트를 통해 알 수 있습니다. '생산성과 품질 그리고 인건비가 경쟁력이다'라는 것을 차트를 보면 알 수 있습니다.

한국 작업자와 미국 작업자, 그리고 우즈벡, 필리핀, 인도, 네팔, 방글라데시 작업자들은 각각 다른 문화를 가지고 있습니다. 또한, 작업자들의 책임감, 근면함, 작업역량 등도 서로 다릅니다. 국가별 생산성을 객관적으로 비교하기 위해 작업자의 문화적 특성은 고려하지 않았습니다.

차트1을 살펴보면

- 테네시 B팀 현장 차트를 분석해 보면 전체적인 측정지수가 높게 나타났습니다. 크기와 방향성도 일정한 것으로 보아 작업의 일관성과 조화가 유지되고 있다고 해석할 수 있습니다.
- 테네시 B팀의 경우 국가별 가중치가 200이더라도 생산성 측정요소 측정지수와 관계가 없음을 알 수 있습니다. 이는 노동생산성(시간당 노동생산성)이 변화가 없음을 나타내는 것입니다.
- 한국 일반 플랜트 건설현장에서 협력업체의 생산성 측정도구 차트를 분석하면 전체적인 측정지수가 마이너스(-)값으로 나타났습니다. 작업현장의 생산성이 낮은데도 불구하고 이익이 발생하는 원인을 분석할 필요가 있습니다.
- 우즈벡 가스 플랜트 현장의 차트를 분석하면 전체적인 측정지수가 마이너스(-)값으로 나타났습니다. 국가별 가중치가 50이더라도 생산성 측정요소 측정지수와 관계가 없습니다.

차트3-1을 보면

- 팀별 노동생산성이 국가별 가중치와 관련이 없습니다.
- 우즈벡 현장을 보면 연장작업을 20시간 투입함으로 연장작업이 포함된 생산성 2를 보면 생산성이 떨어진 것을 볼 수 있습니다. 연장작업은 발생하지 않도록 하여야 합니다.
- 테네시 B팀의 경우, 국가별 가중치가 200인 상황에서도 시간당 생산성과 생산량 간에는 관계가 없음을 관찰할 수 있습니다.

차트3-2 팀별 월평균 생산량을 보면

- 생산량에서도 국가별 가중치를 고려한 것과 비교해 보면 국가별 가중치가 시간당 노동생산량에 영향을 미치지 않는 것을 볼 수 있습니다. 단지 기본생산량이 달라진 것을 볼 수 있습니다. 즉 투입비용이 변화하면 변화된 만큼 생산하여야 할 생산량도 변화되는 것을 차트를 통하여 알 수 있습니다.

차트4-1 팀별 월평균 손익차트를 보면

- 앞에 팀별 생산성이나 팀별 월평균 생산량이 변하지 않았으나 국가별 가중치 변화로 인하여 수익에 변화가 생긴 것 볼 수 있습니다.
- 미국 현장의 차트를 보면 ₩119,187,260원 이익에서 손실 -₩140,812,740원으로 변화한 것을 볼 수 있습니다.
- 우즈벡 가스 플랜트 현장은 -₩115,012,566원 손실에서 이익 ₩14,987,434원으로 변화한 것을 볼 수 있습니다.
- 또한, 연장작업으로 인한 손실도 발생하였는데 한국과 우즈벡과 차이가 나는 것은 생산성 차이로 발생한 것입니다.
- 그러면 가중치를 50을 주어도 생산성이 같다고 하였는데, 이는 시간당 노동생산량은 투입비용이 변하지 않았기 때문입니다. 손익에 차이가 나는 것은 부가가치 생산성이 노동 가치(단위노동비용)에 따른 생산물의 가치이기 때문입니다.
- 단위부가가치=단위노동비용이라고 가정했습니다.
- 물적 노동생산성지수 = (산출량지수/노동투입량지수) × 100
- 부가가치 노동생산성지수 = (부가가치지수/노동투입량지수) × 100

차트10-2 가중치 포함 부가가치 생산성 차트를 보면

- 투입비용이 부가가치 생산성을 결정하는 중요한 요인임을 차트에서 알 수 있습니다.

차트6-1 팀별 생산성 3과 **차트10-2** 국가별 가중치를 고려한 부가가치 노동생산성에서 생산성의 차이를 볼 수 있습니다. 즉 투입비용이 2배가 되더라도 시간당 노동생산성은 변화가 없습니다. 그러나 부가가치 노동생산성이 2배로 줄어든 것을 볼 수 있고 투입비용이 1/2배가 되면 시간당 노동생산성은 변화가 없으나 부가가치 노동생산성이 2배가 되는 것입니다. 이것은 실제 생산된 단위부가가치가 국가마다 동일하다는 가정에서 출발하였기 때문입니다.

그러나 여전히 국가별 가중치 200을 설정하더라도 미국 현장은 한국의 중소협력업체보다도 높은 생산성을 유지하는 것을 볼 수 있습니다. 따라서 우리는 미국의 부가가치 노동생산성, 물적노동생산성이 높은 이유와 그 원인을 찾고 분석하고 배워야 합니다.

미국은 건설공사 현장에서 노동생산성의 한계에 도달한 상황입니다. 그들은 품질로 경쟁하는데 주력하고 있지만, 이 역시 한계에 다다른 상황입니다. 도구나 장비 측면에서 우리와 큰 차이를 느끼지 못합니다.

한국건설공사현장은 12가지 생산성 지표를 통해 물적노동생산성과 생산된 부가가치가 선진국과 비교하여 낮다는 사실을 확인할 수 있습니다. 하지만 한국의 건설공사현장에서 12가지 생산성 지표를 조금씩 올리면 투입비용대비 경쟁력이 생길 수 있습니다. 이는 한국의 건설공사현장에서 작은 변화라도 손익 구조를 크게 바꿀 가능성이 있는 것입니다.

시공사는 협력업체를 선택하고 관리할 때 부가가치 노동생산성 지표들을 고려해야 합니다. 인맥이나 비용만 고려할 것이 아니라, 부가가치 노동생산성과 경쟁력을 과학적으로 측정하여 협력업체를 선택하는 것이 중요합니다. 그렇지 않으면 국내뿐만 아니라 해외에서도 경쟁력을 잃게 될 수 있습니다.

국가별 가중치(투입비용)를 50으로 설정한 우즈벡 가스 플랜트 건설현장에서는 비용대비 생산량이 증가하여 100% 부가가치 노동생산성 향상을 확인할 수 있습니다. 이는 가중치가 가중되어 노동비용이 감소하고, 그로 인해 부가가치 생산성이 향상되었다는 것을 의미합니다. 이러한 결과는 우즈벡 현장에서 가중치가 부가가치 노동생산성에 미치는 영향을 보여 주며, 부가가치 노동생산성과 투입비용 간의 상관관계를 나타내는 중요한 정보로 해석될 수 있습니다.

차트7

- 가중치를 200으로 설정한 미국 현장에서 월평균 생산량이 가중치를 투입하기 전과 같게 나타난다는 것은 국가별 노동비용 가중치를 투입하여도 시간당 노동생산량에 변화가 없다는 것을 의미합니다.
- 그러나 가중치를 설정한 크기만큼, 생산량이 변한 것이 기본생산량(단위노동비용, 단위부가가치)입니다.

차트8

국가별 가중치를 설정함으로써, 미국 테네시 현장의 경우 가중치 변화에 따른 손익 그래프가 양수 (+)에서 음수 (-)로 변화한 것을 확인할 수 있습니다. 이는 해당 현장이 높은 시간당 노동생산성을 갖고 있지만, 노동비용(투입비)이 상승하면서 부가가치 생산성이 떨어지는 결과입니다(단위부가가치는 변하지 않았다고 가정). 시간당 노동생산성이 높은데도 손실이 발생하는 것을 나타냅니다. 이로써 미국이 전기건설공사현장에서 높은 시간당 노동생산성과 우수한 품질을 유지하는 이유를 추측할 수 있습니다. 그러나 미국 경우는, 시간당 노동생산량(물적 노동생산성)이 한계에 다다랐으며 추가적인 생산성 향상이 어려울 수 있습니다. 이는 한계 생산성 체감의 법칙으로 설명됩니다. 이를 해결하는 방법이 부가가치(품질)를 올리는 방법입니다.

　우즈벡 현장을 보면 미국과 상황이 반대인 것을 볼 수 있습니다.

　각자 현장이 무엇이 문제인지 아는데 해결방법을 아직 못 찾았다면 미국 현장에 대하여 좀 더 알아보도록 하겠습니다.

3. 미국 건설공사현장과 한국 건설공사현장 비교

다르다는 것, '49:51'은 하나의 요소가 다른 것보다 약간 더 중요하거나 영향을 미치는 비율이 높다는 것을 의미합니다. 예를 들어, 두 가지 결정 요소 중 하나가 49%의 영향을 미치고 다른 하나가 51%의 영향을 미친다면, 이것은 두 번째 요소가 조금 더 중요하다는 것을 나타냅니다. 즉, 조금의 차이가 있어서 한 가지가 다른 것에 비해 조금 더 영향을 미친다는 것을 나타내는 표현입니다.

하위 1등과 2등 간에 100점 만점 중 10점이 차이가 나지만, 상위 1등과 2등 사이의 차이는 0.1점으로 비교하기 힘들 수가 있습니다. 미국의 자동차 배터리 공장 건설현장과 한국의 원자력발전소 건설현장의 측정요소지수를 살펴보면, 두 나라 모두 건설현장 부가가치 노동생산성이 상위 그룹에 속합니다. 이러한 두 나라의 장점을 결합하면 공사현장의 생산성을 향상시킬 수 있을 것입니다.

다르다는 것은 우리보다 못하는 것도, 우리보다 나은 것도 있다는 것입니다. 여기서는 다른 점 중에서 우리가 배웠으면 하는 시각으로 정리하였으니 오해가 없었으면 합니다.

1) 미국의 작업자가 느리거나 역량이 부족하다?

한국에서 경험이 부족한 현장관리자나 시공사 직원들은 문화 차이로 인해 미국 작업자와의 불협화음이 발생할 때, 이를 미국 작업자들이 작업을 잘못한다고 생각하는 경향이 있습니다. 일부 사람들은 이러한 주장을 반복적으로 하며 때로는 사실을 왜곡하여 자신의 의견을 옳다고 증명하려고 합니다. 더 문제인 것은 이들이 계속해서 미국인들을 느리고 게으르다고 주장하며, 때때로는 미국인들이 거짓말을 자주 한다고 말하기도 합니다.

그러나 이러한 주장은 사실과 일치하지 않습니다. 여러 나라의 공사현장을 경험한 저는 미국의 공사현장이 합리적이라고 말할 수 있습니다. 미국의 노동생산성이 낮다는 것도 사실이 아닙니다. 문제는 단위 노동비용 지수가 높다는 점입니다. 또한, 미국인들이 느린 것이 아니라, 한국의 작업자가 부지런하다고 할 수 있지만, 이것이 반드시 생산성이 높거나 일을 잘한다는 것을 의미하지는 않습니다.

해외현장에서 작업하는 경우 종종 듣게 되는 이야기 중 하나는 한국인 작업자들이 작업 중에 가장 협조적이지 않다는 내용입니다. 과거 60년대와 70년대에는 한국이 후진국으로, 다른 후진국의 작업자들과 크게 다르지 않은 수준의 임금을 받았기 때문에, 부지런한 한국인들이 일을 잘한다고 평가되기도 했습니다. 그러나 현재에도 이러한 평가가 맞는지 의문스럽습니다.

실제 현장작업자들은 부지런함, 빠름, 일을 잘하는 것을 정확하게 구분하지 못하는 경향이 있습니다.

2010년 이후 한국의 노동단위 비용지수가 상승하면서 한국 건설현장의 경쟁력이 급격히 떨어지고 있습니다. 그러나 OECD 주요국의 노동생산성과 국가별 노동비용 지수, 그리고 12개 생산성 요소를 비교 분석해 보면, 한국의 공사현장 생산성은 선진국 수준에 도달하지 않았음을 알 수 있습니다. 다시 말해, 부가가치 노동생산성을 선진국 수준으로 끌어올릴 수 있는 잠재력이 있다는 것입니다. 문제는 투입비용 대비 물적노동생산성 부가가치 노동생산성이 느리게 변화하는 공사현장 문화에 있습니다.

12가지 측정요소 비교 차트를 보면 공사현장에서 발생하는 문제점과 개선이 필요한 부분을 파악할 수 있습니다.

2022년 8월 초 상황은 다음과 같았습니다. 시공 일정 중 RTSO(Ready to Start Operation) 검수가 10월 말에 예정되어 있어 90일 안에 검수준비가 완료되어야 하는 중요한 단계가 있었습니다. 한국의 시공사 관리자들은 미국 업체가 경험이 부족하다고 판단하여 10월 말까지는 어려울 것으로 예상했습니다.

내가 관찰한 바에 따르면, 미국 업체는 케이블 포설과 케이블 결선 작업에 Man power를 늘리고 작업에 속도를 높이고 있었습니다. 그러나 한국의 Supervisor는 미국 작업자들이 게으르고 작업이 서툴다고 판단하여 결선 작업이 어려울 것이라고 예상하였습니다. 따라서 RTSO 검수가 10월 말까지 불가능하다고 보고하였습니다. 추가로, 검수가 2023년까지 늦어질 것으로 예상하였습니다. 그러나 실제 결과는 미국 업체 측에서 10월 초에 RTSO 검수 준비가 완료되었습니다.

그런데도 결국, 10월 초에 RTSO 검수가 진행되지 못했습니다. 문제는 일본과 한국 업체가 담당해야 할 장비가 설치되지 않아 RTSO를 진행할 수 없는 상황이었습니다.

12가지 생산성 측정 측정결과 미국 건설공사 작업현장의 노동생산성이 높은데 왜 한국 작업자들은 미국 작업자들이 게으르거나 작업역량이 부족하다고 느끼는 것일까요?

미국 현지 법인장, 기계설비 공사 소장, 연료 배관 설비 공사 소장, 그리고 제가(전기설비소장) 참여한 공정 문제 해결 미팅이 있었습니다.

미국에서 현장 작업을 수행하는 미국 측 업체의 공기 및 품질 문제를 해결하기 위한 미팅이었습니다. 그러나 두 업체 소장과 저는 현재 발생하는 여러 문제가 미국 업체의 문제가 아닐 수도 있다고 의견을 제시했습니다.

우리는 미국 업체의 작업역량이 한국 업체와 비교했을 때 비슷하거나 더 우수하다고 생각했습니다. 개인적으로 OEM 소장들과 의견이 일치한다는 사실에 놀랐습니다. 제가 조사한 생산성 측정지수에서도 미국 업체는 높은 점수를 받았습니다.

그러나 법인장은 주변(현장작업경험이 없는 사무직 또는 기술직 관리자)에서의 의견과 달라 혼란스러워했습니다. 그가 들은 이야기는 미국 업체가 작업이 서툴고 느리며 역량이 부족해 다양한 문제가 발생한다는 것이었습니다. 이로 인해 작업일정이 지연되고 비용이 증가한다는 내용이었습니다. '왜 그렇게 이야기할까' 많은 생각을 하였습니다.

미국 공사현장의 시공 지연에 영향을 미치는 이유를 다음과 같이 정리할 수 있습니다:

1. **처음 시도하는 작업**: 미국 작업자가 해당 작업을 처음 시도하는 경우로, 작업이 서툴 수 있습니다.
2. **비교 대상 현장**: 중국이나 폴란드 현장에서는 한국인 숙련공이 직접 현장 작업을 하거나 현지작업자에게 높은 임금을 지급하여 작업을 촉진합니다.
3. **도면 및 경험**: 미국 작업자는 주로 도면을 기반으로 작업을 진행하는 반면, 한국 작업자는 시공 경험을 바탕으로 도면에 문제가 있는 부분을 해결합니다.
4. **도면의 부실**: 일본 측에서 설계한 도면이 현장과 맞지 않고, 섬세하지 않으며, 시방서도 부실하였습니다
4. **소통 문제**: 미국 작업자와 한국 감독 간의 소통이 원활하지 않아 작업 지연이 발생합니다. 통역자들은 전기공사 시공에 대한 기술적 이해가 부족하며, 공사현장의 특성을 이해하지 못하는 경우가 많습니다. 특히 Bypassing 현상이 발생하여 소통 문제가 발생합니다.
5. **자재 및 설비 지연**: 한국 측이나 일본 측에서 준비해야 할 자재나 설비의 납품지연으로 작업일정이 지연되는 경우가 발생합니다.
6. **작업 체계**: 중국이나 일부 다른 국가에서는 연장작업 및 야간작업으로 고임금을 지급하며 작업자들에게 작업을 촉진하는 방식을 선택하는 반면, 미국은 이러한 방식이 통하지 않습니다. 미국 작

업자는 미국 특유의 작업 체계에 따라 작업을 수행하며, 한편으로는 한국식의 빠르게 처리하려는 접근법이 미국 현장에서 작업속도를 늦출 수 있다는 점을 고려해야 합니다.

7. **문화 차이**: 현지 문화의 차이로 인해 이해와 학습에 어려움이 있을 수 있습니다.
8. **임금과 동기부여**: 미국 작업자가 임금을 많이 받는데도 열심히 일하지 않는다고 이야기를 하지만, 실제로 미국 작업자는 임금이 높다고 생각하지 않습니다.
9. **관리 경험**: 대다수 한국 관리자는 시공 현장경험이 부족하거나, 일부는 후진국에서의 경험을 바탕으로 미국과 비교합니다.
10. **연장 및 야간작업**: 미국 작업자는 보통 연장작업이나 야간작업, 그리고 휴일작업을 하지 않습니다.
11. **안전**: 미국 작업자는 안전하지 않은 조건에서는 작업하지 않습니다.
12. **준비되지 않은 작업**: 미국 작업자는 준비되지 않은 갑작스러운 작업 지시에 절차대로 움직입니다.

미국 공사현장의 비용 증가 요인을 다음과 같이 정리할 수 있습니다:

1. **잘못된 리소스 설계**: 한국 시공사가 초기에 잘못된 리소스 설계로 인해 비용이 증가한 것이 첫 번째 원인입니다.
2. **잘못된 리소스 설계의 영향**: 잘못된 리소스 설계를 기반으로 한국식 접근법을 미국 공사현장에 적용하려는 과정에서 비용이 더욱 증가하였습니다.
3. **변경된 작업의 재작업 비용**: 설계 변경이나 현장 상황에 따라 작업이 변경되면서 추가적인 재작업 비용이 발생했습니다. 또한, 도면의 중요성을 간과하여 문제가 발생했습니다. 미국에서는 도면변경이나 고객의 요청에 의한 추가 작업은 새로운 계약을 통해 처리해야 합니다.
4. **미국의 법적 환경 미숙**: 미국을 소송이 많이 일어나는 나라로 알려진 점을 이해하지 못한 관리자들이 인사 관리나 서류 작업을 부실하게 하여 비용이 증가하였습니다.
5. **한국 협력업체 선택의 오류**: 시공사가 비용을 우선시하여 중국이나 폴란드에서 시공 경험이 있는 한국 협력업체를 선택하였으나, 이로 인해 우수한 미국 시공업체를 관리하지 못하여 결과적으로 비용이 더욱 증가하였습니다.

한국 공사업체는 미국의 다양한 외부요소와 조건을 충분히 학습하지 않고 공사 기간 지연과 비용 증가에 대한 책임을 회피하는 경향이 있습니다. 또한, 객관적이고 과학적인 공사현장 생산성 측정 기술이 부족하여 한국 법인장이 잘못된 판단을 내리게 되는 주된 이유입니다.

2) 한국과 미국의 부가가치 노동생산성과 단위노동비용지수

현장 일을 하다 보면 몇몇 관리자나 작업자가 미국 노동자들이 느리고 무능하다고 말합니다.

부가가치 노동생산성은 높은 임금과 관련이 있어서 미국의 부가가치 노동생산성이 높다는 주장은 어느 정도 맞을 수 있습니다. 한국과 미국을 비교할 때, 서비스 업종을 제외하면 상황이 달라질 수 있습니다. 제조업은 한국에서의 노동생산성이 높은 업종이 많습니다.

건설공사 작업현장을 살펴볼 때, 생산성 측정 도구에 의한 시간당 노동생산성에서는 미국이 한국보다 높다는 사실을 확인할 수 있습니다.

부가가치 노동생산성에서는 미국 지역마다 공사종류에 따라 차이가 있을 수 있지만, 미국의 임금이 한국보다 두 배나 높은 상황을 생각하더라도 물적노동생산성이 더 높을 수 있는 이유에 대해 학습해야 합니다.

OECD 주요국의 시간당 노동생산성(달러)

	2010	2011	2012	2013	2014	2015	2016	2017	2018	2019	2020	2021
대한민국	32.1	33.1	33.5	34.3	35.1	35.6	36.5	38.2	39.6	40.6	41.8	42.7
미국	67.8	67.9	68.1	68.4	68.7	69	69.3	69.9	70.7	71.5	73.4	74.1
멕시코	19.4	20	20.1	20	20.5	20.6	20.7	21.1	20.9	20.4	20.2	19.5
일본	43.4	43.7	44.2	45.2	45.3	46.2	46.2	46.7	46.9	47.4	48.1	45.5

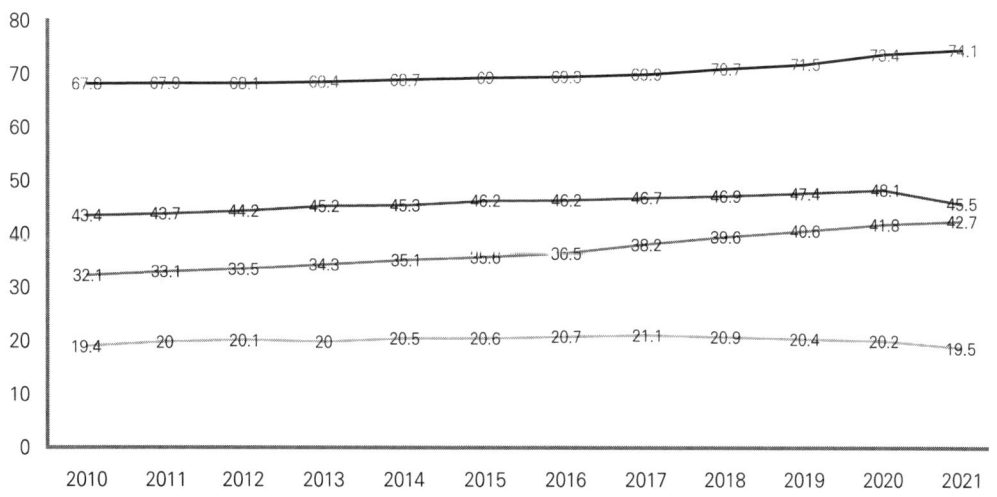

OECD 주요국의 시간당 노동생산성(달러)

한 가지 가능성은 미국의 공사현장에서 사용되는 기술과 장비가 더 혁신적이거나 효율적일 수 있다는 점입니다. 또한, 미국의 공사현장에서는 더 체계적이고 생산적인 작업 접근법이 적용되어 있을 가능성도 있습니다. 이는 한국과 미국의 공사현장 문화, 관행, 기술 수준 등에 따라 차이가 있을 수 있습니다.

따라서 임금 수준이 높다고 해서 부가가치 노동생산성이 높은 것은 아니며, 다양한 외부요소와 내부적인 공사현장 작업관리 방식, 경영관리, 노사관계 등이 영향을 미칠 수 있습니다.

국내 건설업의 부가가치 노동생산성 지수가 제조업과 비교했을 때 빠르게 떨어지고 있으며, 국가별 단위 노동비용 지수를 보면 일본보다 빠르게 상승하고 있는 상황입니다.

결론적으로 건설공사 현장에서는 시간당 물적 노동생산성과 부가가치 노동생산성이 모두 낮다는 점이 문제입니다. 이러한 상황에서 임금을 올리는 방식으로 부가가치를 높이는 것은 올바른 접근 방법이 아닙니다. 생산물의 품질을 개선하고 효율적인 작업 접근법을 도입하여 부가가치를 높이는 것이 필요합니다. 이는 장기적인 관점에서 건설공사의 경제적 효율성과 지속 가능성을 높이는 데 중요한 요소입니다.

미국은 물적노동생산성이 높고, 노동비용도 높은 편입니다. 따라서 경쟁력을 유지하기 위해서는 지속적으로 효율성을 높이고 부가가치를 증가시켜야 하였습니다. 한편, 한국의 건설공사 현장에서는 최근 20년 동안 건설 노동 인건비가 급격히 상승하고 있습니다. 특히 최근에는 일본보다도 단위 노동비용 지수가 빠르게 상승하고 있습니다.

그러나 공사현장의 문화가 변하지 않는 한, 경쟁에서 밀릴 수 있습니다. 따라서 단순히 빠르고 부지런한 특성만으로는 경쟁력을 유지하는 것이 어려울 수 있으며, 투입비용이 증가하는 상황에서는 효율성의 변화와 부가가치를 높이는 노력이 필수적입니다.

미국의 건설공사 현장, UAE의 원자력 건설공사 현장, 우즈베키스탄의 가스 플랜트 공사현장, 쿠웨이트의 LNG 공사현장, 그리고 한국의 시공업체를 비교하여 각각의 특징과 문제점을 분석하고, 어느 측면에서 변화가 필요한지를 차트를 통해 해결책을 모색해야 합니다. 이를 통해 한국 건설공사현장의 강점과 약점을 파악하고, 효율성을 높이며 부가가치를 증대시킬 방법을 모색할 수 있을 것입니다.

국가별 단위노동비용 지수

	2017	2018	2019	2020	2021
대한민국	101.6	103.4	104.8	105.1	106.8
미국	103.2	105.4	107.4	112.7	116.4
일본	101.2	104	106.1	109.8	109.5
캐나다	100.1	102.6	105	109.7	112.6

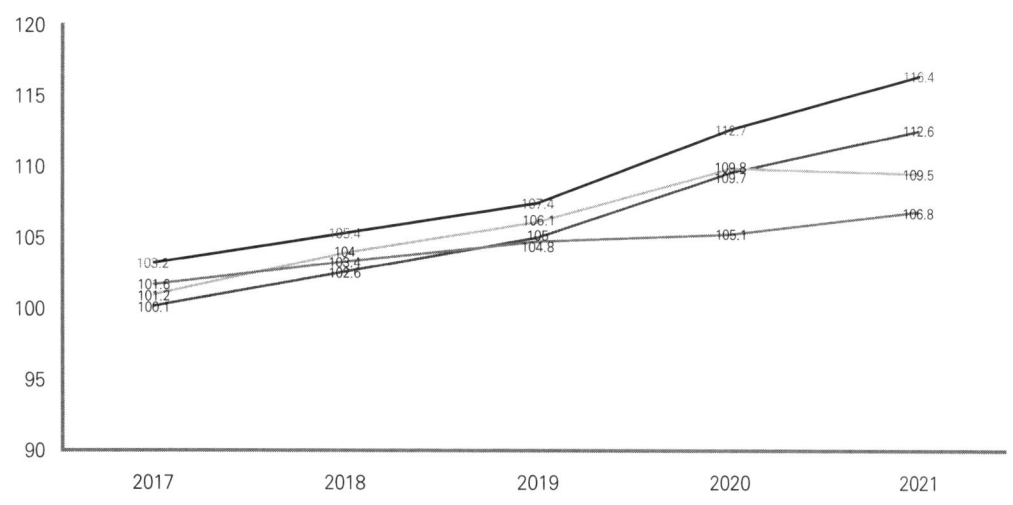

* 자료: OECD, 「https://stats.oecd.org, Level of GDP per capita and productivity」 2022. 9.[1) 2)]

1) 시간당 노동생산성 = 1인당 GDP ÷ 총노동시간
2) 2015년 PPP 불변가격 기준임

부가가치 노동생산성 지수

한국표준 산업분류	2012	2013	2014	2015	2016	2017	2018	2019	2020	2021	2022
C 제조업	95.1	95.6	95.8	94.5	96.4	99.4	100.6	101	100	108.1	108.3
F 건설업	131.1	141.6	137.7	129.9	129.3	131.6	125.1	117.9	100	94.7	91.6

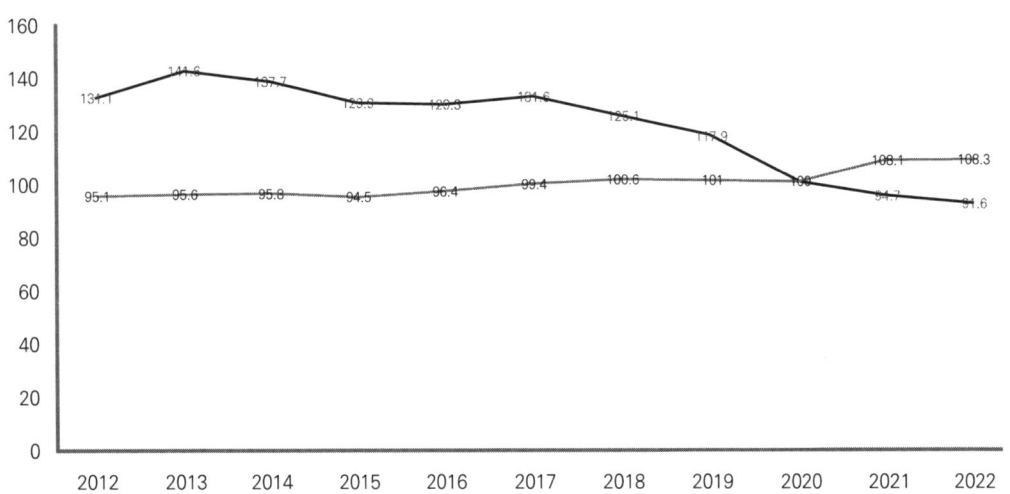

* 출처: 한국생산성본부

3) 한국 공사현장과 미국 공사현장에서의 다른 점

미국의 플랜트 건설현장과 한국의 원자력발전소 건설 전기 시공 현장의 생산성 측정도표를 살펴보면, 두 나라 모두 높은 효율성과 성과를 보입니다. 이 **두 나라의 장점을 결합하면** 공사현장의 생산성을 더욱 향상시킬 수 있을 것입니다.

(1) 관계와 업무 문화

- **미국 현장**: 미국 현장에서는 관계보다는 명확한 규칙과 절차를 따라 업무가 진행됩니다. 업무 성과와 목표 달성에 집중하며, 성과 중심의 문화가 강조됩니다.
- **한국 현장**: 한국 현장에서는 개인 간의 관계가 중요시되며, 상호 신뢰와 친밀한 인간관계를 바탕으로 업무가 처리되는 경향이 있습니다.

이러한 차이로 인해 한국 현장은 인간관계를 중시하고, 미국 현장은 명확한 규칙과 성과 달성에 초점을 맞춘다고 할 수 있습니다.

(2) 높은 비용

미국 현장에서는 인건비, 임대료, 운송 및 물류비, 관리 및 규정준수 비용, 인력 확보 및 유지비용, 기계장비 비용, 세금, 체류비 등 모든 비용이 상대적으로 높게 나타납니다. 건설현장 시공을 계획할 때, 처음 예상한 투입비용보다 실제로는 약 2배 정도 더 높은 비용이 발생할 수 있습니다. 이러한 비용 증가의 원인은 다양합니다. 인력 관리, 자재관리, 품질관리, 현장조율 등 시공관리 측면에서 정확한 계획과 산출을 수행하지 못하기 때문입니다. 또한, 현장 공사 관리의 부실로 인해 추가 비용이 발생할 수도 있습니다.

(3) 직접적인 의사소통

- **미국 현장**: 미국의 작업자는 의사소통을 직접적으로 하는 경향이 있습니다. 이들은 명확하고 직설적인 언어를 사용하며, 의견이나 의사를 둘러서 말하지 않고 직접 표현합니다. 존댓말이나 하대어도 사용하지 않습니다.
- **한국 현장**: 한국에서는 의사소통이 조금 더 간접적인 언어로 이루어질 수 있습니다. 직설적인 언어나 의견을 불편해할 수 있습니다. 개인 간의 관계와 상호 이해를 중요시하는 한국의 문화와 연결되어 있을 수 있습니다.

(4) 감정 표현의 직접성

- **미국 현장**: 미국의 작업자는 감정을 표현할 때 직접적으로 소통하는 것을 선호합니다. 일반적으로 명확하고 직설적인 언어를 사용하여 자신의 의견을 솔직하게 전달합니다.
- **한국 현장**: 한국의 작업자는 비교적 간접적인 언어로 감정을 표현하는 경향이 있습니다. 이는 개

인간의 관계와 상호 이해를 중요하게 여기는 한국 문화와 관련이 있습니다.

미국의 작업자와의 소통 시에는 감정을 직접적으로 표현하는 것이 효과적일 수 있으며, 감정을 공유하고 이해하는 데에 주의를 기울이는 것이 좋습니다. 미국 현장에서는 솔직하게 감정을 나타내고 이해하는 것이 업무 및 협업에서 유용할 수 있습니다.

(5) 개인의 의사결정과 책임
- **미국 현장**: 미국 작업자는 자신의 의사결정을 중요하게 여기고, 그에 따른 책임도 스스로 집니다. 개인의 역량과 판단을 존중하며, 업무 수행에 대한 책임을 개인적으로 지는 것을 강조합니다.
- **한국 현장**: 한국에서도 개인의 의사결정은 중요한 역할을 합니다만, 조직 내 협력과 공동의 결정이 더 강조될 때가 있습니다. 한국의 업무 문화에서는 조직 내 의사결정이 개인의 의사결정보다 우선시되기도 하며, 업무 수행에 대한 책임 역시 조직 내에서 공동으로 나누는 경향이 있습니다.

(6) 안전에 관한 법적 요구사항과 규제의 엄격한 시행
작업현장에서는 안전을 최우선으로 고려하며, 작업자들의 안전 및 건강을 보호하기 위한 규정이 엄격히 시행됩니다. 예를 들어, 안전장비 착용 의무, 작업환경의 위험 분석, 사고 예방을 위한 교육 등이 요구되며, 이러한 규정을 준수하지 않을 경우 벌금 부과나 작업 중지 등의 제재가 가해질 수 있습니다. 하지만 이러한 법적제재 이전에 서로의 안전을 지키는 문화가 정착되어 있습니다.

(7) 미팅의 형식과 의사소통
- **미국 현장**: 미국에서는 미팅이 자주 열리며, 참석자들이 자유롭게 의견을 나누고 아이디어를 제시할 수 있습니다. 토론과 논의를 중시하며, 직설적이고 명확한 의사소통을 선호합니다. 미팅에서는 직접적이고 솔직한 의견 교환이 일반적입니다.
- **한국 현장**: 한국에서는 미팅이 비교적 형식적일 수 있습니다. 의사결정이나 의견 제시가 미리 정해진 순서에 따라 진행될 수가 있습니다. 의사소통은 간접적이거나 둘러서 표현되기도 하며, 상호 간의 관계를 신중히 고려하는 경향이 있습니다.

(8) 작업 서두르기와 리더십 접근
- **미국 현장**: 미국 작업현장에서는 작업을 서둘러서 진행하는 행위가 드물다는 특징이 있습니다.

작업 리더는 작업자들에게 압박을 가하는 대신, 안전과 품질을 우선시하며 계획적이고 체계적으로 작업을 진행하는 것을 중요시합니다. 작업의 절차와 안전을 최우선으로 보호하며, 작업자들에게 충분한 시간과 리소스를 제공하여 효율적으로 작업을 수행하는 것을 강조합니다.

- **한국 현장**: 한국 작업현장에서는 작업 리더가 작업자들에게 빠른 작업속도를 요구하거나 갑작스럽게 작업 스케줄을 변경하며 압박을 가하는 경우가 종종 있습니다.

(9) 작업속도와 움직임

한국 작업자와 미국 작업자 간에는 작업속도에 차이가 있을 수 있습니다. 미국 작업자는 상대적으로 느리게 움직이는 경향이 있습니다.

- **한국 현장**: 한국 작업자들은 빠른 작업속도와 신속한 완료를 중요시하는 경향이 있습니다. 생산성을 높이려는 목표가 있어 작업을 신속하게 진행하는 경향이 있을 수 있습니다.
- **미국 현장**: 반면에 미국 현장작업자들은 한국 작업자와 비교하면 조금 더 느린 속도로 작업을 진행하며, 안전과 절차, 품질을 최우선으로 고려하는 경향이 있습니다. 작업의 정확성과 안전성을 중시하며, 속도보다는 작업의 정밀성과 안전을 우선시하는 경향이 있습니다.

(10) 작업시간과 일정 준수

미국 현장에서는 작업시간을 엄격히 준수하는 경향이 있습니다. 예정된 시간에 따라 작업을 계획하고 진행하는 것이 일반적입니다. **작업계획을 수립할 때 모든 가능한 상황을 고려**하고 일정을 세밀하게 조정합니다. 따라서 작업현장에서는 정해진 일정에 따라 체계적으로 작업을 진행하며, 시간을 엄격히 준수하는 것이 중요한 규칙으로 자리 잡고 있습니다. 이러한 작업시간 및 일정 준수는 효율성과 생산성을 높이는 데에 도움을 주며, 업무의 원활한 진행과 협력을 위한 필수적인 원칙으로 여겨집니다.

(11) 연장작업 및 참여율

미국 현장에서는 연장작업이나 추가 작업 시에도 작업자들의 참여율이 보통 50% 이하입니다. 이는 미국의 근로 문화에서 개인의 시간을 중요시하는 경향이 있기 때문입니다. 단순히 경제적 보상만으로 작업자들이 연장작업에 참여하지 않는 경향이 있습니다.

(12) 주말 작업 여부

미국 현장에서는 일반적으로 토요일과 일요일에는 건설 작업을 거의 하지 않는 경향이 있습니다. 주말은 대체로 작업을 하지 않는 시간으로 여겨집니다.

다만, 특정 프로젝트나 상황에 따라서는 토요일과 일요일에도 작업이 이루어질 수 있습니다. 긴급한 프로젝트나 특별한 필요에 의해 주말에 작업이 발생할 수 있습니다. 그러나 이는 일반적인 건설현장의 관행은 아니며, 주말은 주로 휴식과 회복을 위한 개인의 시간으로 여겨지며 작업을 하지 않는 것이 일반적입니다.

(13) 도면의 정확성과 정밀성

미국 현장에서의 도면은 일반적으로 상세하고 정확하게 작성됩니다. 설계나 시공 절차는 세계 최고 수준의 효율성을 갖추고 있습니다.

미국의 도면은 세부 사항을 철저히 고려하여 작성됩니다. 이는 재작업을 최소화하고 프로젝트 일정을 준수하는 데 매우 유용합니다. 정확하고 상세한 도면은 현장 작업을 효율적으로 계획하고 진행하는 데 도움을 주며, 결과적으로 비용과 시간을 절감하는 데 기여합니다. 이러한 도면의 정확성과 세밀함은 미국 공사현장에서의 효율성을 높이는 중요한 요소 중 하나입니다.

(14) 도면변경에 비용처리

- **한국 현장**: 도면 변경, 설계 변경, 고객 요청에 따른 변경, 추가 작업 등이 계속해서 발생합니다. 이는 이러한 변경으로 인한 비용을 협력업체에 전가하는 관행 때문입니다. 이러한 관행은 후진국형 시공 방식으로, 설계와 시공의 발전을 저해하는 주요 요인입니다.
- **미국 현장**: 미국 건설현장에서는 설계 변경, 현장간섭에 의한 설계 변경, 고객 요청에 의한 변경 등 모든 시공 변경에 대해 새로운 계약이 체결됩니다.

(15) 계획과 체계적인 작업 처리

미국 현장에서는 작업을 시작하기 전에 충분한 자원을 배치하고 철저한 계획을 수립합니다. 이는 작업의 목표, 일정, 자원 할당, 역할 분배 등을 포함하며, 체계적으로 작업을 처리하는 데 중점을 둡니다. 각 단계와 절차를 명확히 정의하고 그에 따라 진행하며, 작업의 우선순위를 명확히 설정하고 자원을 효율적으로 관리하는 것을 강조합니다.

미국에서는 계획에 따른 모니터링과 측정을 통해 문제를 식별하고 필요한 조치를 하여 작업을 지속해서 개선하는 데 주력합니다. 이를 통해 작업의 효율성과 품질을 최적화하려는 노력이 보입니다.

(16) 안전 규정 준수와 작업 시작

미국 작업현장에서는 안전을 매우 중요시하며, 안전 절차를 엄격하게 준수하는 경향이 있습니다. 작업자들은 작업을 시작하기 전에 안전 점검을 하고, 작업 중에도 위험을 감지하고 대응합니다.

만약 작업조건이 안전하지 않은 경우, 미국 현장에서는 작업을 중단하고 안전을 확보한 후에 작업을 다시 시작합니다. 작업자들의 안전과 건강을 보호하는 것이 최우선이며, 이를 위해 작업 시작 전에 필요한 조치를 하고 안전 절차를 준수하는 문화가 미국 작업현장에서 확립되어 있습니다.

(17) 작업 중 휴대전화 사용

미국 작업현장에서는 작업 중에 작업자가 휴대전화 사용을 최소화하는 경향이 있습니다. 작업 중에는 주로 작업에 집중하고 안전을 유지하기 위해 휴대전화 사용을 자제하는 것이 보편적인 관습입니다. 작업 외의 시간이나 정해진 휴식 시간에 휴대전화를 이용하는 것이 일반적이며, 작업 중에는 작업환경과 안전을 위해 휴대전화 사용을 피하는 경향이 미국 작업현장에서 확립되어 있습니다.

(18) 품질관리와 규정준수

미국 작업현장은 품질관리의 중요성을 인식하고 있으며, 작업물의 품질을 보장하기 위해 엄격한 품질 규정과 테스트 절차를 엄중히 준수합니다. 이는 초기에 품질 문제를 발견하고 조치함으로써 재작업과 불량 제품 발생을 최소화하고 비용을 절감하는 데 큰 도움이 됩니다.

(19) 보고와 전달체계의 명확성, "Bypassing"의 불허

미국 건설현장에서는 보고와 전달체계가 명확하고 확실하게 구성되어 있으며, "Bypassing"이 허용되지 않는 경향이 있습니다. 일반적으로 계층적인 조직구조가 채택되어 각 개인의 역할과 책임이 명확히 정의되어 있습니다. 정보는 계층구조를 따라 정해진 경로로 전달되며, 상위에서 하위로 필요한 작업 지시나 정보가 전달되고, 하위에서는 상위로 필요한 보고가 이루어집니다.

이러한 체계는 정보가 체계적으로 전달되고, 명확하고 정확한 정보 전달이 보장될 수 있도록 보고 체계가 철저하게 관리됨을 의미합니다. 중간 단계를 건너뛰는 "Bypassing"이 허용되지 않기 때문에 정보의 누락이나 왜곡 가능성이 최소화됩니다. 이는 효율적이고 투명한 의사소통을 유지하는 데 중요한 역할을 합니다.

(20) 자부심과 존중의 중요성

미국 현장에서는 미국인들이 자신이 미국인이라는 점을 자랑스러워합니다. 이 자부심은 그들의 정체성과 문화를 반영하는 중요한 요소입니다. 작업환경에서도 이러한 자부심이 나타날 수 있으므로, 미국 현장에서는 이를 이해하고 존중하는 것이 중요합니다.

(21) 역할과 업무의 명확한 분장

- **역할의 명확한 정의**: 각 개인은 자신의 업무 범위와 책임을 명확히 인지합니다. 이는 업무를 효과적으로 분담하고, 중복이나 혼란을 방지하는 데 도움이 됩니다.
- **업무의 범위 초과 거절**: 미국 현장에서는 개인이 자신의 업무 범위를 넘어서는 일에 대해 거부하는 경향이 있습니다. 이는 역할과 책임을 존중하며, 다른 사람들에게 미치는 영향을 고려하는 태도를 나타냅니다.
- **업무 효율성 강조**: 역할과 업무의 명확한 분담은 업무 효율성을 높이는 데 기여합니다. 각자가 자신의 역할에 집중하고 전문성을 발휘함으로써 전체 작업의 질과 효율성을 향상시킬 수 있습니다.
- **협업의 원활함**: 역할과 업무가 명확히 정의되면, 팀원들 간의 협업이 원활하게 진행될 수 있습니다. 각자의 역할을 존중하고 신뢰하는 분위기 속에서 작업이 진행되며, 역할 충돌이나 갈등을 최소화할 수 있습니다.

(22) 책임 소재와 체계의 명확성

미국 현장과 한국 현장은 책임 소재와 체계의 명확성에 대해 다른 접근 방식을 가지고 있습니다. 미국 현장에서는 역할과 책임이 명확하게 정의되어 있고, 이를 준수하는 것이 중요시됩니다. 이에 대한 특징은 다음과 같습니다:

- 역할이나 책임을 넘어서는 일에 대해 거절하는 경향이 있습니다.
- 업무 효율성을 높이기 위해 역할 분담이 명확하게 이루어집니다.

- 협업을 원활하게 하기 위해 각자의 역할을 존중하고 신뢰하는 문화가 자리 잡고 있습니다.
- **책임 소재의 명확성**: 미국 현장에서는 각 개인의 역할과 책임이 명확하게 정의됩니다. 작업자들은 자신의 역할을 이해하고 이를 준수하는 것을 중요시합니다.
- **리더의 지시 준수**: 작업자들은 리더의 지시에 따라 업무를 수행합니다. 리더의 지시를 따르지 않고 독자적으로 행동하는 것은 피합니다. 리더가 정한 역할과 업무를 준수하는 것을 효율적인 협업을 이루는 방법으로 여깁니다.
- **규칙 준수**: 리더 역시 규칙에 어긋나는 역할과 작업에 대한 지시를 내리지 않습니다. 규칙을 준수하며 업무를 진행하는 것이 전체적인 작업환경의 일관성과 안정성을 유지하는 데 필수적으로 여겨집니다.
- **업무 효율성 강조**: 책임 소재와 체계의 명확성은 업무의 효율성을 높이는 데에 중요한 역할을 합니다. 각자의 역할과 책임이 명확히 정의되어 있어 업무의 중복이나 혼선을 최소화하고 작업이 원활하게 진행될 수 있습니다. 이러한 접근은 미국 현장에서 업무의 효율성과 일관성을 유지하며, 협업을 원활하게 이루는 데에 중요한 역할을 합니다.

(23) 재작업의 최소화와 품질관리

미국 현장과 한국 현장은 재작업의 발생과 처리에 대한 접근 방식에서 차이를 보입니다. 미국 현장에서는 재작업을 최소화하고 품질을 우선시하는 문화가 확립되어 있습니다.

이에 대한 특징은 다음과 같습니다:

- 설계 계획 단계에 충분한 자원을 배치하고 지원합니다.
- 계획 단계에서의 철저한 계획과 검토를 통해 오류를 최소화합니다.
- 설계의 과정을 보면 절차가 지켜지고 설계기술이 선진화되어 있습니다.
- 시공 과정에서 품질관리가 철저하게 이루어집니다.
- 작업자의 역할과 책임이 명확히 정의되어 품질 문제 발생 시 빠르게 대응할 수 있습니다.
- 피드백을 통해 지속해서 개선하며 품질을 높이는 방향으로 노력합니다.
- **품질과 정확성 중요성**: 작업의 정확성과 품질을 보장하기 위해 철저한 계획과 품질 관리절차가 시행됩니다.
- **재작업 최소화**: 정확한 계획과 설계, 철저한 시공 절차의 준수 등을 통해 오류와 불량을 예방하려고 합니다.

- **추가 비용 및 시간 절약**: 재작업은 추가 비용과 시간 소모를 초래할 수 있습니다. 따라서 미국 현장에서는 초기부터 설계와 도면작업, 작업 절차와 순서를 엄격히 준수하여 오류를 최소화하고 추가 비용을 절감하며 프로젝트 일정을 준수하려고 합니다.
- **계획 및 설계의 중요성**: 품질을 보장하기 위해 정확한 계획과 설계절차가 필수적으로 강조됩니다. 미국 현장에서는 작업 시작 전에 세부적인 계획을 수립하고 품질 요구사항을 명확하게 정의하는 것이 중요시됩니다.

이러한 품질관리와 재작업 최소화의 접근은 미국 현장에서 작업의 효율성과 부가가치, 신뢰성을 높이는 데에 이바지합니다.

(24) 계약조건 및 절차의 준수

미국 현장과 한국 현장 간의 또 다른 점은 계약조건과 절차의 준수에 대한 관점입니다. 미국 현장에서는 계약조건과 절차를 엄격히 준수하여 업무를 수행하는 것이 중요하게 강조됩니다.

이에 대한 특징은 다음과 같습니다:

- 계약서의 내용과 조건을 명확하게 이해하고 준수합니다.
- 계약된 범위 내에서의 업무 수행을 목표로 하며, 추가적인 변동이나 범위 외의 요구사항은 신중하게 검토합니다.
- 필요한 경우, 법적으로 요구되는 절차나 보고서를 엄격하게 준수하여 법적인 문제를 방지하려고 합니다.
- **계약조건의 이해와 준수**: 미국 현장에서는 업무를 수행하기 전에 계약서에 명시된 조건과 절차를 정확히 이해하고 준수해야 합니다. 계약 내용을 정확하게 파악하고 계약조건에 따라 업무를 계획하고 수행하는 것이 중요합니다.
- **계약 절차에 따른 업무 진행**: 미국 현장에서는 계약 절차에 따라 업무를 진행하고 관리해야 합니다. 이는 프로젝트의 초기 계획부터 종료 단계까지 계약에 명시된 절차와 프로세스를 준수하여 업무를 수행하는 것을 의미합니다.
- **프로젝트 관리와 변경 요청처리**: 미국 현장에서는 계약조건과 절차를 준수함으로써 프로젝트 관리가 원활하게 이루어집니다. 변경 요청처리나 현장 보고 등의 업무도 계약에 따른 절차에 따라 수행하며, 이를 통해 프로젝트의 투명성과 효율성을 유지합니다.

- **프로젝트 성공과 관계**: 미국 현장에서는 계약조건과 절차를 엄격히 준수하는 것이 프로젝트의 성공과 밀접한 관련이 있다고 인식됩니다. 계약을 엄격히 준수함으로써 프로젝트의 목표 달성과 관련된 리스크를 최소화하고 불확실성을 줄입니다. 이러한 접근 방식은 미국 현장에서 프로젝트의 효율성과 투명성을 확보하며, **계약조건과 절차의 준수를 통해 업무를 수행하는 문화**가 확립되어 있습니다.

(25) 서류 기반 작업과 소송 절차

미국 현장과 한국 현장의 또 다른 점은 작업의 시작과 관련된 서류 기반 접근 방식 및 소송 절차에 대한 접근입니다. 이에 대한 특징은 다음과 같습니다.

- **서류 기반 작업**: 미국 현장에서는 작업이 시작되기 전에 모든 관련 작업과정과 결정 사항이 서면으로 기록됩니다. 작업에 참여하는 모든 당사자는 작업계획, 프로시저, 기술 사양 등을 서면으로 확인하고 이해합니다. 이를 통해 작업의 목표, 범위, 요구사항 등이 명확하게 정의되며, 작업의 이행에 대한 기대치가 서류로 명시됩니다.
- **서류에 따른 작업 이행**: 미국 현장에서는 서류에 명시된 내용에 따라 작업이 이행되어야 합니다. 작업 진행 중에도 서류에 포함된 지시사항 및 규정을 준수해야 합니다. 이는 작업의 투명성과 일관성을 확보하며, 서류 기반 접근 방식을 통해 작업 결과물의 품질을 유지합니다.
- **계약 불이행과 소송 절차**: 작업이 서류에 명시된 내용과 다르게 이행되는 경우, 이는 계약 불이행으로 간주할 수 있습니다. 미국 현장에서는 계약 불이행 시 소송 절차를 진행합니다. 소송은 계약 당사자 간의 분쟁을 해결하기 위한 절차로 사용되며, 서면 기록을 기반으로 분쟁의 합리적인 해결을 추구합니다.
- **소송 절차에 대한 접근**: 미국 현장에서는 작업의 시작과 관련된 법적 절차나 잠재적인 소송에 대비하기 위해 세밀하고 철저한 문서화가 필요하다고 인식됩니다. 이는 법적 분쟁이 발생할 때를 대비하여 증거를 확보하고, **소송 절차에서의 요구를 충족시키기 위한 준비**를 강화하는 데 중요한 역할을 합니다.

이러한 서류 기반 작업 접근 방식은 미국 현장에서 작업의 투명성과 정확성을 보장하기 위해 활용되며, 계약 불이행 시 소송 절차를 통해 분쟁을 조정하고 해결하는 데 중요한 역할을 합니다.

4) 미국 공사현장 사진

· 현장 Shop 현황 보드

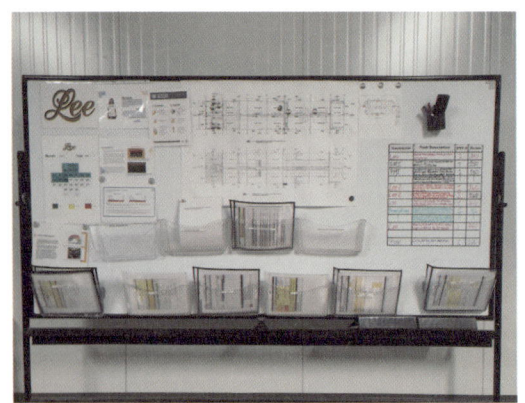
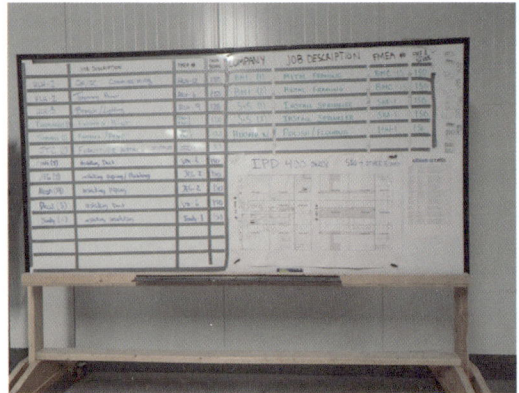

• 현장 Shop 자재 정리 정돈 청결 조도

• 현장 Shop 공구 정리 정돈 청결 조도

· 현장 Shop 작업스케치

· 현장 공종별 협업 회의

• 현장 공정 미팅

• 현장 순회

· 2인 1조 안전 작업(안전문화가 정착)

· 현장 팀 TBM

· 현장 TBM

· 현장 휴식 시간(작업시간과 휴식 시간이 분명하게 구분된다)

· 작업 공구 수령(준비작업)

· 작업장 쉼터

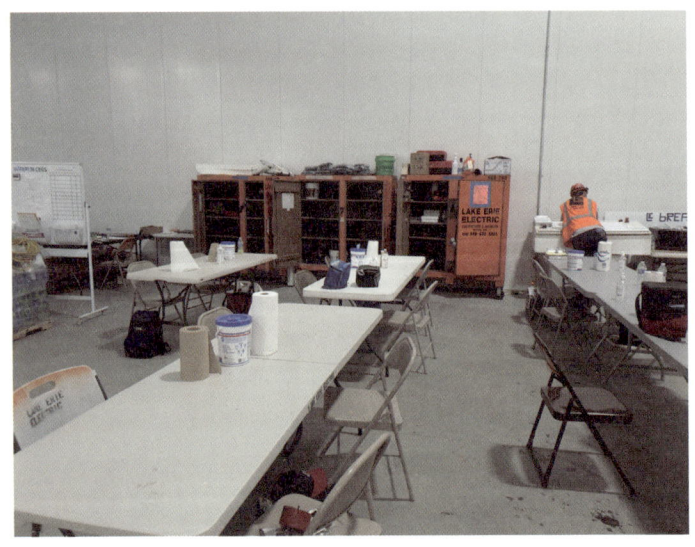

· 안전한 작업(안전하지 않으면 작업하지 않는다)

· 작업장 모습

· 결선할 자료와 라벨을 봉투에 넣어서 작업자에게 전달

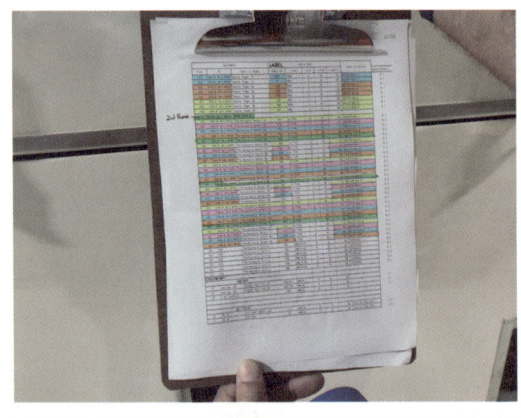
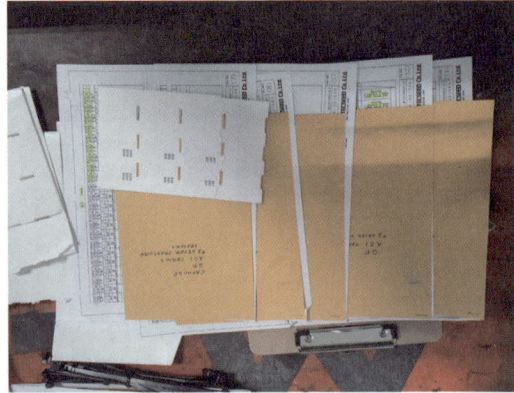
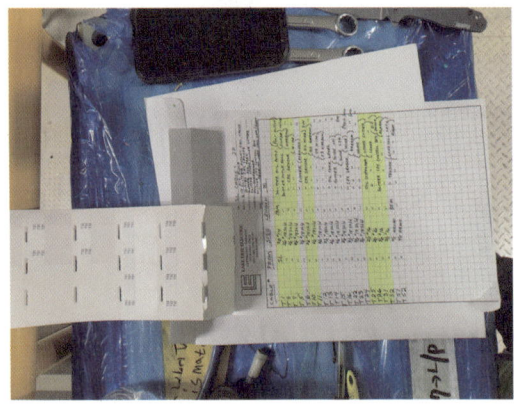
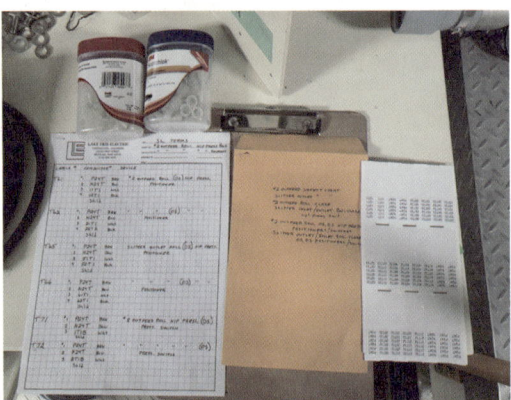

· 자재 인수인계(내용물을 모두 확인 후 사인)

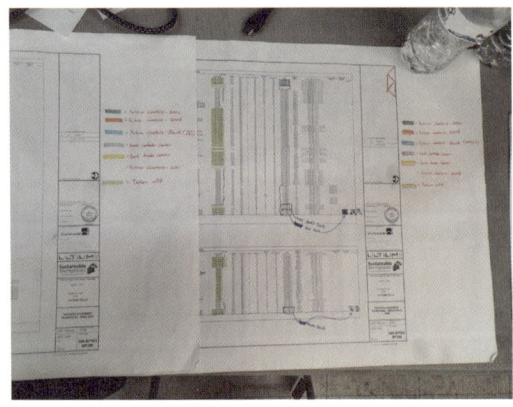

· 작업자 교육장

· 품질(스틸 전선관)

· 현장 리더(팀장) 테이블

· 작업현장 정리 정돈, 청결 상태

· 우즈벡 가스 플랜트 현장을 마치고 작업반장들과 함께

· 한국 A군 건설 협력업체 자재관리

4. 미국에서의 건설현장 공사 전 주의사항

많은 한국 OEM 업체가 비용 절감을 위해 미국 업체를 하청업체(Subcontractor)로 계약하고 관리하려 하지만, 이로 인해 오히려 2배 정도의 비용 손실과 어려움을 겪는 경우가 종종 있습니다. 이러한 문제는 한국 업체가 역량이나 경험이 부족해 기존에 후진국을 관리하던 방식으로 접근하다가 발생하며, 그 결과 수십억에서 수백억 원에 이르는 손실을 보는 경우가 많습니다. 이후 뒤늦게 현지 법인을 설립하는 등의 방법을 시도해도 회복하는 데 수년이 걸리는 경우가 많습니다.

성공적인 공사현장 운영을 위해 아웃소싱은 필수적이며, 이를 위해 먼저 현지 법인을 설립해야 합니다. 이 과정에서는 미국의 법률 및 비즈니스 전문가의 조언을 받아 필요한 절차를 정확히 따르는 것이 중요합니다

미국 공사현장에서, 한국인이 공사 관리 및 감독(Supervising)을 하기 위해서는 다음과 같은 지식과 주의사항을 이해하고, 필요한 조건을 갖추어야 합니다.

1. **규정과 법률**: 미국의 전기공사 규정 및 법률을 이해하고 준수하는 것이 중요합니다. 관련 현지 법규와 허가 절차를 숙지해야 합니다.
2. **언어와 의사소통**: 영어 능력이 필수적입니다. 공사현장에서 원활한 의사소통을 위해 영어를 능숙하게 구사할 수 있어야 합니다.
3. **기술적 지식**: 전기(건축, 기계)공사 프로세스와 기술에 대한 이해가 필수적입니다. 기술 용어와 절차를 정확히 이해하고 해석할 수 있어야 합니다.
4. **안전 규정**: 미국의 공사현장에서는 안전이 최우선입니다. 미국의 전기공사 안전 규정을 엄격히 준수하고 작업자의 안전을 보장하는 것이 중요합니다.
5. **프로젝트 관리**: 프로젝트의 일정, 예산, 자원관리에 대한 지식이 필요합니다. 이를 통해 프로젝트가 원활하게 진행될 수 있도록 관리할 수 있어야 합니다.
6. **현지 업무 문화**: 미국의 공사현장 문화와 관례를 이해해야 합니다. '빨리빨리'를 주문하는 것은 도움이 되지 않습니다. 현지 업무 스타일과 관습을 존중하며 적응할 수 있어야 합니다.

7. **문제 해결 능력**: 예상치 못한 문제나 상황이 발생할 수 있으므로 문제를 신속하게 파악하고 해결할 수 있는 능력이 필요합니다.
8. **협업 능력**: 다양한 이해관계자들과 협력하여 작업을 원활하게 진행할 수 있는 능력이 중요합니다.
9. **감독 및 리더십**: 작업자를 감독하고 리더십을 발휘하여 현장을 원활하게 운영할 수 있어야 합니다.
10. **문서 작성과 보고**: 프로젝트 진행 상황을 문서로 작성하고 상위 조직에 보고할 수 있는 능력이 필요합니다.
11. **시차와 시간 관리**: 미국과 한국 간의 시차를 고려하여 원활한 협업을 위한 시간 관리가 필요합니다.
12. **문화적 이해**: 미국의 비즈니스 문화와 관습을 이해하고 존중하는 것이 중요합니다. 문화적 민감성을 가지며 현지 인원과의 관계를 형성할 수 있어야 합니다.

⑤ 미국 공사현장은 톱니바퀴이다

- **상호 연결과 협력**: 톱니바퀴들은 서로 연결되어 움직입니다. 미국 건설 공사현장에서도 업종, 업체별로 다양한 작업과 팀이 상호 연결되어 협력하며 작업을 진행합니다. 한 부분의 작업이 다른 부분에 영향을 미치며 함께 움직임으로써 프로젝트가 진행됩니다. 각자의 역할과 책임을 이해하고 함께 움직이는 것이 중요합니다.
- **시간과 일정 관리**: 톱니바퀴들이 정확한 시간에 움직이듯이, 미국 건설 공사현장에서는 시간과 일정을 철저하게 관리합니다. 작업이 시간에 맞추어 진행되어 전체 프로젝트가 지연 없이 진행될 수 있도록 합니다.
- **정확한 타이밍과 조정**: 톱니바퀴들은 정확한 타이밍과 조정을 통해 움직입니다. 미국 건설 공사현장에서도 각 작업과 일정이 정확하게 조정되어야만 전체 작업이 원활하게 진행됩니다. 각 단계와 역할이 시간에 맞추어 조율되어 효율적인 작업이 가능합니다.
- **동등한 역할의 중요성**: 톱니바퀴들은 모두 동등한 역할을 가지며 움직입니다. 미국 건설 공사현장에서도 각 팀원과 작업자의 역할이 중요하며, 모든 역할이 조화롭게 맞물려 작업을 진행합니다.
- **효율성과 생산성**: 톱니바퀴들의 맞물림은 효율적인 움직임을 가능케 합니다. 미국 건설 공사현장에서도 각 작업이 효율적으로 조직되어 생산성을 높이고 작업을 원활하게 진행합니다.
- **바퀴의 회전과 성장**: 톱니바퀴들은 회전함으로써 움직입니다. 미국 건설 공사현장에서도 지속적인 발전과 성장이 중요하며, 작업 방식과 기술의 발전으로 현장이 발전해 나갑니다.
- **역할의 명확성**: 톱니바퀴들은 각각의 역할이 명확하게 정해져 있습니다. 미국 건설 공사현장에서도 역할과 책임이 명확하게 분담되어 작업이 효율적으로 진행됩니다.
- **한 부분의 영향**: 톱니바퀴 중 하나의 움직임이 다른 톱니바퀴에 영향을 미칩니다. 미국 건설 공사현장에서도 각 부분의 작업이 서로에게 영향을 미치며 조화롭게 작업이 이루어집니다.
- **원활한 전달**: 톱니바퀴는 움직임을 전달하는 데 사용되는데, 미국 건설 공사현장에서도 정보와 지시사항이 원활하게 전달되어 작업이 올바르게 이루어집니다. 명확하고 정확한 커뮤니케이션을 통해 작업자는 필요한 정보를 제때 받아들이고 실행합니다.

- **전체적인 조율**: 톱니바퀴들이 함께 돌아가며 조율되어 작업하듯, 미국 건설 공사현장에서도 다양한 작업과 역할이 조율되어 전체 작업과정이 조화롭게 진행됩니다. 각각의 부분이 전체 작업의 성공을 위해 조화롭게 동작합니다.

6. 공사현장에서 시공업체가 수익을 극대화하는 방법

1. 부가가치 노동생산성이 높은 협력업체를 선정하여야 합니다.
2. 리더의 생산성교육을 제도화하여야 합니다.
3. 도면의 정확성, 정밀함, 빠른 피드백이 이루어져야 합니다.
4. 빨리빨리 문화의 부작용과 이로 인한 손실을 계량화하여야 합니다
5. 현장문제 해결방법을 찾기 위해 생산성 요소별 고득점 방안 및 실행 방법을 검토합니다.
6. 정리, 정돈, 청결, 조도의 확보는 대부분 생산요소에 영향을 미칩니다. 이를 위해 담당자를 배치하고 청소함을 설치하여야 합니다.
7. 사무실은 공사현장의 뇌, 작업자는 손과 발입니다. 서로가 원활히 소통할 수 있도록 역할교육, 팔로워십 교육, Bypassing을 방지하기 위한 현장투입 전 교육을 진행합니다.
8. 소통의 시작은 인사와 배려입니다.
9. 명확한 업무분담, 정확한 작업 지시는 필수적입니다.
10. 인적자원 채용 시에는 비용을 아끼지 말아야 합니다. 공사현장에서 싸고 좋은 작업자는 없습니다. 싸고 불량한 작업자만 있습니다.
11. 작업역량이 부족한 직원은 빠르게 조치해야 합니다.
12. 절차와 순서에 의한 작업이 이루어지도록 빠른 작업을 주문하지 않습니다.
13. 건설공사현장 작업자의 특징을 연구하여야 합니다.

앞의 데이터와 그래프를 보면 선진국과 후진국의 부가가치 노동생산성 차이가 크다는 것을 알 수 있습니다. 한국과 노동비용과 및 단위생산 부가가치가 같다는 가정하에 생산성 측정요소를 분석한 결과, 미국 공사현장에서 작업자의 1인당 월평균 부가가치가 한국 작업자보다 약 4,000,000원 더 높게 나타납니다. 즉, 미국 작업자는 1인당 월평균 4,000,000원 정도의 부가가치 생산을 더 많이 생산하는 효율성을 보여 주고 있습니다.

이러한 결과는 한국 공사현장의 문제점이 얼마나 심각한지를 잘 보여 줍니다. 개개인의 능력 차이는 크게 느껴지지 않을 수 있지만, 작업자 수가 증가하고 규모가 커질수록 공사현장의 생산성은 현저하게 달라질 수 있습니다. 반면 우즈베키스탄의 경우에는 상황이 반대입니다. 한국 작업자의

1인당 월평균 부가가치는 우즈베키스탄 작업자보다 약 1,000,000원 정도 더 높은 것으로 나타납니다. 이러한 차트는 여러 가지 중요한 의미를 담고 있습니다.

  중요한 점은, 한국의 공사현장이 아직 생산성의 한계점에서 멀리 떨어져 있다는 사실을 인식하는 것입니다.

1. 일상 관리 체크

2. 현장 리더의 임무

3. 현장순회 체크리스트

Part 6

부록

1. 일상 관리 체크

구분	세부 수행업무	월	화	수	목	금	토	일
시공 현장	작업 준비							
	1. 조회 전 작업장(샵장) 정리 정돈 확인							
	2. 조회 시행							
	2-1. 인원현황 파악/근태 일보 작성							
	2-2. 미출근자에 대한 사유파악							
	2-3. 장비 상태와 공구 상태 확인							
	2-4. 자재 준비상태 확인							
	2-5. 안전 장구, 복장 준비상태 확인							
	2-6. 조별, 개인별 작업 지시내용 확인							
	2-7. 안전교육 시행							
	2-8. 특별 작업 지시 및 변경작업 내용 공지 및 확인							
	2-9. 개인 건강상태 등 개인 특이 사항 확인							
	2-10. 공지사항 전달							
	3. 타 공정과의 협조 사항 및 인원 이동 사항 정리/확인							
	4. 현장 작업환경 작업방해요소 체크							
	5. 공정상 간섭사항 확인 및 대책							
	작업 중							
	1. 조회 후 작업투입 감독							
	2. 작업조건 점검							
	3. 순서에 의한 작업 시행 여부 확인							
	4. 적정 자재량 유지 여부 확인 및 조치							
	5. 작업수행 중 안전상태 점검 및 불안전한 사항 시정							
	6. 문제점 발생 때 긴급조치							
	7. 품질점검 및 문제 발생 시 해당 공정에 통보 및 수정							
	8. 작업 성실도 파악							
	9. 유동 인원에 대한 통제							
	10. 휴식 시간 및 중식 시간 전후 작업 상태 감독사용장비 정돈 확인							
	11. 특근 필요시 보고 및 인원선정							

시공 현장	작업 종료 시	1. 작업 종료시각 준수 마무리작업 상태 확인						
		2. 작업 일보 확인, 금일 생산활동 파악 집계						
		3. 주간계획 대비 명일 작업 확인						
		4. 공구반납 및 장비, 공구 정리상태 확인						
		5. 근태 사항 집계/확인						
		6. 작업장 정리 정돈 청결 상태 확인						
지원 및 행정 업무		1. 예상되는 필요 자재와 공구의 점검						
		2. 현장 게시판 게시물 정리 정돈						
		3. 작업 일보의 작성관리 및 현장 확인						
		4. 지원을 필요로 하는 사항의 점검 및 보고						
		5. 부서원에 대한 측정						
		6. 주간 단위 자재 관련 미팅						
		7. 제안의 검토 및 시행계획 수립 및 토의						

2. 현장 리더의 임무

분류		항목	주기
작업관리	작업계획	1) 주간 단위 일별 작업계획 작성/공지	매주
	인원배치	2) 작업편성 및 인원 배치	필요시
		3) 주간별, 일별, 작업량/작업시간에 따른 인원 배치 및 조정	매일
		4) 연장작업계획	필요시
		5) 작업계획 변경 필요시 공정 내 인원 조정(특근)	필요시
		6) 작업 인원 순환배치 계획 수립/실시	매월
	작업여건	7) 장비, 공구, 정상작동을 위한 점검 및 협조요청	매일
		8) 작업장 청결 상태 확인	매일
	안전관리	9) 작업장 내 안전사항 준수 여부 확인	매일
		10) 작업장 내 안전 저해요인 점검 및 대책수립/실시	매일
	작업관리	11) 작업 중 돌발사태 발생 시 긴급조치	발생 시
		12) 특별 작업 지시 및 작업내용 변경 시 작업지도 및 준수 여부 확인	필요시
		13) 작업 장해요인(간섭요인)에 대한 파악 보고 및 필요한 조치	발생 시
		14) 작업 매뉴얼 준수 여부 확인	매일
	실적관리	15) 작업계획과 현장진행 정도 파악(실적)	매일
		16) 작업일지/작업 일보 작성 입력	매일
품질관리	품질관리	1) 문제항목에 관계된 관련 부서에 협조 및 결과 확인	발생 시
		2) 품질 관련 사항에 대한 교육	발생 시
		3) 중점관리 항목에 대한 준수 여부 확인	발생 시
자재관리	자재관리	1) 적정 자재가 유지되는가 확인	매일
		2) 자재 결품 예상 시 관련 부서 통보	필요시
	품질개선	3) 불량품 발생 시 손실·분실 처리	발생 시
	소모자재	4) 소모품 사용현황 파악 및 절감 대책수립(반소모품)	매일
		5) 자재, 소모품에 대한 청구 및 적정수준 유지	매일
	수급관리	6) 공급처 관리	필요시

표준 및 개선	작업표준	1) 작업 매뉴얼 작성/유지(작업요령서)	필요시
		2) 작업 매뉴얼 변경 필요시 검토 후 필요한 조치	매일
		3) 자재 및 공구 적정 재고량 작성 및 유지	매일
	개선시행	4) 제안제출 현황 파악/독려	매주
	목표관리	5) 현장 게시물 유지관리 및 피드백	매일
시공 공정 회의	회의준비	1) 품질, 물량, 근태지수의 종합정리	매주
		2) 금주 목표대비 달성 정도 파악 및 미달성 요인 분석	매주
		3) 작업스케줄 조정 및 공종 간 협의사항 확인	매주
	회의운영	4) 진행요령에 맞추어 회의를 주도하여 운영	매주
	결과정리	5) 회의록 작성 정리/유지	매주
		6) 회의결과에 따른 조치사항을 정리하여 필요 조치	필요시
인사 및 노무	근태관리	1) 출근 여부 확인 및 미출근자에 대한 사유파악	매일
		2) 근태 불량자에 대한 상담 및 대책수립	발생시
		3) 필요 인원 산정 및 관리	매주
		4) 월차 휴가의 조정 및 관리	발생시
	규정준수	5) 외출, 조퇴에 대한 승인	발생시
		6) 안전에 관계된 장구 및 복장 준수 여부 확인 및 독려	매일
		7) 작업 매뉴얼 준수 확인 및 독려	매일
		8) 직장 내 규정준수 확인(정위치, 정시)	매일
	신상관리	1) 개인 건강상태 점검	매일
		2) 구성원의 신상명세서 관리	발생 시
		3) 구성원의 생활상담 및 고충 처리	발생 시
	인사관리	4) 소모품, 피복 등의 지급 여부 확인 및 요청	매월
		5) 배치전환 요구자 상담 및 추천	발생 시
		6) 포상자 선정, 추천	발생 시
		7) 직장 내 경조 사항 등 행사공지 및 참여 주도	발생 시
		8) 직장 내 공지사항 전파 및 필요한 시 교육	발생 시

3. 현장순회 체크리스트

	도면 관리	안전	정리 정돈 청결	작업 분임	구성원 과의 관계	자재 공구	품질 (불량 점검)	순회자: 작업 일보 (공정 확인)	불량한 작업	순회일자: 재작업 (간섭 사항)	가동률 (시간 준수)	시간: 작업자 와의 대화
A구역												
B구역												
C구역												
D구역												
E구역												
F구역												

- **배회**: 목적 없이 여기저기 돌아다니는 행위를 의미합니다. 배회는 일종의 정신병이며, 정신이상자나 성격이상자 등에서 나타날 수 있는 증상으로, 이러한 증상을 보이는 환자를 배회증 환자라고 합니다. 관리자가 계획 없이 뚜렷한 목적 없이 눈과 기억만을 의존하여 현장 이곳저곳을 돌아다니며 두리번거리다가 눈에 거슬리는 것을 발견하면 그 자리에서 앞뒤를 따져 보지 않고 습관과 직관에 의존하여 판단하고 행동합니다. 이러한 갑작스러운 행동으로 인해 작업자들은 당황할 수 있습니다. 배회증을 가진 관리자와 함께 일하는 작업자는 언제 어떤 문제로 어느 정도의 고통을 받게 될지 예측하기 어려우므로 항상 긴장하고 불안하며 초조한 상태에 처하게 됩니다. 또한, 눈에 띄지 않으면 면할 수 있다고 생각하여 보이지 않는 곳으로 피신하거나 아예 상급자를 무시하는 행동을 할 수도 있습니다.

- **순회**: 목적을 가지고 차례대로 돌아다니는 행위를 의미합니다. 순회는 시간대별로 수행해야 할 일과 확인해야 할 사항을 표준화한 후에 양측이 숙지한 상황에서 이루어지므로 불화, 불평, 불만이 발생하지 않습니다. 작업자는 정해진 시간에 정해진 작업을 수행함으로써 부담도 줄어들

게 됩니다. 반면, 작업자가 규칙이나 약속을 어기게 되면 조언을 통해 바로잡도록 하며, 관리자는 순회 점검표의 순서에 따라 정해진 시간마다 업무를 순회하며 수행합니다. 이를 통해 짧은 시간 내에 많은 확인 작업을 할 수 있습니다. 게다가, 간혹 놓치기 쉬운 사안들도 짧은 주기로 확인함으로써 빠르게 발견되고 즉시 조치하여 정상으로 복원될 수 있습니다. 순회를 효율적으로 수행하기 위해서는 시간대별로 수행해야 할 업무가 정리된 일과표를 표준화하고, 이를 철저히 준수하는 것이 중요합니다.